国家自然科学基金项目（51678241）资助

城市形态研究丛书

田银生　主编

广州三大铁路客站地区空间发展模式研究

Research on Spatial Development Patterns of Guangzhou Three Station Areas

张小星　著

中国建筑工业出版社

图书在版编目（CIP）数据

广州三大铁路客站地区空间发展模式研究 = Research
on Spatial Development Patterns of Guangzhou Three Station
Areas/ 张小星著 .—北京：中国建筑工业出版社，2020.11
（城市形态研究丛书 / 田银生主编）
ISBN 978-7-112-25461-3

Ⅰ.①广… Ⅱ.①张… Ⅲ.①铁路车站—客运站—建
筑设计—研究—广州 Ⅳ.①TU248.1

中国版本图书馆CIP数据核字（2020）第178365号

责任编辑：吴宇江 孙书妍
责任校对：芦欣甜

城市形态研究丛书
田银生 主编
广州三大铁路客站地区空间发展模式研究
Research on Spatial Development Patterns of Guangzhou Three Station Areas
张小星 著
＊
中国建筑工业出版社出版、发行（北京海淀三里河路9号）
各地新华书店、建筑书店经销
北京点击世代文化传媒有限公司制版
北京建筑工业印刷厂印刷
＊
开本：787 毫米 ×1092 毫米 1/16 印张：14 字数：304 千字
2021 年 1 月第一版 2021 年 1 月第一次印刷
定价：68.00 元
ISBN 978-7-112-25461-3
（35891）

"城市形态研究丛书" 总序

本丛书所进行的城市形态研究，主要是以康泽恩学派（Conzenian school），或者是运用了在该学派的启发之下而衍生的理念与方法。因此，可以看作是对该学派的学习和思考的结果。

自从 2005 年接触康泽恩城市形态研究学派以来，至今已有 10 多个年头了。这个学派对城市形态的研究虽然有宏观层面的，重点关注的是 "城市边缘带"（fringe belt），但微观层面的研究是该学派更重要的特征，主要立足于 "形态区域"（morphological region）的识别和划分。这是该学派很值得注意的一点，具有特殊的价值。

康泽恩学派的建立虽然主要是在英国完成的，但其创立者康泽恩（M. R. G. Conzen）是德国人，具有德国人特有的理性和严谨，所以，康泽恩学派以概念清晰、推理严密、精确细致为风格，从一个特定的角度把城市形态做了深入的解析。并且，把时间因素考虑进来，注重历时性地分析考察城市形态的发展演变过程。从而回答了城市形态 "是什么" "为什么" 和 "演进变化" 的问题。

在学习的过程中，我深刻地领会到，任何一个学术流派，必定有其扎根的土壤，换一个地方，学术的传统以及相应的基础条件发生变化，便不一定适用，至少是不完全适用。康泽恩学派对于中国就是这样。比如，该学派最重要的研究方法是对城市各个时期的详细地图的分析，这在西方没有问题，因为它们的历史地图齐全详尽。但到了中国，情况就完全不一样了，因为中国古代从来就缺乏精确测绘的地图，这种状况一直持续到近现代。即使到了现当代，由于种种原因，地图的完整性以及取得的可能性仍然是很大的问题。

因此，这样一个学派可以应用到中国来吗？事实上，康泽恩学派在当代的代表性人物、英国伯明翰大学的怀特汉德（J. W. R. Whitehand）和新西兰奥克兰大学的谷凯（Gu Kai）到中国来开展研究时，从一开始就感受到了地图资料的问题。

尽管如此，我们认为，这个学派仍然有引介到中国来的必要性和可行性。就必要性而言，这样一种对城市形态的认知，能很好地服务于城市历史文化的保护与更新等许多方面的工作。就可行性而言，很重要的一点是，我们要改变观念，不企求原封不动地照抄照搬，而是吸取其思想和方法的精髓，加以本土化应用，甚至要结合中国的条件创新性地发展变化，创造出一个分支或一种变例。这样的改造性应用或许更有意义。所以，对康泽恩学派，我们的态度从一开始就是学习、创新，而非食洋不化。

本着这样的认识，我们展开了系统性的研究工作，主要包括以下3点：

1. 康泽恩学派的学习和本土化创新

重点围绕广州以及其他一些城市进行案例性的城市形态解读，同时探寻康泽恩方法的适应性变化。比如，我们提出了"一张图上读历史"，就是针对历史地图缺失的情况，如何只凭着一张现状图分析城市形态的变化情况，从而厘清历史文脉。再比如，针对现代城市与康泽恩学派创立时的城市形态的重大不同，把建筑高度新列为区划城市形态的又一基本因素。再比如，地理信息系统、大数据等先进技术手段的运用等。

2. 康泽恩学派启发下的研究拓展

我们的研究一方面紧紧围绕或依托着康泽恩理论而开展，同时也在此基础上更进一步，注重在康泽恩理论的启发下拓展研究的领域，包括研究的对象、内容、目的、方法等，不受拘泥，大胆突破。比如，我们注意到，在城市形态的形成过程中，总有一些特殊的功能要素起到核心性的组织带动作用，而考察这些功能载体在城市中的生长和分布情况，就可以从根本上解释城市形态的结构特征和演变情况。再比如，我们的目光也投向了乡村，实际上中国乡村的尺度特别适合康泽恩学派的应用，而康泽恩学派的应用则可以前所未有地解读出中国乡村形态的某些形式意义，挖掘出许多曾经被忽视的重要信息。

3. 康泽恩学派在实践中的应用

除了理论的学习和创新外，如何在实践中应用始终也是我们不倦追求的。由于种种原因，康泽恩学派在西方的实践应用机会并不很多。但在当下的中国，城市建设空前活跃，无一不涉及形态问题，城市形态的理论研究服务于城市建设的实践活动，既有机会又有意义。反过来说，如果在中国的城市建设实践中有很好的应用，也是对康泽恩学派最好的发扬光大。令人欣慰的是，我们在这方面也初有收获。比如，在广州的从化区温泉镇和越秀区状元坊街区的保护更新规划中，我们把康泽恩方法下的形态分区与房屋产权的区划结合起来，创新性地提出了历史城镇或地区的"管理单元"，为复杂情况下的城镇有机更新提供了一条可以借鉴的路径。

到目前为止，我们以康泽恩学派为基础的城市形态研究，申请到了多项科研基金，发表了一批成果，除了期刊和会议论文外，还包括近 20 篇博士论文和 30 余篇硕士论文。这套丛书以部分博士论文为主，也将有部分专著收入，大体能够反映上述工作的情况。

学习、创新，始终是我们的理念，虽然为此做了一些粗浅的尝试，但仍显得十分不足，期待大家的批评，以利我们改进，做出更多、更好的成果。

田银生

2017 年 6 月 12 日

前　言

　　火车站与其周边地区相互关系的研究，在国内外都是既古老又新鲜的话题，原因要归结于铁路是最重要的陆路交通方式之一，一直深刻地影响、改变、重塑着世界的版图、空间、文化、经济等方方面面。铁路在中国也取得了巨大的成就与发展，尤其在 21 世纪进入高速铁路时代以来，中国已经引领了世界高速铁路的发展，为中国经济社会发展的新格局打下了坚实的基础。而火车站是铁路运输系统的重要枢纽和节点，也是城市与区域经由铁路相互连接的重要节点和界面，对各种社会经济活动产生了重要的影响，尤其是在其周边地区的地域空间范围内更显突出，这正是火车站与其周边地区相互关系成为重要研究对象的直接原因。新时期以来，中国高铁客站地区建设的理论与实践更凸显了这一命题的战略性意义。

　　在铁路建设影响城市发展方面，广州具有作为案例城市的典型意义：自近代以来，铁路建设就构筑了广州作为华南地区交通枢纽的重要基础，对于广州乃至珠江三角洲的经济发展都起到了重要的作用。广州三大铁路客站正是中华人民共和国成立至今广州主城区最主要的三个客站，它们与城市发展构成一种互动演变的紧密相互关系，而且在共同的城市发展脉络背景下演绎了三种不同的客站地区发展模式。因此，本书选取广州"三站"地区开展案例的实证分析，并试图从中辨识出相对共同的问题和经验，同时也是从中微观层面对"车站"与"城市"相互关系的探析。

　　研究方法上，本书在对现有的国内外相关研究成果进行梳理的基础上，结合实证案例中的客观事实和现象，以"车站在车站地区发展中的角色与作用"的基本理论命题为主要线索，提出了"车站关联地区"的概念设想及研究视角，对其与"车站地区"概念原型的相互关系进行了辨析，并希望在实证分析中得以检验。研究提出了"车站关联地区"空间演化的实证研究分析思路及"车站关联地区"与"车站地区"空间开发的规范研究分析思路，并据此总结了广州"三站"地区案例在发展历程、产业构成、空间形态、发展机制以及车站的角色与作用等方面的特点。最后，针对广州"三站"地区案例所蕴含的车站地区发展模式与机制的共同经验与内涵，构建了车站地区空间发展动力模型，同时，也提出了可供高铁客站地区开发、建设借鉴的要点。此外，书末还分析了研究的不足，并且对未来的研究加以展望。

目　录

01 第1章 绪 论

1.1 研究背景

1.1.1 火车站与其周边地区相互关系研究的意义

火车站与其周边地区❶相互关系的研究在国内外都是一个古老而又新鲜的话题，其缘起和注脚都要归因于铁路作为最重要的陆路交通方式之一在世界范围内波澜壮阔、跌宕起伏的历史及当下的发展进程。

1. 铁路在世界和中国的发展及其重要作用

铁路是连接社会生产、分配、交换和消费的桥梁和纽带，是实现社会简单再生产和扩大再生产的前提和条件。国家要发展，交通运输必须先行。纵观世界近代和现代发展历史，铁路对于推动人类社会进步、促进经济和文化发展发挥了巨大作用。铁路基础设施的发展程度，已经成为一个国家现代化水平的重要标志之一。

从世界上第一条铁路（1825 年，英国的斯托克顿—达林顿铁路）和我国第一条铁路（1876 年，上海吴淞铁路）至今，铁路在世界范围内已取得巨大成就，成为深刻影响和重塑世界的重要力量。

我国幅员辽阔，内陆深广，人口众多，各种运输方式相辅相成。铁路运输具有运量大、运距长、全天候的优势。我国国情和铁路自身的特点，决定了铁路是国家的重要基础设施、国民经济的大动脉和大众化交通工具，在综合交通运输体系中处于骨干地位。

改革开放以来，我国铁路进入了快速发展时期。建设步伐加快，路网规模不断扩大，运输能力有了较大提高，成功实施了 7 次大面积提速，服务质量明显提升，为国民经济和社会发展作出了极大贡献。

2003 年 10 月 12 日，中国第一条高速客运铁路线——秦沈客运专线正式开通，标志着中国迈入高速铁路时代。"截至 2014 年 9 月，中国已经投入运营的高速铁路有 34

---

❶ 关于"火车站"，本文讨论的主要是以国铁客运功能为主的"火车站"，即"铁路客（运）站"，由于行文的习惯或简洁也会称为"车站"，如无特别说明，本文中出现的此三个名词，其内涵具有同一性；且"火车站地区""铁路客站地区"与"车站地区"在内涵上亦具有同一性，而"车站地区"亦会简称为"站区""地区"；当然，关于"车站地区"还将在下文深入分析其内涵。

条，运营总里程达到 11683 公里。在建高速铁路 34 条，总里程 14806 公里。"❶ 时至今日，中国的高铁技术更是已经走出去，全方位向世界各地输出。

2. 火车站是铁路运输系统的重要枢纽和节点

铁路连接了城市与城市、城市与区域、城市与乡村。而火车站是铁路运输系统的重要枢纽和节点，是旅途的驿站、城市的大门，也是城市与区域经由铁路相互连接的重要节点和界面，对各种社会经济活动产生了重要的影响，尤其是在其周边地区的地域空间范围内更显突出，这正是火车站与其周边地区相互关系成为重要研究对象的直接原因。

缘于铁路运输方式在不同时空背景下的发展及其各种差异化的角色和作用，火车站与其周边地区的相互关系也呈现出纷繁复杂、独特而又丰富的内容，这其中既有厚重而深远的历史经验，也包含了现实实践中正在发生的各种现象和问题，以及人们还在思考的启示未来发展的战略价值和意义。

因此，火车站与其周边地区的相互关系持续地成为研究热点和重要领域。

1.1.2 案例的比较分析是火车站与其周边地区相互关系研究最重要的方法之一

从本质上来说，世界上任何时间、任何地点的任何一个车站都是独特而唯一的。因此，面对着海量的车站地区的案例，在认识其个案特征的同时，寻找它们之间相对共通的问题和规律就成为一个重要而有意义的事情。对于这个命题，案例的对比研究也就成为最重要、最本质的研究方法之一（国内外的研究和实践也证明了这一点❷）。

车站地区案例对比研究主要包括横向对比研究和纵向对比研究两种方法：横向对比研究强调车站功能类型的相似性，特点是将不同城市环境下的车站地区案例作分类研究；纵向对比研究则主要是对同一个城市环境下的多个车站（多为不同功能类型）地区案例进行比较分析，其优点是多个车站地区的发展、变化享有共同的城市发展脉络和时空背景。总体而言，两种方法各具特点，可以互为补充；在国内外已有的车站地区案例研究中，横向对比研究较多，纵向对比研究偏少。❸

1.1.3 问题的提出：广州三大铁路客站地区作为案例研究的典型意义

首先，广州具有作为案例城市的典型意义："广州铁路已有百年历史，在全国铁路网络中始终占据重要地位，对于珠江三角洲的经济发展和与全国的交通联系起到了极大的促进作用。"❹ 自近代以来，铁路建设就构筑了广州作为华南地区交通枢纽的重要基础，对于城市发展、空间布局发挥了重要作用；而今天，作为全国"四大铁路枢纽"之一的广州，铁路建设方面正在取得新的腾飞和跨越，将为广州承担"国家中心城市"

---

❶ 林晓言，等 . 高速铁路与经济社会发展新格局 [M]. 北京：社会科学文献出版社，2015：8.

❷ 详见第 1 章，1.3 研究综述。

❸ 详见第 1 章，1.3 研究综述。

❹ 林树森 . 广州城记 [M]. 广州：广东人民出版社，2013：394.

的历史责任和使命倍添动力。

其次，将广州三大铁路客站（广州站，也称广州火车站，1974 年；广州东站，1986/1997 年；广州南站，2009 年）地区作为案例研究具有理论和现实的意义：①广州三大铁路客站地区是广州通过铁路与其他相关城市和地区相互连接、相互作用最关键的界面和区域，这是其成为研究对象和关注焦点最直接的原因；②广州三大铁路客站是中华人民共和国成立至今广州主城区最主要的三个客站，"三站"与城市发展构成一种互动演变的相互关系；③广州"三站"地区案例中，广州站和广州东站地区因为分别已有超过 40 年和 30 年的发展历程，地区的空间发展已经体现出相对稳定、成熟的基本特征，而广州南站地区虽只有六七年的历史，地区的空间开发仍处于启动期，未来的发展趋势和方向尚不明朗，但它是具有典型意义的高铁客站地区案例，因此广州"三站"地区案例的重要性、代表性、成熟度成为本书聚焦它们的关键原因；④从案例对比研究的方法上，广州三大铁路客站地区的案例研究在主线上属于纵向对比研究的方法，通过对三个不同时代条件下（将）发展起来的不同功能类型车站地区空间发展特征及其影响因素的分析，总结其中共同的规律及其差异，将为车站地区的相关研究提供参考和补充；⑤从案例研究的构成和组织上，广州站和广州东站地区案例因其较丰厚的历史积淀而主要属于实证为主的研究，广州南站地区因其主要是面向未来空间开发的研究，故属于规范研究范畴，因此，本书的案例对比研究也将是实证与规范研究相结合的内在组织逻辑，即在对广州站、广州东站地区案例历史经验进行总结的同时，又为探讨广州南站地区的空间开发提供相同城市背景和脉络下的有效借鉴，而这也成为本书在研究命题、方法上的重要尝试。

最后，在当前我国新一轮铁路发展进入高速铁路时代的背景下，高速铁路将深刻地影响城市的发展以及城市与城市、城市与区域之间的相互关系，并进而重构中国城市格局；同时，由此而生发出来的相关重要课题也日益凸显，如特大城市中心城区内新建高铁客站（如广州南站、广州新塘综合交通枢纽、广州南沙综合交通枢纽，北京南站，深圳北站、深圳福田站等）地区的空间开发以及中心城区内既有铁路客站（如广州站、广州东站、广州北站，上海虹桥综合交通枢纽等）引入高铁之改造驱动下的车站地区城市更新与再开发，已经成为具有典型示范意义的战略性课题。

由此，本书对广州多个不同功能类型铁路客站地区空间发展的历史过程和未来走向进行综合探讨的尝试正是恰逢其时。本书正是基于这样的背景选择广州作为案例城市，以广州中心城区目前最主要的三大铁路客站地区作为聚焦的对象，在深入挖掘和纵横向对比分析的基础上，试图对车站与其周边地区相互关系的命题做出一个案例尺度上的探讨。

1.2 概念界定

铁路客站，即铁路客运站或铁路旅客车站，是指为旅客办理客运业务，设有旅客

乘降设施，并由车站广场、站房、站场客运建筑三部分组成整体的车站。❶

　　铁路客站的规模可以根据最高聚集人数、日均旅客发送量和高峰小时乘降量三个指标来确定。根据我国《铁路旅客车站建筑设计规范》GB 50226—2007 中的规定，客货共线铁路客站的最高聚集人数超过 3000 人为大型客站，超过 10000 人为特大型客站；客运专线铁路客站的高峰小时发送量超过 5000 人为大型客站，超过 10000 人为特大型客站。铁路客站规模划分见表 1-1 所列。

铁路客站规模划分

表 1-1

铁路客站规模	普铁铁路车站	客运专线车站
	最高聚集人数 H（人）	最高聚集人数 pH（人）
小型站	$100 \leq H \leq 600$	pH<1000
中型站	$600 \leq H < 3000$	$1000 \leq pH < 5000$
大型站	$3000 \leq H < 10000$	$5000 \leq pH < 10000$
特大型站	$H \geq 10000$	pH ≥ 10000

资料来源:《铁路旅客车站建筑设计规范》GB 50226—2007。

　　铁路客站地区（本书也称为车站地区）是指紧邻或靠近铁路客站的城市功能片区，其是与铁路客站联系最紧密的城市空间载体，集中体现着铁路客站对城市功能、城市空间的直接影响。总的来说，铁路客站地区是一个相对的概念，其内涵及空间范围的划分还将在本章的研究综述部分以及广州三大铁路客站地区案例相关各章进行深入、具体的探讨。

1.3 研究综述

1.3.1 研究对象的复杂性

　　"车站地区"的研究对象具有多载体、多层面、多维度（交通、经济、社会等）的特征与属性。

　　从载体上看，其主要包括四个方面：①作为物理对象的客站及其附属场站设施；②客站所连接的铁路线路，在这个关系上，铁路客站主要以"站点"的形态存在；③在铁路线路上进行的作为动态过程的铁路客运的运营；④经由铁路客运运输的到发旅客客流。以不同的载体作为考察对象和研究的出发点，其相互关系会有明显的差异。

　　从问题涉及的层面上看，涵盖了区域层面、城市层面及地区层面多个尺度，而不同层面的问题往往具有本质上的差异。

　　从分析问题的维度上看，它是一个交通、经济、社会、制度等多维因素交织的对

---

❶　参见《铁路旅客车站建筑设计规范》GB 50226—2007。

象和问题。如果从相关学科的角度，涉及区域经济学、交通运输经济学、城市地理学、城市社会学、城市规划学、综合交通运输体系及其规划、建筑学等领域。

最关键的是，研究需要时刻厘清"车站"与"铁路线路"作为研究对象及问题的内涵。

1.3.2 相关研究综述

由于欧美等发达国家及日本在铁路建设方面的先行优势，总体上，国外（主要指欧美国家及日本）研究也体现出先行的特点，取得了突出的成果，如对于车站地区空间范围的界定，车站地区功能—空间理论模型的构建，运用计量经济学的方法分析车站对周边地区房地产价格、租金等经济要素空间分布特征的影响，以及运用情景分析的方法讨论车站对公司办公区位选择的影响等方面的分析，均具有开拓性的意义。同时，在定性和定量分析的理论和方法上较成熟、深入，对于不同时代条件下的铁路客站地区的研究成果相对也较丰富。

国内对于车站地区的相关研究总体上起步较晚，理论研究偏少，并且体现出鲜明的时代和阶段性特征：早期主要以铁路客站及站前广场的规划建设和实践为主；随着第二代铁路客站的建设，车站地区的城市门户风貌和景观特色成为规划设计及管理、调控的重要对象；改革开放以来，受东部沿海城市经济发展先行的影响，铁路成为中西部地区务工群体往返迁徙的重要交通方式，也使得特大城市车站地区的交通问题（尤其春运时期）一直成为地方政府关注和管控的主要焦点，期间，车站的改造与其周边地区的综合整治成为典型课题；21 世纪以来，随着我国高速铁路建设的快速发展，高铁客站地区的开发、建设迅速成为重要的热点话题，以高铁客站地区为对象的研究成果极大地丰富了这一领域的理论和方法。

从空间范围的界定上来看，"车站地区"（station area）作为目前大多数研究、实践所应用的概念和对象，其内涵主要是以与车站在地域空间或时空上的邻近性为依据来划定站区的范围，具体则主要包括：①根据在经验数据基础上得到的以特定时间内不同交通接驳方式辐射覆盖的区域来界定，这主要是基于使用者的角度。一般认为主要以步行半径为主要因素，如 Munck Mortier（1996）[1]、Schutz（1998）、Ander Sorense（2000）、Peek 和 Hagen（2002）[2]、Peter M J Pol（2006）、郝之颖（2008）[3]、王丽（2012）[4]、毛菲（2013）[5]；Schutz（1996）等人结合高铁站点地区开发的案例研究，提出了经典的

---

[1] Mortier M. Hollen en stilstaan bij het station; onderzoek naar de beleving van de omgeving van Rotterdam CS door reizigers en passanten[D]. Utrecht: University Utrecht, 1996.

[2] Peek G J, Hagen M. Creating Synergy in and around Stations: Three Strategies for Adding Value[J]. Transportation Research Record, 2002（1793）: 1-6.

[3] 郝之颖. 高速铁路场站地区空间规划 [J]. 城市交通，2008，6（5）: 48-52.

[4] 王丽，曹有挥，刘可文，等. 高铁站区产业空间分布及集聚特征——以沪宁城际高铁南京站为例 [J]. 地理科学，2012，（3）: 301-307.

[5] 毛菲. 基于协同学理论的大型铁路客站周边片区用地规划研究 [D]. 成都：西南交通大学，2013.

"3个发展区"的圈层结构模型（图1-1）：第一圈层为核心地区，与车站有 5 ～ 10min 的步行距离，主要发展高等级的商务办公功能，建筑密度和建筑高度都非常大；第二圈层为影响地区，与车站有 10 ～ 15min 的步行距离，也主要集中商务办公及配套功能，建筑密度和高度相对较大；第三圈层为外围的影响地区，会引起相应功能的变化，但整体影响不明显。❶②结合交通接驳的空间距离尺度与各种空间发展的边界约束进行划定（张小星，2002；曹小曙，2007）；张小星（2002）在对广州站地区的研究中，根据车站地区与火车站的联系紧密程度（如地理位置的邻近性、土地利用功能的同质性、交通接驳方式的相似性等）、主要道路的连接关系以及地区行政归属，将其划分为三个圈层的空间构成形态——"核心枢纽区""枢纽外围区"和"扩散影响区"。❷曹小曙（2007）亦得出相近的结论，即将广州站地区在空间上划分为广州站本身、站前地区及站北地区三个组成部分。❸③以特定的开发目的及管理权限的边界来划定区域（开发者的角度：Bertolini，1996❹）。④以相邻两个车站之间势力圈的划分为界（Kwang Sik Kim，2000）；Kwang Sik Kim（2000）在关于韩国首尔—釜山高铁线对首尔都市圈空间重构影响的研究中指出，车站（高铁站）的辐射、影响可以达到半径为10km的势力范围。❺

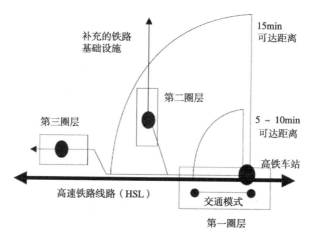

图1-1 "3个发展区"的车站地区圈层结构模型

（资料来源：HST-Railway Stations as Dynamic Nodes in Urban Networks.Hugo Priemus，2006.）

❶ Schutz E. Stadtentwicklung durch Hochgeschwindigkeits-verkehr, Konzeptionelle und methodische Ansatze zum Umgang mit den Raumwirkungen des schienengebunden Personen-Hochgeschwindigkeitsverkehr, Dissertation, Universitat Kaiserslautern. 1996.

❷ 张小星. 有轨交通转变下的广州火车站地区城市形态发展 [J]. 华南理工大学学报（自然科学版），2002, 30（10）：24-28，37.

❸ 曹小曙，张 凯，马林兵，等. 火车站地区建设用地功能组合及空间结构——以广州站和广州东站为例 [J]. 地理研究，2007，26（6）：1265-1273.

❹ Bertolini L. Nodes and Places：Complexities of Railway Station Redevelopment[J]. European Planning Studies，1996，4（3）：331-345.

❺ Kwang Sik Kim. High-speed Rail Developments and Spatial Restructuring：A case study of the Capital region in South Korea[C]. Cities，2000，17（4）：254.

车站地区的功能与土地利用一般呈现多元化业态高度混合的状况，除了与交通枢纽密切相关的换乘、中转等交通功能外，还包括因其良好的交通区位而衍生的各种经济功能（主体是各种服务业）。实证研究方面，Cervero（2002）指出乘客出行的服务需求往往集中于信息、餐饮、旅游、住宿、购物、娱乐、换乘等方面[1]，Peter W G 等（1996）分析了铁路客站地区包含的商业、办公、居住、零售和市场基础设施等不同功能的混合用地[2]，曹小曙等（2007）分析了广州站地区和广州东站地区的用地类型多数与居住功能相组合[3]，林辰辉等（2012）分析了天津站等 7 个站区主要开发的 12 种功能类型（其中又以市场、酒店、办公和居住功能为主）[4]，姜旭（2004）则对车站地区用地功能与客站的紧密程度进行了排序——交通配套功能 > 城市功能，城市公共服务 > 旅馆业 > 商业 > 办公 > 居住。[5] 规范研究方面，结合国内的规划与实践，王兰（2011）分析了京沪高速铁路沿线站点地区开发中关于用地规模与发展定位的问题。[6] 在理论模型的建构上，Bertolini 提出的经典的 Node and Place 理论与模型强调取得节点交通价值和城市功能价值两者之间的平衡发展是车站地区发展的关键[7]；郑明远等（2015）侧重于解释城市公共交通站点地区土地使用、空间形态和产业布局的 TOD 理论，在应用于高铁站点地区开发时，存在着层次（内部交通和对外交通）和尺度（500 ~ 800m 半径，1500m 半径）上的差异[8]；中国社会科学院金融研究所（2013）的研究指出，车站地区的圈层理论有其合理性与普遍性，但是也存在一些问题，例如，在现实中圈层递降并不明显、车站地区聚集的大量流动人口严重影响了周边地区商业服务设施的信誉和品质、城市环境的恶劣又直接导致车站地区土地价值低于城市平均水平、车站地区虽然商业繁华但业态相对低端等。[9]

车站地区因其功能和交通区位的特殊性、重要性（交通枢纽、城市门户），在空间形态及其设计上一般呈现出显著的标志性特征。从国内案例来看，应春生等（1999）回顾了杭州城站地区的城市设计研究，空间布局上以城站为主轴，形成车站广场，空间形态则以车站大楼为中心呈外高内低、外密内疏的向心倾向[10]；段进（2009）指出，形象与

[1] Cervero R, Duncan M. Transit's Value-Added Effects: Light and Commuter Rail Services and Commercial Land Values[J]. Transportation Research Record, 2002,（5）.
[2] Peter W G, Newman and Jeffrey R Kenworthy. The Land Use-transport Connection[J]. Land Use Policy,1996,（13）: 1-22.
[3] 曹小曙，张凯，马林兵，等 . 火车站地区建设用地功能组合及空间结构——以广州站和广州东站为例 [J]. 地理研究，2007，26（6）：1265-1273.
[4] 林辰辉，马璇 . 中国高铁枢纽站区开发的功能类型与模式 [J]. 城市交通，2012，10（5）：41-49.
[5] 姜旭 . 长春火车站站北轴心地区城市形态塑造 [D]. 大连：大连理工大学硕士论文，2004.
[6] 王兰 . 高速铁路对城市空间影响的研究框架及实证 [J]. 规划师，2011，27（7）：13-19.
[7] Luca Bertolini, Tejo Spit. Cities on Rails: The Redevelopment of Railway Station Areas [M]. London: Routledge, 1998: 9-20.
[8] 郑明远，王睦 . 铁路城镇综合体：理论体系与行动框架 [M]. 北京：中国铁道出版社，2015：13-23.
[9] 中国社会科学院金融研究所 . 广州南站商务区产业发展研究 [R]. 北京：中国社会科学院金融研究所，2013.
[10] 应春生，濮东璐 . 杭州城站地区城市设计 [J]. 新建筑，1999,（1）：44-46.

审美展示成为中国高铁与城际枢纽地区的重要功能之一，现代化的综合交通枢纽站房、大规模开发的商业商务区、集散广场、景观轴线、生态公园等都是主要元素或载体。❶

在车站地区的交通体系及其组织方面，巨量的多种交通流的汇聚使得问题比较综合与复杂。实证案例方面，杜恒（2008）指出，国内车站枢纽地区总路网密度较低，而且路网结构中次干路，特别是支路的比例低，另外也体现出铁路对城市路网的分隔严重，以及因周边地铁不够发达导致集散方式较为单一等问题。❷在高铁客站的规划设计中，李艳红等（2006）提出了铁路客运专线中心站与城市交通之间能力匹配的原则及匹配关系的判断，以此评估站区交通方案的合理性❸；段进（2009）指出，"无缝衔接、零换乘"已成为铁路综合交通枢纽设计的基本理念，新时代的高速与城际综合交通枢纽已越来越多地变成了城市错综复杂的交通网络中的交汇点。❹

车站对其周边地区经济要素（如土地、房屋价格、租金等）的影响一直是一个比较难以准确度量的课题。国内外研究比较经典的是采用建立计量模型的方法进行分析。如 Debrezion 等（2006）运用空间特征价格模型（Hedonic price model）来分析车站的可达性因素对住宅价格的影响❺；Debrezion 等（2008）分析了铁路出行的可达性对车站地区办公空间租金水平的影响，结果说明车站对商用物业价值的突出影响主要限于步行范围内❻；另外一些关于交通设施对站点周边地区影响的实证研究也集中在交通系统对站点周边地区（0.25 ~ 3 英里，约 400 ~ 4800m）范围内的土地使用（Cervero，1997❼；Polzin，1999❽）和房地产价格（Hess，2007❾；Ryan，1999❿；Immergluck，2009⓫）的影响方面；国内研究方面，石忆邵等（2009）分析了上海南站

❶ 段进.国家大型基础设施建设与城市空间发展应对——以高铁与城际综合交通枢纽为例[J].城市规划学刊，2009，（1）：33-37.

❷ 杜恒.火车站枢纽地区路网结构研究[D].北京：中国城市规划设计研究院，2008：18-46.

❸ 李艳红，谢海红，周浪雅.铁路客运专线中心站与城市交通集散能力匹配关系的研究[J].交通科技，2006，216（3）：76-79.

❹ 段进.国家大型基础设施建设与城市空间发展应对——以高铁与城际综合交通枢纽为例[J].城市规划学刊，2009，（1）：33-37.

❺ Debrezion G，Pels Eric，Rietveld Piet. The Impact of Rail Transport on Real Estate Prices：An Empirical Analysis of the Dutch Housing Market[R].Tinbergen Institute Discussion Paper，2006.

❻ Debrezion G，Williggers J. The Effect of Railway Stations on Office Space Rent Levels：The Implications of HGL South in Station Amsterdam South Axis[C]//Bruinsma F，Pels E，Priemus H，Rietveld P，Wee BV. Railway Development：Impacts on Urban Dynamics. Heidelberg，German：Physica-Verlag，2008：264-293.

❼ Cervero R，Landis J. Twenty Years of the Bay Area Rapid Transit System：Land Use and Development Impacts[J]. Transportation Research Part A -Policy and Practice，1997，（4）：309-333.

❽ Polzin S E. Transportation/ Land Use Relationship：Public Transit's Impact on Land Use[J]. Journal of Urban Planning and Development-Asce，1999，（4）：135-151.

❾ Hess Baldwin D，Maria T Almeida. Impact of Proximity to Light Rail Rapid Transit on Station-area Property Values in Buffalo，New York[J].Urban Studies，2007，（44）：1041.

❿ Ryan Sherry. Property Values and Transportation Facilities：Finding the Transportation -Land Use Connection[J]. Journal of Planning Literature，1999，（13）：412.

⓫ Immergluck Dan. Large Redevelopment Initiatives，Housing Values and Gentrification：The Case of the Atlanta Belt Line[J].Urban Studies，2009，（46）：1723.

影响效应的时间变化规律及其空间分异特征——上海南站对住宅价格的增值作用平均范围为 1.85km。❶ 不过计量模型由于其理论前提多为较理想化的环境，如完全竞争的市场、理性经济人、剥离处理其他复杂因素等，使其研究结论具有一定的局限性。此外，国内研究更多的还是以定性研究为主。如陈白磊（2008）指出，依据 2006 年对上海"四街四城"主要商圈客流量的调查报告，从客流的购买力结构来看，新客站不夜城及南京西路、徐家汇商城等商圈高收入客流比重较大，改变了常规铁路枢纽周边无法形成高端商圈的传统印象 ❷；游细斌等（2007）分析了广州新客站的建设将会引起当地经济空间结构的极大改变，同时也会带来一系列社会问题。❸

由于人流的高度集中与混杂，车站地区在国内外都是一个社会形态复杂、社会问题丛生的区域，当然随着社会、经济的发展，这一状况也在逐步发生改变。国内研究方面，段进（2009）指出，以往国内老火车站地区是城市的脏、乱、差地区，现在的火车站地区在功能上由过去相对单纯的对外交通集散地，逐渐演变为城市交通网络中的交汇点，并与各种交通系统整合形成枢纽地区，而在使用上也实现了旅客的"快进快出"，于是宽大的站前广场也成为环境优良有序的城市公共空间 ❹；杨东峰等（2014）则以大连高铁站地区为例，分析了城乡边缘带高铁站对周边地区发展产生跨尺度、多要素的复杂影响，包括站点周边建成环境、地方居民日常生活和区域社会经济网络等方面。❺

对于车站地区发展历程、影响因素及其作用机制的实证研究成果总体上较少，客观上这个地区所汇聚的客、货流所具有的高度"流动性"及其带来的"不确定性""不稳定性"是研究中需要面对的诸多难点之一。主要研究案例如：康赖芸（2002）指出，由于位于中国台湾地区政府机构附近，因此，台北车站地区的发展、演变被深深地打上了政治、权力、制度变更的烙印 ❻；周雪洁（2012）对北京北站的空间演化、北京北站周边城市空间的发展演变以及这两者之间的关系进行了梳理和分析 ❼；侯雪等（2012）分析了北京南站周边 1500m 范围内从 2005 年到 2010 年 5 年间每个圈层的产业分类及其发展、变化，结果显示高铁的带动作用暂时还比较小。❽

❶ 石忆邵，郭惠宁. 上海南站对住宅价格影响的时空效应分析 [J]. 地理学报，2009，64（2）：167-176.

❷ 陈白磊. 杭州市铁路枢纽与城市发展关系研究 [J]. 城市轨道交通研究，2008，（6）：35-38.

❸ 游细斌，魏清泉，苏建忠. 重大项目对区域经济空间的影响——以广州市钟村镇新火车客站建设为例 [J]. 热带地理，2007，27（14）：360-363，368.

❹ 段进. 国家大型基础设施建设与城市空间发展应对——以高铁与城际综合交通枢纽为例 [J]. 城市规划学刊，2009，（1）：33-37.

❺ 杨东峰，孙娜. 大连高铁站建设对周边地区发展的跨尺度、多要素影响探析 [J]. 城市规划学刊，2014，（5）：86-91.

❻ Laiyung Kang.The Power of Flows and The Flows of Power: The Taipei Station District across Political Regimes[D]. PHD，The University of Pennsylvania，2002.

❼ 周雪洁. 北京北站的空间演化及其与周边城市空间的关系研究 [D]. 北京：北京交通大学硕士论文，2012.

❽ 侯雪，张文新，吕国玮，等. 高铁综合交通枢纽对周边区域影响研究——以北京南站为例 [J]. 城市发展研究，2012，19（1）：41-46.

此外，针对高铁客站地区的开发，国内研究着重基于其影响因素、开发背景、土地权属、相关利益主体构成等，分析了高铁客站地区良好开发机制的重要性及其内涵。如郑明远等（2015）指出，作为一种特定的城市触媒，高铁车站并不直接参与"反应过程"，只有在地方社会经济条件具备基础条件时，它的催化作用才真正体现 ❶；殷铭等（2013）分析了站点地区开发与城市空间协同发展相互关系的问题 ❷；王慧云（2015）利用土地产权博弈论的方法，对高铁站区综合土地开发利益相关主体、利益动态分配和开发利益范围等进行了分析 ❸；于涛等（2012）以京沪高铁沿线的高铁新城为例，利用城市政体理论分析了高铁驱动城市郊区化的内在机制，并总结其本质上还属于"强政府 + 弱市场"主导下的郊区化。❹

1.3.3 相关研究主要问题与不足

1. 实证研究偏少，规范研究居多

现有的研究面向实证的偏少，而以面向开发的规范研究居多。欧洲的研究高潮发端于高速铁路建设推动城市中心区的铁路客站及其周边地区实现复兴这一历史背景，其主旨是面向开发；日本的相关研究成果也主要是基于新干线建设带来车站地区开发热潮的情境下的相关课题；我国的相关研究热点亦出现在新一轮高铁建设背景下，就高铁客站地区空间开发等相关话题展开探讨。可以看到，国内外研究的共同之处是，研究的高潮都肇始于新时期高速铁路建设导致铁路复兴引发车站地区成为具有战略性价值的空间区位，吸引产业、功能的集聚，促进城市发展和更新，由此，车站地区的空间开发成为重要的研究对象。必须指出的是，由于各个国家铁路建设勃兴所处的历史背景、国情环境、城市发展阶段、车站及其周边地区的选址和发展模式等差异较大，相关经验具有重要的参考和借鉴意义，但并不能简单照搬。如在国内外铁路客运客流特点方面，国外多为城际客流，而国内主要是中长途客流，因此，国内外铁路客运出行模式上有很大差异（表1-2）；加上城市经济、社会、功能、产业特点、发展阶段等的不同，其对车站地区影响的差异也更明显。

本书在研究对象的选择和构成上，以实证研究为主（针对广州站、广州东站地区），同时结合面向开发的规范研究（针对广州南站地区），也希望由此包容对不同时代条件下典型案例城市（广州）中车站地区空间发展问题的分析和讨论，特别是观察其中的共性和特性。

❶ 郑明远，王睦.铁路城镇综合体：理论体系与行动框架 [M]. 北京：中国铁道出版社，2015：13-23.
❷ 殷铭，汤晋，段进.站点地区开发与城市空间的协同发展 [J]. 国际城市规划，2013，（3）：70-77.
❸ 王慧云.基于土地发展权的高铁站区开发权利分配研究 [D]. 北京：北京交通大学硕士论文，2015：46-49.
❹ 于涛，陈昭，朱鹏宇.高铁驱动中国城市郊区化的特征与机制研究——以京沪高铁为例 [J]. 地理科学，2012，32（9）：1041-1046.

1998 年各国铁路主要指标比较　　　　　　　　　　表 1-2

项目	美国	法国	德国	印度	日本	俄罗斯	瑞典	中国
客运量（万人）	2125	81217	133200	440655	844403	75178	11095	91991
客周量（亿人）	85.69	641.86	591.84	3799	2428	974.3	69.97	3691
平均客运里程（km）	403.25	79.03	44.43	86.21	28.75	129.60	63.06	401.23
货运量（万 t）	149564	17243	28833	42938	4105	80266	5482	153208
货周量（亿 t）	20100	655.2	736.1	2482.5	226.8	9013.8	187.3	12262
平均货运里程（km）	1343.91	379.98	255.30	578.16	552.50	1122.99	341.66	800.35
营业里程	201284	31939	41718	62660	20134	86197	—	57584

资料来源：广州铁路（集团）公司年鉴编委会．广州铁路（集团）公司年鉴 2001.北京：中国铁道出版社，2001：237-238.

2. 实证研究中，关注车站地区空间形态演化过程及其内在机制的偏少

已有以实证为主的研究成果中，主要包括以下几种类型：车站地区的空间形态特征，车站对周边地区房地产价格、租金等经济要素空间分布特征的影响等。而针对一定的历史周期下，车站地区空间形态演化的过程及其内在机制进行分析的成果较少，而这是本书的研究重点。

3. 实证研究中，分析和揭示车站地区的功能业态与车站之间内涵联系的偏少

同样的，相较已有以实证为主的研究成果，较少关注到的是，车站地区的功能业态及空间形态与车站之间是什么关系，车站如何影响周边地区功能业态的生成、演变？其实质主要是车站的运输功能与站区功能业态的关系，而这是本书关注的重点问题之一。

4. 规范研究中，对于车站地区空间开发问题引入纵向案例比较分析的偏少

纵向案例比较分析，主要指对同一个城市中不同（功能、类型）的车站地区案例进行比较，优点在于它们享有共同的城市发展背景，这让它们之间产生联系和可对比性；而横向案例比较分析主要指对不同城市中相同功能类型的车站之间进行比较，优点是因为车站类型的相似性而形成相互联系并得以比较。

对车站地区空间开发的规范研究中，较多应用的是横向案例比较分析方法，如果结合运用纵向案例比较分析方法，将可以综合发挥两者的优点，从而形成相互补充。

1.3.4　研究将聚焦的基本理论命题

"车站地区"作为一个相对独特的研究领域，系统的理论建构一直是其难点和薄弱之处。在回顾现有研究和理论的基础上，我们试图进一步辨析的是：

（1）功能业态上，经典的"节点—场所"理论无疑指出了车站地区问题的本质，不过，车站与城市功能两者相平衡的"度"应该如何把握却没有既定的答案。比如，在发达

的轨道交通网络的支撑下涌现了日本东京涩谷站地区、我国香港九龙站超级交通城等一大批极高强度开发的案例，而这些都为我们的具体实践带来了更多探索的可能性。此外，其他多数研究在总结车站地区功能业态的类型（如商贸、商务、居住、酒店、市场等）时亦主要偏于模式化。对于车站地区，其周边地区的功能业态呈现出什么特征，与车站之间的联系又如何？这是本书希望探究的。

（2）空间格局上，"3个发展区"的圈层结构模型也是车站地区研究以及空间开发实践中影响最为深远的理论之一，考虑到圈层结构模型所涉及的抽样类型、站区及城市的发展背景、阶段、水平以及枢纽等级等众多因素的影响，它所揭示的空间、功能特征（规律）在中国以及特定城市（广州）、特定车站（广州"三站"）背景下将如何演绎，其中有多少共同点和差异性，以及其中的原因，是本书希望探究的。

（3）在车站地区的发展过程及其影响机制上，通常认为，车站是站区发展的"触媒"，在各方面条件、因素具备的情况下起着"催化"的作用，然而，对其中内涵的揭示还有待深入。研究希望针对车站在这个过程及其动力机制中所扮演的角色和作用进行一定的探讨，而这亦是相关研究较少涉及的方面。

追根溯源，以上的讨论最终都指向一个关键的基本理论命题，即"在车站地区中车站的影响和作用"，这也成为本书的研究起点和目标。

1.4 研究视角

1.4.1 "车站关联地区"的提出及其与"车站地区"的辨析

在对广州的车站地区开展实证分析的过程中，尤其是辨别和界定车站地区空间范围的过程中，正是围绕车站对周边地区产生影响和作用（从而具有某种关联性）的主要线索，笔者注意到几个基本事实和现象：①车站与其周边地区功能业态之间的关联性是有差异的，即某些功能与车站的联系可能很紧密，但也有部分功能可能联系并不紧密，如广州站地区范围内大部分的学校、医院、居住区等业态与广州站关联性明显很弱；②地区的功能业态与车站的相互关联也会是一种动态关系，例如，在某个阶段受车站影响较弱的业态可能会在发展过程中转变为受车站影响明显的业态（如广州站地区内较大规模的工厂、学校、居住区业态等转变为旅馆或批发市场业态），或者某种受车站影响显著的业态继续转变为另一种与车站关联密切的业态（如广州站地区内较大量的旅馆业在后期转变为批发市场），又或者某种与车站关联密切的业态其关联性在减弱（如广州站地区站前广场周边的电信、国家安全厅等部分公共服务部门，随着社会经济的发展，其与车站配套设置的必要性在减弱）等。

而从相关研究综述可以看到，"车站地区"作为目前大多数研究、实践所应用的概念原型，其主要以与车站在地域空间或时空上的邻近性为依据。于是问题就出现了，显然车站地区内并非所有对象都是与车站关联密切的功能业态。笔者认为，这种依据邻近性来划分车站地区的空间范围实质上是包含但不限于关联性的因素。

据此，本书提出"车站关联地区"（station related area）的概念设想，即主要是以车站地区的空间发展与车站之间的关联性为主要依据来界定其空间范围，它在本质上指的是站区社会经济活动与车站客（货）运输功能的关联性，严格地说，应该对相关的客（货）"流"进行测度来研判。Bakker（1994）[1] 曾提到车站影响的概念；周雪洁（2012）[2] 也对北京北站的功能演化、站区城市空间的发展演变以及这两者之间的关系进行了梳理和分析，其不足在于尚比较多地停留在直观的形态变化方面，缺少深入辨析车站的功能演变与站区社会经济活动演变的内涵联系。

比较确定的一点是，对于车站关联地区的分析特别有赖于在一个动态演变的过程中去考察，而在已有的相关研究中，对于车站地区空间形态、功能动态演变的分析成果较少，由此也限制了对于车站关联地区的考察。对于这种关联性，严格地说，不存在绝对的无关联；为了揭示车站对站区社会经济活动最突出、最典型的关联性影响，本书将主要通过站区的用地功能（土地利用）来考察其与车站的关联性；应该注意到的是，功能渗透也是关联性的一种重要体现。[3]

在空间形态上，车站关联地区可能主要呈现为非连续斑块的组合形态，而"车站地区"则主要表现为连续的团块形态（图 1-2）。

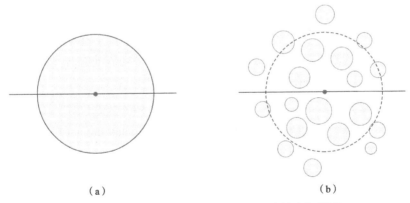

（a） （b）

图 1-2 "车站地区"两种概念原型对应的空间模型
（a）车站地区；（b）车站关联地区

在针对广州车站地区的分析中，本书将结合运用两种概念原型及其空间对象，并希望能够最终回应相关的基本理论命题，也因此实现对此分析方法的检验。

❶ Bakker H M J. Stationslocaties：Geschikt Voor Winkles[M].Amsterdam：MBO，1994.
❷ 周雪洁. 北京北站的空间演化及其与周边城市空间的关系研究 [D]. 北京：北京交通大学硕士论文，2012.
❸ 如纳入此因素将极大地增加研究和工作的难度——在广州站地区范围内的城中村、部分居住区中混杂着一定规模的、碎片化的相关关联性业态，如家庭旅馆、批发业从业者的廉租住房、仓储等生活、生产空间。

1.4.2 案例比较分析方法之于"车站地区"命题的综合应用

基于案例的比较分析方法是对海量的"车站地区"对象的最重要研究方法之一，本书将推进一种"层层递进的案例比较分析"来深化和扩展对于案例比较分析方法的运用。即本书首先对广州"两站"地区案例分别进行实证分析，然后将"两站"地区案例与"广州南站地区"案例进行纵向比较，同时亦结合国内外高铁客站地区案例的经验与"广州南站地区"进行一定的横向比较；此外，研究还将广州"三站"地区案例与经典理论模型进行辨析，分析其共同点、差异性及其原因；由此构成了"层层递进的比较分析"方法，意图是将车站地区案例置于纵横交织、理论与现实相对照的情境和视角下，通过各个角度、侧面的辨析来充分揭示其问题本质。

1.4.3 车站关联地区空间演化的实证研究分析思路

广州"两站"地区的实证研究部分将综合运用"车站关联地区"和"车站地区"进行讨论，主要关注的基本问题有：

1. 从车站影响站区土地利用的动态演变之视角界定车站地区的空间范围

研究主要依据车站关联地区土地利用（功能）与车站的关联性来界定其空间范围，强调的是车站对站区社会、经济活动的影响是形成和推动车站关联地区发展的根本因素。

2. 从与车站经济联系的视角剖析车站关联地区功能业态的构成

正是基于车站关联地区的内涵，在以车站影响站区土地利用和社会经济活动为依据界定其空间范围的基础上，本书以车站关联地区各种功能业态与车站的经济联系内涵之差异为依据提出一个理论假设，借鉴"车站经济"（"枢纽经济"）的概念，将其划分为三种功能类型：车站客流经济（Station-passenger-service Industry）、车站诱导经济（Station-induced Industry）和车站附属经济（Station-affiliated Industry）。

其中，车站客流经济主要指以旅客为核心的服务业，一般主要包括站场旅客服务业、交通运输业、地区内其他旅客服务业（如旅馆、餐饮、零售、票务等），这些也是车站关联地区最基础性的功能业态。车站诱导经济主要指因车站诱导、吸引而来的经济活动，与车站的客运、物流功能具有紧密的相互关系，属于车站关联地区衍生出来的功能业态（如下文中将要谈到的广州站地区的批发业、广州东站地区的租赁及商务服务业等）。而车站附属经济主要指与车站站场建设相配套的相关公共服务设施的建设（如邮政、电信大楼最为典型）以及铁路部门的经济建设，后者主要包括相关铁路附属部门（如机务段、工务段）、铁路职工生活区、铁路学校、铁路医院等。

3. 从微观企业主体运输行为的视角分析车站关联地区功能业态与车站的内涵联系

研究将通过微观企业主体的问卷及访谈调研，分析其运输行为与车站的内涵联系，以此揭示企业（功能业态）对于车站的空间区位依赖性。

4. 从车站关联地区空间演化的过程、影响因素及其相互关系的视角分析其内在机制

研究将重点考察市场、政府、社会在车站关联地区空间演化过程中的角色及其相互作用机制。

1.4.4　车站关联地区和车站地区空间开发的规范研究分析思路

本书的规范研究部分主要针对的是新时期高铁建设带动下新建高铁客站地区的空间开发问题,以广州南站地区作为典型案例。研究对象中有关"车站关联地区"和"车站地区"的内涵又有新的表现,主要关注的问题有:

1. 纵、横向比较视角下国内外案例经验借鉴

纵、横向的案例比较分析为"车站关联地区""车站地区"的空间开发带来相互补充的经验借鉴:纵向比较着眼于相同城市背景下不同车站地区的案例,横向比较着眼于不同城市相同类型车站地区之间的可对比性。

2. 车站关联地区和车站地区空间开发的趋向分析

在纵、横向案例经验借鉴的基础上,也在城市、区域发展的视野下,结合车站关联地区和车站地区空间发展的现状、机遇、挑战、策略进行分析,以此展望其空间发展的愿景和趋势。

1.5　研究意义

1.5.1　理论意义

1. 提出基于案例比较分析方法的车站地区之研究思路与分析框架

通过系统总结、分析关于车站地区的现有研究成果,从其研究范式、概念原型、车站与其周边地区的相互关系、车站地区的主要特征、车站地区空间发展及空间开发的影响因素等关键问题切入进行解剖,以此为基础提出了一个较为新颖的研究视角、研究思路及分析框架。

2. 第一个关于广州"三站"地区案例较全面、深入的比较分析

研究是对于广州"三站"地区案例一个很好的阶段性总结和深入探讨,从研究的针对性和深度上来说,应该是第一个关于广州"三站"地区相关的研究,对于车站地区以及广州城市发展的相关研究都是有益的参考。研究将深入辨析广州站、广州东站地区空间发展的历程、特征及其动力机制,并探讨广州南站地区空间开发的现状问题及其发展建议。

3. 对关于车站地区现有相关理论的回应与再思考

研究将在对广州"三站"地区案例分析的基础上,结合国内外的实践,将其与"车站地区"相关的经典理论及其模型进行比较,以考察理论和现实案例之间在认识、特征、规律等方面的共同点及差异性,由此将完成一次对现有理论的再思考,以及丰富与补充。

1.5.2 实践意义

1. 为车站地区的空间开发、改造等实践问题提供参考与指导

一方面，针对个案深入调查和解剖广州"三站"地区案例的发展过程、特征、影响因素及其作用机制；另一方面，结合对相关理论研究成果及国内外案例的对比分析，从中提取可资借鉴的经验、教训，为更好地理解和把握广州"三站"地区的案例及其实践提供直接的参考和指导，如对于广州站地区、广州东站地区的交通枢纽改造及城市更新，和广州南站地区的空间开发思路及其策略等问题具有积极的参考价值；同时，也为相关"车站地区"实践案例中关于站区改造、城市更新以及空间开发等问题提供概念界定、研究方法、基本原理等方面的借鉴。

2. 为更好地回应"车站"与"城市"相互关系等实践问题提供思考与建议

研究充分显示出"车站—铁路"、"车站"与"车站地区"、"车站"与"城市"之间在相互关系上丰富多彩、复杂而又深刻的内涵及其表现，并且随着社会经济的发展将不断更新、演变。这也启示着在城市发展实践中，需要我们更好地审视"车站"与"城市"之间的相互关系，以事实为依据，以问题本质为探究目标，勇于质疑、反思，积极加强"再思考、再认识、再分析"，从而为相关实践提供更好的理论储备和方法指引。

1.6 研究方法

1. 案例比较分析的方法

本书采用案例比较分析的方法，基于纵向关联分析广州"三站"地区案例在空间区位、发展背景、空间演化、动力机制、车站的作用、形态结构等方面的特点及其差异性；并基于横向关联与国内外同类铁路客站地区案例进行比较，以探讨铁路客站地区相关问题的共性与个性；同时，还对现实情境下的铁路客站地区案例与虚拟情境下的理论模型进行比较分析，以揭示其更一般化的基本原理与事物本质。

2. 实证与规范研究相结合的方法

本书研究对象——广州"三站"地区案例中，广州站、广州东站地区案例因为已分别有超过 40 年、30 年的历史，站区发展基本成熟并保持相对稳定，因此主要属于实证研究的范畴，研究主要从车站地区空间演化的过程、影响因素及其相互关系等方面总结其空间演化的特征及其内在机制；而广州南站地区案例发展仅六七年的时间，地区的空间开发仍处于启动期，未来的发展趋势和方向尚不明朗，故主要是属于面向空间开发的规范研究范畴，研究主要从国内外案例经验借鉴以及站区空间发展的机遇、挑战、趋向等方面展开分析；实证与规范研究相结合亦是本文在研究命题、方法上的重要尝试。

3. 实地调查法

在具体资料、信息的获取上，一方面走访与广州"三站"地区案例相关的政府、

企业从业人员和站区内的开发商、商家、居民及相关领域的专家、学者等，收集相关信息，加深对相关方面的了解；另一方面深入站区内，针对其主要功能、业态的商家、企业业主，通过访谈、问卷等多种方式获取第一手资料。

4. 文献法

对于资料、信息的获取，也结合相关文献获取相关信息，主要是国内外相关研究资料，广州"三站"地区相关产业、空间发展的资料以及广州城市发展的相关资料，也包括新闻报道、互联网等新媒体平台的信息。

5. 定性与定量分析相结合的方法

定性与定量分析作为两种研究方法，各具所长，可以互为补充。本书在相关概念的界定、广州"三站"地区空间演化的内在机制以及其空间开发的趋向等方面主要采用定性分析的方法，在注重逻辑关联的同时也辅以相当分量的定量分析；同时，大量运用定量分析的方法，总结、整理相关资料、信息，尤其以广州"三站"地区的历史地形图为基础，分析其空间演化的过程和特征；此外，结合 GIS 分析工具，对基于全国经济普查的企业数据（四个年份）进行分析，以解读各个城市及其车站地区的产业发展，亦是本书较重要的对于定量分析方法的运用。

1.7　研究框架

研究框架如图 1-3 所示。

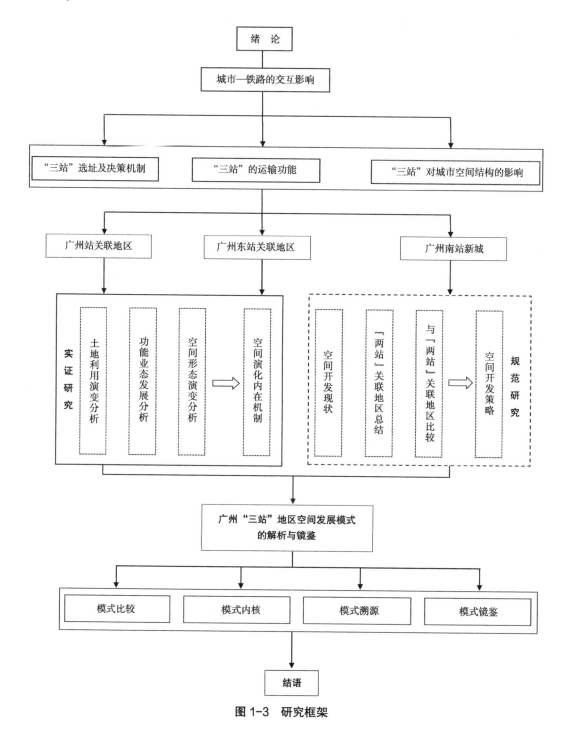

图 1-3 研究框架

第2章 铁路与城市互动影响下的广州"三站"

2.1 导言

2.1.1 广州中心城区之铁路与城市互动演变的主要历程

近代广州的铁路建设已有一定基础,一直发挥着华南地区的铁路枢纽功能。粤汉铁路从1906年动工到1936年建成,于1936年9月1日首次通车;1957年武汉长江大桥建成后,粤汉铁路与北京到汉口的京汉铁路两路接轨,改称为京广铁路。广三铁路则于1903年10月5日全线竣工。广九铁路的九龙至深圳段于1907年7月由英国修筑;广深段则于1909年动工,由当时的清政府修筑,即今日之广深铁路。这一阶段铁路与城市相互关系的主要特征是三个车站衔接着三条独立的铁路线路:原广州南站(黄沙站)衔接的是粤汉铁路,原广州站(大沙头站,也曾称广州东站,于1951年更名为广州站)衔接的是广九铁路,石围塘站衔接的是广三铁路(图2-1)。1947年粤汉铁路与广九铁路接通后,原广州站为两线的终端站。至中华人民共和国成立前,该站每日开行粤汉铁路客车2对,广九铁路客车4对。[1]独立分设的"三站"是构成和影响近代广州城市格局的重要因素。

中华人民共和国成立后,广州的铁路建设与城市发展进入了一个新的时期。伴随城市社会经济的发展,广州的城市建设逐步突破原有格局,不断实现着新的跨越和发展,其中,铁路又发挥了重要的先导性和基础性作用。1960年,珠江大桥建成通车,广三、京广、广深三条铁路连成整体,广州铁路枢纽形成。1974年4月10日,广州站建成并投入运营,连接了京广、广三和广深(九)铁路三条重要的国铁枢纽线,是全国铁路枢纽体系的重要站点。[2]这一阶段铁路与城市相互关系的主要特征是三条独立的铁路线路互相连接形成整体的铁路枢纽和布局:随着广州站的建成运营(1957年动工,中间停顿,一直到1972年复工,1974年建成),客运功能逐步集中到广州站;同时,于1984年11月拆除了原广州站至天河一段铁路,原广州站只保留一部分相关的车站业务至最终取消车站;原广州南站(黄沙站)、石围塘站则主要转变为货运站(图2-2 ~ 图2-4)。

❶ 吴月娥.广州火车站的规划与建设[M]//广州城市规划发展回顾编撰委员会.广州城市规划发展回顾(1949-2005)(上卷).广州:广州城市规划发展回顾编撰委员会,2005:97-98.
❷ 广州交通邮电志编撰委员会.广州交通邮电志[M].广州:广东人民出版社,1993:612-647.

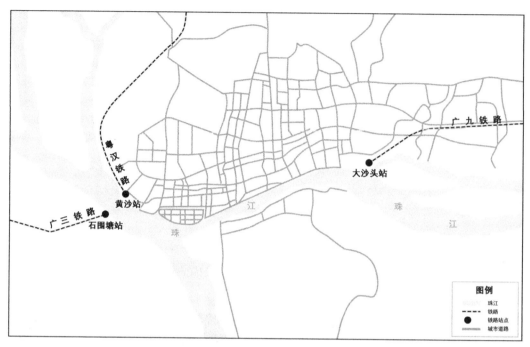

图 2-1　1942 年广州的铁路与城市：独立分设的"三站"
（资料来源：笔者根据历史地图分析）

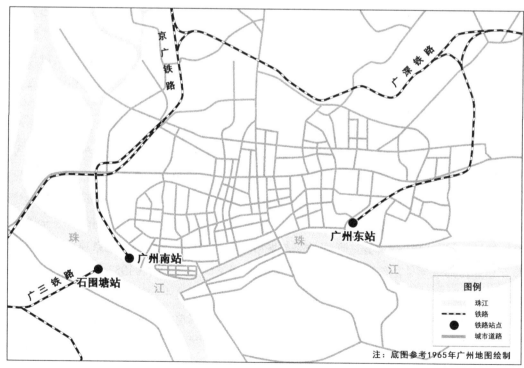

图 2-2　1965 年广州的铁路与城市：铁路枢纽已形成
（资料来源：笔者根据历史地图分析）

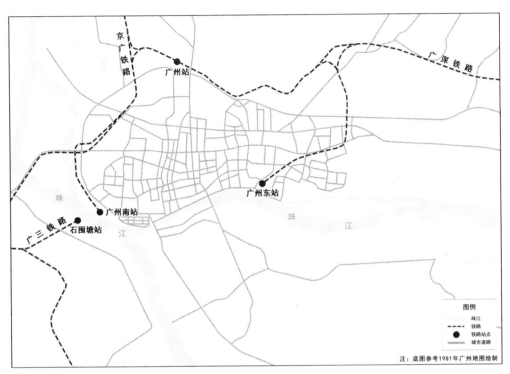

图 2-3　1981 年广州的铁路与城市：客运功能集中到广州站

（资料来源：笔者根据历史地图分析）

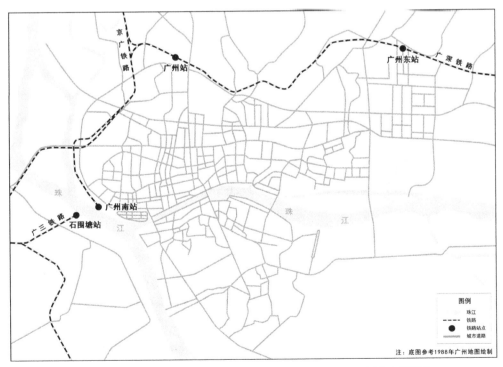

图 2-4　1988 年广州的铁路与城市：广州东站已使用，大沙头站取消

（资料来源：笔者根据历史地图分析）

自 20 世纪八九十年代以来，广州的社会经济进入快速发展时期，在新的形势、新的机遇下，铁路建设与城市发展又进入了一个新的高潮：借京九铁路建设与 1986 年在天河新区举办"六运会"的东风，于天河建设广州东站（在现有中间站、客货运站的基础上升级），并于 1997 年将广九直通车及大部分广深动车安排在广州东站到发；2009 年 12 月 26 日，广州南站建成并投入使用，初期主要承担武广高铁、广珠城际铁路和广深港高铁的客运任务，是高铁时代下广州铁路建设与城市南拓发展战略结合的又一案例；至此，广州中心城区主要的三大铁路客站形成（图 2-4、图 2-5），它们也共同成为支撑广州作为国家中心城市发展的巨型城市框架的重要组成部分之一。

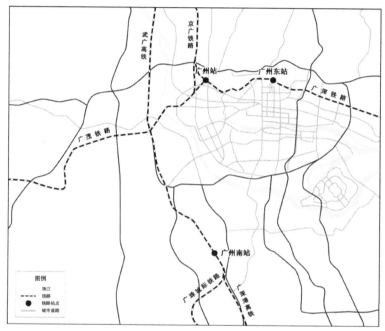

图 2-5 2015 年广州的铁路与城市：新"三站"格局已形成

（资料来源：笔者根据 2015 年广州地图分析）

2.1.2 广州"三站"之客运量对城市经济增长贡献的检验分析

关于铁路枢纽与城市经济增长的关系，以往的研究多采用铁路货运量指标与城市经济指标进行计量分析，如杜彩军等（2006）。❶本书主要研究广州"三站"所代表的

---

❶ 杜彩军，董宝田 . 铁路枢纽城市运输与经济发展互动研究 [J]. 综合运输，2006（8-9）：105-108. 文章分析了：①全社会货物运输效益比较，根据城市的 GDP 与每万 GDP 对应的货运量作为指标，采用层次聚类分析方法进行分析；②铁路货运与公路货运构成分析，根据各个城市的铁路货运量、铁路货运周转量、公路货运量、公路货运周转量进行聚类分析；③货物平均运输距离分析，运距反映了与城市联系最为紧密的地区或城市，对各个城市的铁路货物平均运输距离和公路平均运输距离与 GDP 的关系进行分析。研究也指出：①并不是有了交通优势明显的交通枢纽就一定能使城市的经济社会发展得到显著收益，关键是各个城市如何面对，如何去处理；②根据铁路与公路运输的特点，铁路交通枢纽的发展更依赖于区域经济的发展，公路交通枢纽更依赖于城市经济的发展，做好公路与铁路运输的一体化有效地促进城市、区域经济和社会的发展。

主要客运站对城市经济增长的影响，故主要考察"客运量"所代表的广州"三站"运输能力与城市经济增长之间的相互关系，具体则主要通过考察"地区生产总值""城市批零业销售总值""城市接待国内过夜旅游者人数"几个主要的相关经济指标和"客运量"两组变量之间的相关性来说明（表2-1）。

广州"三站"客运量与主要的相关城市经济指标　　　　　　表2-1

年份	广州"三站"客运量（人次）	地区生产总值（万元）	城市批零业销售总值（万元）	城市接待国内过夜旅游者人数（万人）
1994	15482493	9853082	—	—
1995	15598847	12591974	—	—
1996	13265521	14680643	—	—
1997	14792315	16781156	—	—
1998	15757506	18935177	—	1175.9585
1999	16185885	21391758	25547568	1054.1836
2000	19015984	24927434	29587679	1009.2783
2001	18389351	28416511	33256551	2069.3126
2002	20009205	32039616	36612695	2232.0935
2003	20049489	37586166	42225152	2007.2853
2004	23364823	44505503	67203026	2237.5563
2005	25077714	51542283	73689536	2340.2557
2006	25944946	60818614	84417621	2395.78
2007	28662411	71403223	109965841	2727.4
2008	31700000	82873816	149547825	2916.26
2009	29685552	91382135	151421253	3286.12
2010	29928149	107482828	212042668	3691.58
2011	31088385	124234400	269357416	3816.16

资料来源：历年《广州铁路（集团）公司年鉴》；《广东省志—交通卷：1979—2000》；历年《广州经济年鉴》。

以地区生产总值为 y 轴，以客运量为 x 轴，两变量的散点图呈现出明显的线性趋势。通过 Pearson 相关性检验，表2-2所示第1行是 Pearson 相关系数，第2行是总体相关系数的显著性检验概率。首先设立假设检验条件："H_0：地区生产总值与客运量之间无相关性"，"H_1：地区生产总值与客运量之间线性相关"；其次，通过 SPSS 统计软件计算得到地区生产总值和客运量的相关系数值为 0.946，呈现高度线性相关。显著性检验概率为 $P=0.000$，该值小于 0.05，那么拒绝原假设，因此，"客运量"和"地区生产总值"两变量之间存在显著线性相关（图2-6、表2-2）。

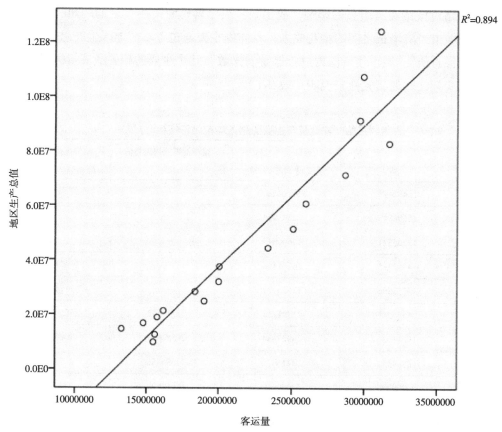

图 2-6 地区生产总值与客运量的散点图
（资料来源：笔者依据相关数据统计分析）

地区生产总值与客运量的相关性 表 2-2

		客运量	地区生产总值
客运量	Pearson 相关性	1	0.946**
	显著性（双侧）	—	0.000
	N	18	18
地区生产总值	Pearson 相关性	0.946**	1
	显著性（双侧）	0.000	—
	N	18	18

**：在 0.01 水平（双侧）上显著相关

资料来源：笔者依据相关数据统计分析。

　　"客运量"与"地区批零业销售总值"之间的相关性显示，Pearson 相关系数为 0.874，呈现高度线性相关性。对该线性相关系数的显著性检验概率为 $P=0.000$，小于 0.05，因此"客运量"与"地区批零业销售总值"两变量之间存在显著线性相关（图 2-7、表 2-3）。

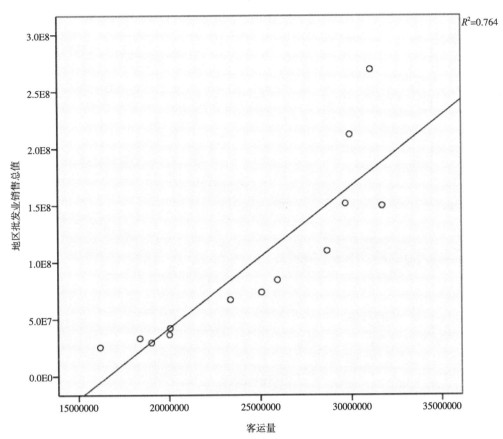

图 2-7 地区批零业销售总值与客运量的散点图
（资料来源：笔者依据相关数据统计分析）

地区批零业销售总值与客运量的相关性　　　　　　　表 2-3

		客运量	地区批零业销售总值
客运量	Pearson 相关性	1	0.874**
	显著性（双侧）	—	0.000
	N	18	13
地区批零业销售总值	Pearson 相关性	0.874**	1
	显著性（双侧）	0.000	—
	N	13	13

**：在 0.01 水平（双侧）上显著相关

资料来源：笔者依据相关数据统计分析。

"客运量"与"城市接待过夜旅游者人数"之间的相关性显示，Pearson 相关系数高达 0.906，呈现高度线性相关性。对该线性相关系数的显著性检验概率为 $P=0.000$，小于 0.05，因此"客运量"与"城市接待过夜旅游者人数"两变量之间存在显著线性相关（图 2-8、表 2-4）。

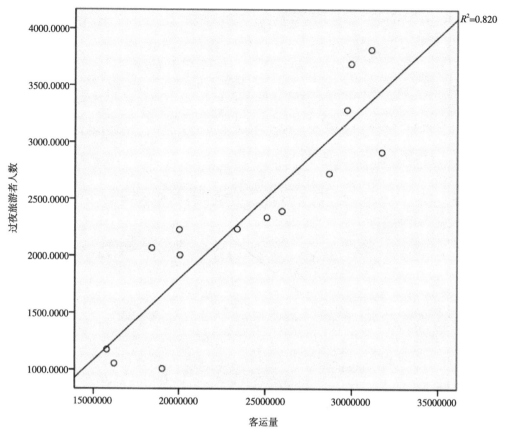

图2-8 城市接待过夜旅游者人数与客运量的散点图
（资料来源：笔者依据相关数据统计分析）

过夜旅游者人数与客运量的相关性 表2-4

		客运量	城市接待过夜旅游者人数
客运量	Pearson 相关性	1	0.906**
	显著性（双侧）	—	0.000
	N	18	14
过夜旅游者人数	Pearson 相关性	0.906**	1
	显著性（双侧）	0.000	—
	N	14	14

**：在0.01水平（双侧）上显著相关
资料来源：笔者依据相关数据统计分析。

　　从分析结果来看，广州"三站"客运量与城市总量经济及相关部门经济增长之间存在高度显著的相关性，由此也说明广州"三站"对于城市经济发展具有较强的重要性。

2.1.3 广州"三站"是铁路与城市互动影响的主要焦点

广州"三站"（广州站、广州东站、广州南站）是在不同历史背景及铁路和城市特定的发展阶段下的产物，它们作为广州中心城区的三个主要车站（铁路客站），其发展、演变的时间跨度有 40 多年（1974 ~ 2016 年），三者也成为铁路与城市互动影响的主要焦点所在：①车站的建设直接缘于国家铁路线网的发展和布局，而后者作为国民经济大动脉，与全国生产力布局、综合运输格局等密切相关；②车站在城市中的选址要服从铁路线路选线、铁路枢纽规划及工程建设等技术、经济性的考量，同时也要照顾到城市发展、城市规划对于城市空间布局的要求，两方面诉求的协调、博弈一直是影响车站选址决策的主要因素，最终选址正是各方话语权博弈、利益均衡等综合因素相互作用的结果；③车站建成后对城市功能布局、城市交通、城市经济等方面产生重要而深远的影响；④车站周边地区形成一个车站影响下的特色发展区域，一方面地区的功能业态构成呈现出专业化、综合化的趋势，同时空间形态上普遍体现出高强度、高密度的特征等，这一独特的功能性地域环境也正是本研究将聚焦的主要对象（第3 ~ 5 章）；⑤随着铁路建设与城市发展（经济、空间等）的持续推进，铁路与城市又将开始新一轮的互动，在车站方面主要表现为：既有车站的迁移、改造及扩建，新车站的建设，以及新旧车站的功能重组（如车站衔接线路、方向的变化和到发列车数的增减）等。

因为时间跨度的原因，广州"三站"所处建设年代、历史背景及其功能特征均差异较大，其与城市互动影响的关系、内涵也有迥然不同的表现，而且随着历史进程的推进不断演变。下文将就特定城市发展阶段下"三站"与城市相互影响最突出的方面进行重点分析。

2.2 广州"三站"的选址过程及其决策机制

2.2.1 "铁路主导"：广州站的选址、建设

1. 广州站的建设历程

广州站的前身是始建于1911年的大沙头火车站。历史上，大沙头火车站曾以广州东站、广州站为名。1949 年后，广州地区铁路运量逐年增大，据《广东省志·铁路志》记载，广州新客站（今广州站）的建设构想最早于 1955 年提出。但当时的铁道部认为广州地区各站能力尚有富余，未批准建设，仅要求"及早做出远期方案"。

1957 年，随着武汉长江大桥的建成，京汉铁路和粤汉铁路合并为京广铁路，这条全长 2300 多千米的南北大动脉，将南中国大门、广阔中原腹地和北方地区紧紧连接了起来。此时，广州在中国交通战略地图中的地位又一次被凸显。次年 5 月，广州铁路局再次向铁道部申报，终于获批，后立项兴建。也正是在此前编制的广州城市总体规划第九方案

（图 2-9）中，明确了在三元里以南的走马岗新建客站，即现在的广州站。❶

3 年后，工程再次动工，却又再次遭遇障碍。时任广东省副省长、兼任广州市市长的曾生在回忆录中也记录了广州站工程这次"中途下马"的部分细节。1965 年，已经动工的火车站在建到第二层时被迫停了下来。当时的国防部副部长兼空军司令员刘亚楼的理由是"原设计方案高度太高，会影响白云机场的飞机安全降落"。为了这件事，陶铸亲自给刘亚楼打电话，并邀请他来广州一起商量。最终刘亚楼表示如果要建，火车站总高度不能超过 27m。陶铸和曾生的想法却是，宁愿停建也不修改计划和图纸。于是，火车站建设计划"中途下马"。1971 年的"九一三"事件后，新火车站才按原计划继续兴建，3 年后终于竣工。其间，又因为建筑面积和规格的问题多次反复。由于当时北京火车站还未落成，因此对于广州站的面积和规模也成为一个棘手的需要"讲政治"的问题。"不能超过北京站的面积，从一开始的 1.5 万 m² 左右，到 3.5 万 m²，再改成不超过 2.8 万 m²"。❷

图 2-9　广州城市总体规划（第九方案，1957 年 4 月）

（资料来源：徐晓梅.广州城市总体规划第 1-13 方案 [M]// 广州城市规划发展回顾编撰委员会.广州城市规划发展回顾（1949-2005）（上卷）.广州：广州城市规划发展回顾编撰委员会，2005：85-93）

广州站设计者林克明（1900～1999 年）曾用"一番起落"来形容整个工程。广州站前后共申报 4 次才获批建站，从构想到落成，中间隔了整整 19 年。

---

❶　徐晓梅.广州城市总体规划第 1-13 方案 [M]// 广州城市规划发展回顾编撰委员会.广州城市规划发展回顾（1949-2005）（上卷）.广州：广州城市规划发展回顾编撰委员会，2005：85-93.
❷　广州火车站 40 年：时代的站台 [J].南都周刊，2014，（24）.http://www.nbweekly.com/news/special/201407/36949.aspx.

2.广州站选址的主要因素

中华人民共和国成立后，广州铁路事业发展迅速，广州铁路客流量猛增，虽经多次对原广州站（即大沙头站）进行改扩建，仍未能满足客流增长的需求，城市规划部门和铁路部门都提出广州站要搬家的意向要求。本着尽快搬迁广州站的目的，对新站址提出多个方案进行比选。

方案一，把车站由大沙头搬到东山梅花村。规划部门认为这样搬迁还是搬离得比较近，对市区交通解决不了多少问题，而且仍然是一个尽端式车站，咽喉能力得不到很大提高，搬迁意义不大，对此方案不是很满意。方案二，搬迁到现流花公园的位置，以人民北路为车站的主出入口，取消西村站（现广州西站）。如果车站建成后，一条铁路线连接珠江大桥至佛山，一条铁路线连到南站，一条铁路线通北京，一条铁路线通九龙。该方案的缺点是广州市城市总体规划确定城市向东发展，而把车站搬到城市西面，选址显然不尽合理，铁路运行也不顺，铁路部门也不同意此方案。方案三，搬至下塘村西德胜岗（现飞鹅岭），以小北路、仓边路为铁路客流进入市中心区的主干道。当时主持广州市政府工作的陈志芳副市长认为此方案存在问题，新车站搬到下塘，车站建成后，城市中心区会被压得死死的，而且车站将来没有扩展余地。因此，综合以上几个方案，为适应当时全国"大跃进"形势发展的需要，经铁道部正式批准立项，最后选定流花地区解放路以西地段为广州站新站址（图2-10）。❶

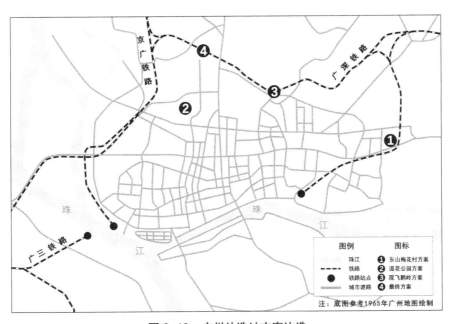

图 2-10　广州站选址方案比选

（资料来源：笔者根据广州历史地图分析）

❶　吴月娥.广州火车站的规划与建设 [M]// 广州城市规划发展回顾编撰委员会.广州城市规划发展回顾（1949-2005）（上卷）.广州：广州城市规划发展回顾编撰委员会，2005：97-98.

从广州站最终选址方案的特点来看，在与城市总体布局的关系上比较接近于方案二，由上文可以看出，规划部门是比较反对的，认为没有适应城市向东发展的需求；在铁路运行方面，其处于三条线路的交汇处，对于铁路枢纽的布局来说还是比较合理的，也符合广州站作为集中式、通过式的特大型客站的功能要求。可以说，最终选址方案的内涵体现出适应铁路运行的技术要求为主的特点，是一个"铁路主导"下的选址决策。

2.2.2 "城市主导"：广州东站的选址、建设

1. 广州东站的建设历程

广州东站的历史可以追溯到 1940 年，原名为天河站。据广铁集团保存的资料显示，当时日军为修建天河飞机场，拆除了广九铁路东山至石牌一段线，由东山改绕永村、沙河至石牌，并在该线上增设天河车站，这就是广州东站最早的起源。1938 年 10 月 21 日，日军南下侵占广州，属于国民革命军的军民两用机场——广州天河机场也被占领，成为侵华日军的空军基地。为了满足战争需要，日军于 1940 年开始大规模扩建天河机场。由于机场占地面积扩大，工程同时拆迁了广九铁路东山至石牌间 3km 线路，由东山改绕永村、沙河至石牌，在与广北联络线接轨处设天河站。

中华人民共和国成立后，广九铁路华段改称广深铁路，铁路部门加强整修线路，提高线路标准。1953 年，天河站扩建 2 条股道，增加至 4 条股道。20 世纪 70 年代，天河站开发综合性货场，又增建 5 条股道，成为以货运为主的车站。随着新广州站（即现广州站）于 1974 年建成使用，广深铁路广州段起点由原广州站（大沙头站）改成新广州站。由于当时很多旅客不清楚天河站实际上位于广州市天河区，大多数均购买直达广州站的车票，经铁道部批准，于 1988 年 4 月 1 日，天河站更名为广州东站（今广州东站），成为广深线旅客列车第二始发终到站。

1992 年扩建广州东站。广州东新客站于 1993 年 6 月开始动工，1996 年 1 月广州东站国内候车大厅完工，同年 3 月部分投入使用。1996 年 9 月，广州东新客站全面落成，建设规模仅次于当时全国最大的北京西站，同年，经铁道部（铁计函 [1991]297 号文）批准，广九直通车从 1996 年 9 月 28 日起改为自广州东站到发，并于站内设广州天河铁路客运口岸。

2004 ~ 2006 年间，广州东站进行了一场大规模更新改造，改造后的广州东站有 12 个候车室，候车面积达 16000 多平方米，可同时容纳 2 万名旅客进站候车。

2010 年，为配合广州亚运会的举办，广州东站对站前广场进行了改造。按中轴线北段整体城市设计，进行二层平台、东站入口区改造及东站局部外立面整治工程，改造面积合计 11.36hm^2。其中，站前二层广场上增加了一个 20 多米高、总面积达 8352m^2 的波浪形透明天幕，并在二层广场加开了 4 个天窗，让阳光直接投射到下面的出租车和汽车车道，改变以前站前车道闷热、阴暗的环境。

由此，广州东站由曾经的一个中间站、小型客货运站，借承担广深绝大部分列车

到发及广九铁路运输任务的机遇,华丽转身为广州的主要交通枢纽之一,主要担负广深、广九、广梅汕铁路的运输任务,以及省内长途汽车、广州市内公共汽车、地铁和出租车的主要换乘点。广州东站主要服务、连接了广州、深圳、香港这条黄金走廊。❶

2.广州东站选址的主要因素

20世纪70年代末80年代初,广州铁路客流量增长很快,广州站开通不到10年,已经出现饱和紧张现象,尤其是1979年广九直通车的开通给广州站带来的压力更大,如何疏解和减轻广州站的客流与压力问题便摆到重要的议事日程上来。根据广州市城市总体规划城市建设沿珠江向东发展的趋势,以及开发建设天河新区的需要,广州市政府提出建设广州第二客运站的意见。

当时由铁道部第四勘察设计院(简称"铁四院")代表铁路部门首先提出方案,铁路部门提出新站选点的原则:①尽量利用铁路既有线路与设施;②铁路站场的设置尽量靠近城市中心地区。根据以上原则,铁四院提出两个方案:①动物园南门方案。拟利用动物园东侧一段铁路线出叉引接铁路线到新站内,把动物园南门前的地块以平行环市路的形式布置车站和站房、站前广场等设施。②沙河铁路材料厂方案。将沙河铁路材料厂用地与设施改造为客运站。铁路部门认为以上两个方案的最大优点都是充分利用铁路既有设施,这样上马快、投资省。规划部门认为:方案一的位置距离广州站比较近,车站布局拉不开,周边的城市道路也无法适应大量客流的需要;方案二可利用建设用地面积较少,将来没有发展余地,而且地块周边的道路疏解交通的能力较弱,不同意以上两个方案。在这种情况下,由城市规划部门根据城市发展方向及铁路客运站场布局的合理性,提出广州东站(天河车站)方案(图2-11)。

规划部门提出的广州东站的具体位置为:西邻广州军体院,东靠林和村,北面是广园路。该选址方案既利用原天河车站的既有设施,又符合城市向东发展的布局要求,并且位于城市交通要道上。但铁路部门认为该站址距城市稍远,站址所处的天河区正处于开发建设阶段,配套设施比较欠缺,以不能满足客运站设置线路直线段600m的基本要求予以否定。为了证实能满足客运站设置线路直线段距离的要求,市规划局到现场实测,量度的结果完全符合铁路部门的要求。最后经过反复比较、论证,得到铁四院的支持和认可,并由广东省计委组织相关会议确定后报铁道部立项。当时为配合"六运会"的召开,在1987年广深铁路复线全线贯通的情况下,同年10月,天河客运站建成并简易投产,并于1988年更名为"广州东站"。1996年9月28日,广州东站正式开通投产使用,并将其确定为广州第二客运站,专门办理广深、广九、京九线等线的始发终到列车。❷

❶　广州交通邮电志编撰委员会.广州交通邮电志[M].广州:广东人民出版社,1993:612-647.
❷　吴月娥.广州火车东站的规划建设[M]//广州城市规划发展回顾编撰委员会.广州城市规划发展回顾(1949-2005)(上卷).广州:广州城市规划发展回顾编撰委员会,2005:160.

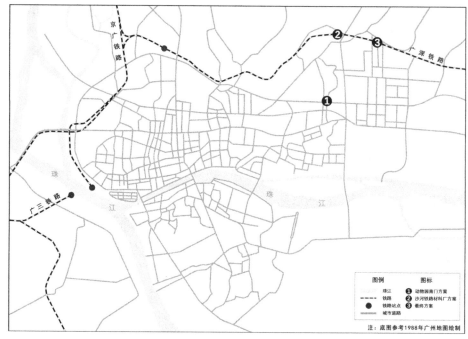

图 2-11　广州东站选址方案比选
（资料来源：笔者根据广州历史地图分析）

从广州东站最终选址方案的特点来看，方案主要适应了城市向东发展及配套建设
天河新区的城市空间布局要求，也充分利用了原有铁路站场设施，满足铁路运行的技
术要求；同时，从最终选址方案的形成过程来看，也体现为由广州市政府及规划部门
按照配合城市发展为主要诉求而提出的总体思路和具体建议，在与铁路部门提出的选
址方案比选后最终得到铁路部门的支持与认可。因此，广州东站最终选址方案总体上
体现为一个"城市主导"下的选址决策。

2.2.3　"铁路与城市合谋"：广州南站的选址、建设

1. 广州南站建设的缘起

（1）铁道部和国家层面关于武广客运专线建设的决策

2000 年左右，"有关方面正在积极考虑修建中国的高铁，从国家层面，特别是国
家领导人重视的首条高铁应该是北京至上海的京沪高铁。但铁道部清楚，最需要客运
专线去解决问题的是武广客运专线。"❶ 由于进入珠三角的"农民工"多数来自西南地
区和湖南省，每年"春运"期间，铁道部只能全停武广方向的货运，全力开足客运列车，
对全路运输造成很大冲击。对于广州市领导来说，一方面是现实的客观需要，另一方
面是对未来城市发展的战略思考，作为区域中心城市，一定要抢占高铁中心枢纽建设

---

❶　林树森 . 广州城记 [M]. 广州：广东人民出版社，2013：395-402.

的先机，所以也是不遗余力地争取武广客运专线的立项和建设。十届全国人大一次会议期间，广州市领导带头向大会提出一项议案《关于尽快修建京广铁路客运专线武广段的议案》。铁道部的答复是：建设京广铁路客运专线是彻底解决京广通道运输能力并全面提高旅客运输质量的最有效途径，是走可持续发展道路的举措。我部已将该项目的建设列入铁路建设规划，按照"总体规划、分段实施"的原则，加快前期研究工作，争取尽早建设。这就是后来被媒体报道为"第一次"提出修建武广高铁的文件。❶

（2）广州南站的建设、选址与铁路枢纽规划、广州城市发展的关系

在广州南站选址之前定格的是铁道部 1997 年批准的广州铁路枢纽总图规划。按照枢纽的总体布局，路网规划主要有：建设大朗—下元的东北联络线，江村—三水的西北联络线，并使两线贯通；新建广州—深圳第四线。客运系统规划主要有：增建广州站和广州东站的到发线、站台、候车室及相应设施，在东北联络线上的嘉禾设第三客站，在三眼桥新建辅助客站，形成"三主一辅"布局。

2000 年，广州行政区划调整，番禺、花都撤县设区，设行政区的面积由 1400 多平方公里增加到 3700 多平方公里，城市空间总体发展战略提出"南拓、北优、东进、西联"。2002 年初，广州市政府主要领导首先提出建设广佛都市圈的设想，随后得到佛山市的积极响应和社会各方的认同，开启了两市交通基础设施的整合。2002 年 7 月，广州市规划局致函铁道部计划司，请求安排枢纽总图的修改（穗规函 [2002]1999 号）。同年 9 月，铁道部计划司下达了"广州枢纽总图修改"的任务。随后，铁道部第四勘察设计院提出一个调整草案，其对 1997 年铁路枢纽总图规划的调整主要有：①路网线路方面，新增了广深港高速铁路、南沙港铁路支线、惠花铁路；保留京广客运专线、广深第四线等，部分线路方案作了调整，其中，京广客运专线向既有京广线靠拢，经大朗疏解区后分别接入广州站和番禺站。②客运系统方面，将原规划的在嘉禾设第三客站调整至番禺，初步选址在番禺市桥以西 3km 大夫山附近，番禺站与广州站、广州东站一起组成枢纽内的三个主要客站；将原规划的三眼桥客站调整至广州北站，同时建议将佛山站也规划为辅助客站，最终形成"三主二辅"的客站布局。

广州市委领导谈了关于枢纽总图调整的几点意见：①支持把东北部的联络线向北移。②对广武专线的规划，认为进入广州境内还是离原京广线远一些好，一方面北部是生态保护区，另一方面与广州未来的发展相适应，广州与佛山将来肯定要连在一起，既然要搞一条新线，能够往西还是尽量往西；对这条线的规划最欣赏、最支持的一点是它的终点站设在番禺，因为这不仅与广州南移相适应，而且番禺位于佛山、顺德、中山、江门、珠海的中心，位置比流花站（广州站）还要优越，而且将来穗港快速铁路也将通过番禺到香港。③南沙港货运专线及其编组站的规划要综合考虑广州南沙港、珠海港以及中山等的需要。④建议武广客运专线客运站的设置可以分叉，同时考虑在

---

❶ 林树森. 广州城记 [M]. 广州：广东人民出版社，2013：395-402.

花都、番禺设站。❶

　　始于 2000 年左右的第四版广州铁路枢纽总图规划进行相应调整后，考虑客货运量的增长及新线引入，广州枢纽总图规划要点如下：2010 年武广客运专线、广深港客运专线、广珠城际铁路引入枢纽并设广州南站，广珠铁路引入江村编组站；2013 年南广、贵广铁路引入广州南站和广州站，规划修建广东西部沿海通道铁路、东北联络线及南沙港铁路支线，最终形成客货列车基本分线运行的双"人"字枢纽格局。客运系统中，广州南站、广州站、广州东站为主要客运站，佛山西站为辅助客运站，预留广州北站发展成为枢纽辅助客运站条件，最终形成"三主两辅"格局（图 2-12）。

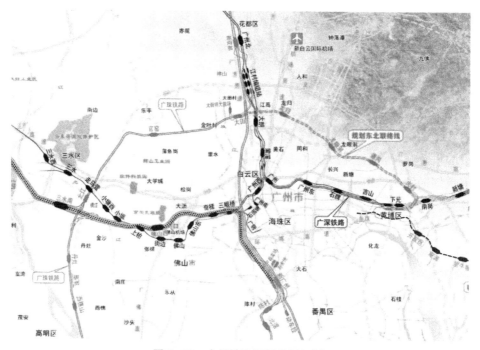

图 2-12　广州铁路枢纽总图规划

（资料来源：铁道部第四勘察设计院.广州铁路枢纽总图规划 [Z].武汉：铁道部第四勘察设计院，2004）

　　2.广州南站的选址方案比选

　　（1）车站选址原则

　　2003 年，广州铁路新客站（即广州南站）选址进入实质性阶段，选址的基本原则为：以人为本，最大限度地满足旅客出行的方便；有利于广州地区、珠三角区域的经济发展；满足铁路新客站与市政配套设施用地要求并有发展空间，经济技术可行；与城市规划发展相协调，充分体现广州"东进、西联、南拓、北优"的城市发展战略。❷

---

❶　林树森.广州城记 [M].广州：广东人民出版社，2013：395-402.
❷　林树森.广州城记 [M].广州：广东人民出版社，2013：395-402.

（2）站址方案比选

本着上述选址原则，通过对广州及周边地区全面考察，重点对市桥、沥滘、大石以及钟村石壁 4 个地点进行比较（图 2-13）。

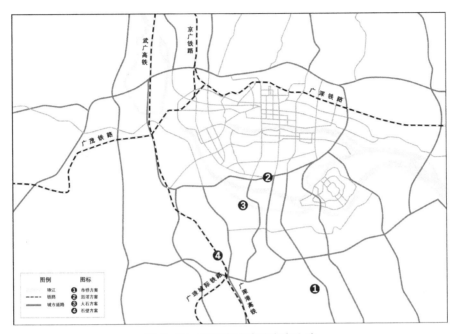

图 2-13　广州南站选址方案比选
（资料来源：笔者根据广州 2015 年地图分析）

市桥方案：位于广州市番禺区市桥镇以西 2～3km 处。该地点北边是野生动物园，南面有珠江的分叉河。虽有地铁 3 号线经过，但该位置南北长度不够，致使发展空间不足，而且离广州市区较远，市民出行不太方便。❶

沥滘方案：位于广州市海珠区，呈东西向布置，车站北靠南环高速公路，南临珠江，东端是华南快速干线，西端是广州大道，地铁 3 号线与车站垂直交叉，交通衔接较为便利。但该处已为城市建成区，建筑密集，且有卫氏大宗祠等古迹，车站只能设于地下。由于新广州站规模庞大，车站设于地下会造成工程投资巨大，周边也无足够场地布置动车检修及综合维修基地，与城市规划不符，且存在防灾报警、通风散热等技术难题，也不便于日后发展。该方案可实施性不大。

大石方案：位于广州市番禺区大石镇，呈东西向布置，车站北临珠江支流，南靠香江野生动物世界和长隆欢乐世界，东端是番禺迎宾大道，西端是 105 国道，地铁 3 号线与车站垂直交叉，该方案地面设站。与沥滘方案相比可节省投资，但该方案受场地限制，车站两端疏解线需拆除大量房屋，且交通衔接不便，也与城市规划相矛盾。

---

❶　参见《南方都市》相关报道。

石壁方案：位于广州市番禺区钟村镇石壁村，呈南北向布置，车站北端是陈村水道，南端有 105 国道，东侧有新光快线，西侧有广珠西线高速公路。该方案有如下优点：一是这里有充足的场地，该处主要是鱼塘和苗圃，拆迁量少，便于工程实施和城市配套设施建设；二是地理位置好，处于广佛都市圈的中心地带，车站东北方向是广州市老城区，西北方向是佛山市区，东南方向是规划的 300 万人口的广州新城以及番禺区，西南方向是佛山市顺德区，且新广州站往这四地的直线距离均为 14km 左右，地理位置优越；三是符合城市发展规划，广州市城市发展规划主流是向南发展，而新广州站正好位于城市南部；四是便于武广客运专线引入及广深港客运专线、广珠城际铁路衔接，新广州站位于广州市西南靠近佛山，武广客运专线在广州、佛山两市交界处引入，并行于广州西环高速公路，线路对城市影响小，同时广深港客运专线、广珠城际铁路线路长度短、衔接方便。❶

经过多轮专家论证以及省、市、铁道部之间的协调，2003 年 9 月，最终选定了石壁方案。❷

从广州南站最终选址方案（石壁方案）的特点来看，其场地充足，拆迁量少，便于工程实施，也便于铁路线路的引入和衔接，处于广佛都市圈的中心也有利于更好地兼顾服务广佛乃至珠三角其他城市的客流，较好地满足工程实施、铁路运行的技术要求及经济要求；同时，该选址也适应了城市向南发展及广州市意图推动广佛都市圈建设的城市空间布局要求。而从前文所述广州南站最终选址方案形成过程来看，铁路部门与广州市政府可谓达到高度契合，体现在从武广高铁客运专线建设动议的提出、线路经过城市的走向与铁路枢纽布局的调整及广州南站最终选址的确定等方面都能取得共识及相互支持。因此，广州南站最终选址方案总体上体现为"铁路与城市合谋"下的选址决策。

2.3 广州"三站"的运输功能分析

2.3.1 广州站的运输功能分析

广州站现有正线 2 条，站台 4 座，客车到发线 7 条，预留 3 站台、6 条到发线。主要办理京广线、广茂线始发终到作业，少量武广客运专线 A 类车、B 类车始发终到业务及京广线衡阳方向、广深线深圳惠州方向、广茂线茂名方向相互之间通过客车作业；另外，还办理至新塘的市郊列车、至江春编组站通勤客车始发终到作业。

列车线路的变迁：唯一的客站——普铁枢纽

从广州站的列车线路结构来看，主要可以分为两个大的阶段：① 1974～1996 年

---

❶ 周建喜. 广州南站规划设计 [J]. 铁道标准设计，2011（8）：126-130.
❷ 林树森. 广州城记 [M]. 广州：广东人民出版社，2013：395-402.

（"一站时代"），是广州唯一的铁路客运站，客运线路主要为京广线、广深线、广九线，即在"一站时代"下广州站的铁路客运功能能具有唯一性、稀缺性的特点，是当时广州辐射、连接全国主要城市最有效率、最完善的一个运输网络（包括货运方面的行包运输），至 1990 年，列车线路已覆盖了除东北、新疆、西藏外的全国大部分地区；② 1997 年以后（"两站"及"三站"时代），广州东站正式确立为广州第二客站，广深线动车绝大部分、广九直通车的全部由广州站转移到广州东站，广州站就主要作为京广线到发的列车线路，普速化特征明显，在 1997 年有了连接东北的线路，在 2010 年有了连接西藏的线路，在 2014 年有了连接新疆的线路，与全国铁路网的高连接性仍然是它的突出优势（图 2-14 ~ 图 2-17）。❶

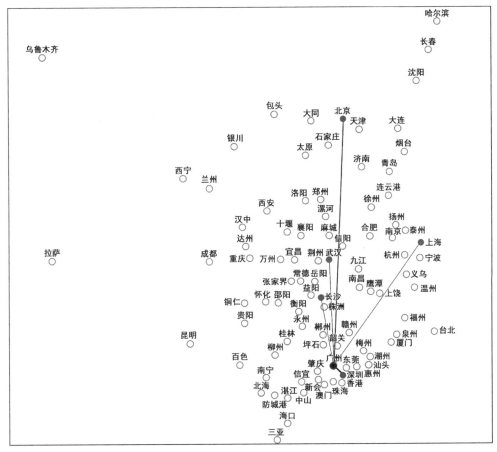

图 2-14　1975 年广州站线路图

（资料来源：笔者依据火车时刻表自绘）

---

❶　部分线路开通的准确年份有待进一步考证。

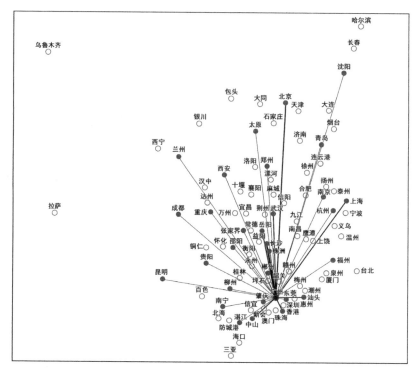

图 2-15　1997 年广州站线路图

（资料来源：笔者依据火车时刻表自绘）

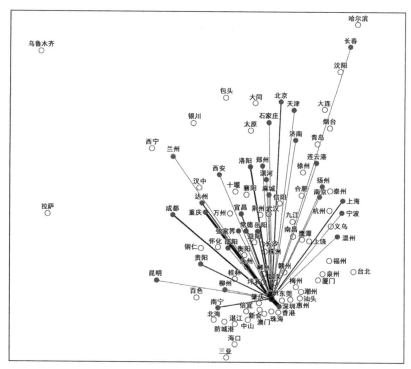

图 2-16　2005 年广州站线路图

（资料来源：笔者依据火车时刻表自绘）

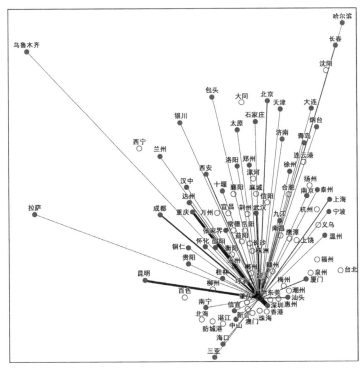

图 2-17　2016 年广州站线路图
（资料来源：笔者依据火车时刻表自绘）

2.3.2　广州东站的运输功能分析

广州东站现有正线 3 条，站台 5 座，客车到发线 9 条，预留 1 站台、2 条到发线。主要办理广深线深圳方向、惠州方向始发终到客车作业及深圳方向、惠州方向与其他方向间通过客车作业。另外，还办理至新塘的市郊列车始发终到及广州站至新塘市郊列车通过作业。

列车线路的变迁：城际小站——广深港城际客运枢纽与普铁枢纽

从广州东站的列车线路结构来看，主要可以分为两大阶段：① 1986 ~ 1996 年，主要作为广深铁路上的一个小客货站，客运线路主要为广深线列车的中途停靠；② 1997 年以后，广州东站正式确立为广州第二客站，广深线动车绝大部分、广九直通车的全部由广州站转移到广州东站，同时，广州东站也成为京九线列车始发终到的重要枢纽，初期主要为连接华北、西北、华东、华中的线路；此后，随着广深线动车准高速、高速化、高密度、公交化的运行，广州东站成为广深港走廊上具有突出优势的城际客运枢纽，而京九线方向在 2000 年有了连接东北的线路，在 2010 年有了连接西南的线路（图 2-18 ~ 图 2-21）。❶

---

❶ 部分线路开通的准确年份有待进一步考证。

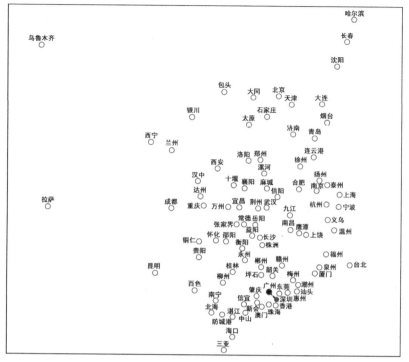

图 2-18　1990 年广州东站线路图

（资料来源：笔者依据火车时刻表自绘）

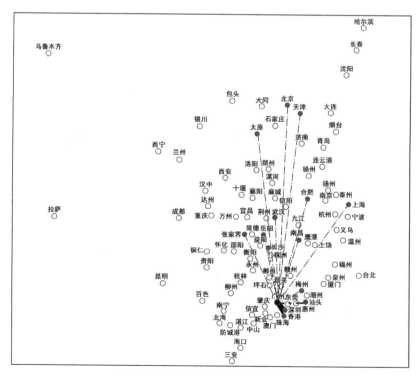

图 2-19　1997 年广州东站线路图

（资料来源：笔者依据火车时刻表自绘）

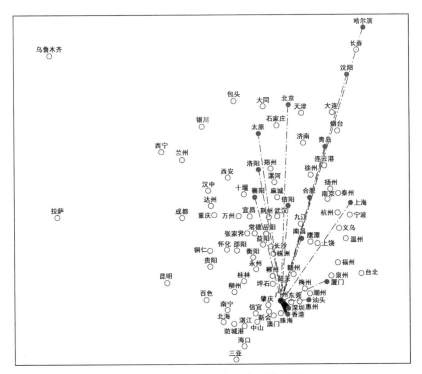

图 2-20　2005 年广州东站线路图
（资料来源：笔者依据火车时刻表自绘）

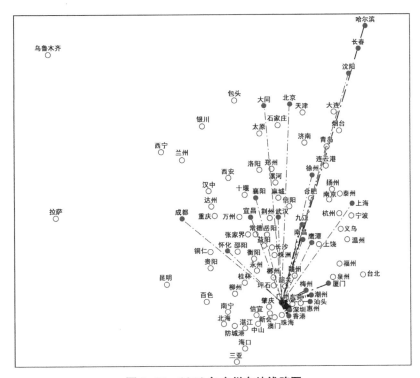

图 2-21　2016 年广州东站线路图
（资料来源：笔者依据火车时刻表自绘）

2.3.3 广州南站的运输功能分析

广州南站设计为 12 站台（预留 2 座），到发线 24 条（预留 4 条），根据枢纽客运分工，主要办理武广客运专线始发终到、广深港高速铁路始发终到、广珠城际及广深城际铁路始发终到作业，以及深圳（香港）至武汉（北京）、珠海（澳门）至沥滘列车通过作业；另外，规划中的南广、贵广铁路也将交汇于此。广州南站将成为服务珠三角、面向华南地区的区域性、综合性交通枢纽以及全国四大铁路枢纽之一。❶ 广州南站于 2010 年 1 月 30 日建成投入使用。

列车线路的变迁：高铁枢纽效应初步显现

从广州南站的列车线路结构来看，开通当年（2010 年）主要为武广高铁、广珠城际的客运线路；至 2014 年有了京广高铁、郑西高铁、广深港高铁的线路；2016 年又增加了贵广、南广等线路的列车，高铁成网的效应初步显现（图 2-22、图 2-23）。❷

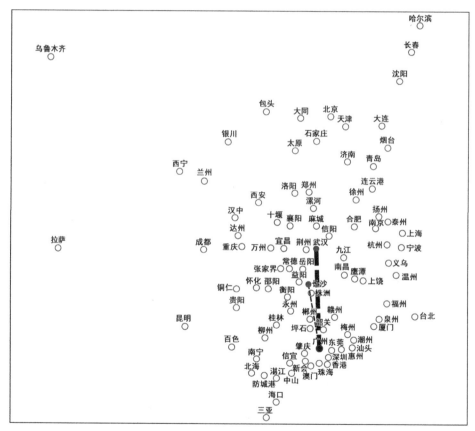

图 2-22　2010 年广州南站线路图

（资料来源：笔者依据火车时刻表自绘）

❶ 广州市交通规划研究所. 广州铁路新客站交通衔接专项规划 [Z]. 广州：广州市交通规划研究所，2005.
❷ 部分线路开通的准确年份有待进一步考证。

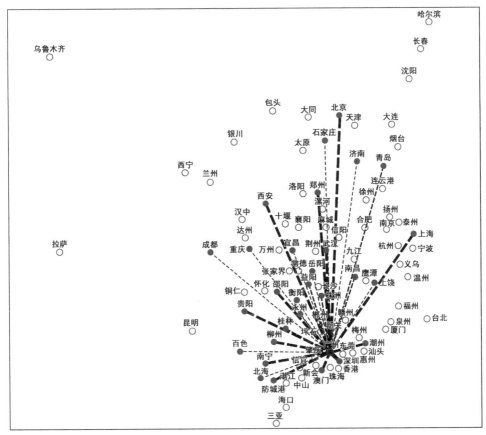

图 2-23　2016 年广州南站线路图
（资料来源：笔者依据火车时刻表自绘）

2.4　广州"三站"对城市空间结构的主要影响

2.4.1　广州站是现代城市格局初步形成的重要因素

　　广州站自 1974 年启用以来，长期作为中心城区唯一的铁路客站，一直到 1986 年广州第二客站（广州东站）建成，这一时期可以称为"一站时代"。由于广州东站初期的客运功能及规模较弱，故实质上可以认为直到 1997 年广深、广九等线路的主要客运功能转移到广州东站，才真正开启"两站时代"（因此，1997 年是本书定义的广州"两站时代"的起点）。这个阶段正是自改革开放以来广州社会经济快速发展的近 20 年左右的时间，是广州因改革开放先行之利从华南中心城市成长为国家中心城市的重要基础时期，也是广州站作为唯一的陆路综合交通枢纽影响和推动城市发展的黄金时期，突出体现为其在现代城市格局初步形成中的作用和地位（图 2-24）。

　　1. 带动并初步奠定现代城市交通骨架的形成

　　（1）初期以站前广场和交通组织为核心的相关规划、建设

　　"新广州站和站前广场的建成，迅速改变了整个地区的面貌。把一片荒无人烟、杂

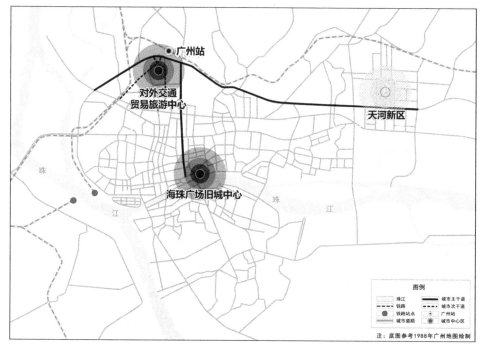

图 2-24 广州站推动现代城市格局的初步形成

（资料来源：笔者根据 1988 年地图分析）

草丛生、国民党反动派屠杀革命人民的血腥刑场，建设成今天宽敞、整洁的广场"。❶
站前广场为对称车站主楼中轴线的矩形平面广场，东西长 410m，南北宽 127m，按照
不同的使用功能要求，划分为中心广场、绿化带、小汽车停放场等 5 个组成部分，总
面积将近 5.34 万 m²（图 2-25）。❷

交通组织上，"以火车站大楼为中心，新辟环市路、人民北路、站前路等城市主干
道，呈放射状通达市中心区，基本奠定了广州现代交通路网系统"。❸其中，横贯广场
前的环市路路宽 47m，路形为三块板形式，进入广场段采用一块板剖面；连接广场的
人民北路路宽 40m，路形采用三块板剖面；站前路属次干道，规划路宽 24m，路形采
用一块板剖面；另外，广场外辅助交通组织方面，在环市路东段与解放北路交叉口处
设置立体交叉（大北交叉），以解决东西向与南北向两条主要干道相交问题；同时在环
市路、人民北路之间增辟站南路，起交通迂回的作用，减少穿越广场进出市区的车流
（图 2-26）。❹

❶ 广州市城市规划处.广州站站前广场规划 [M]// 广州城市规划发展回顾编撰委员会.广州城市规划发展回顾
（1949-2005）（上卷）.广州：广州城市规划发展回顾编撰委员会，2005：99-100.
❷ 广州市城市规划处.广州站站前广场规划 [M]// 广州城市规划发展回顾编撰委员会.广州城市规划发展回顾
（1949-2005）（上卷）.广州：广州城市规划发展回顾编撰委员会，2005：99-100.
❸ 林树森.广州城记 [M].广州：广东人民出版社，2013：394.
❹ 广州市城市规划处.广州站站前广场规划 [M]// 广州城市规划发展回顾编撰委员会.广州城市规划发展回顾
（1949-2005）（上卷）.广州：广州城市规划发展回顾编撰委员会，2005：99-100.

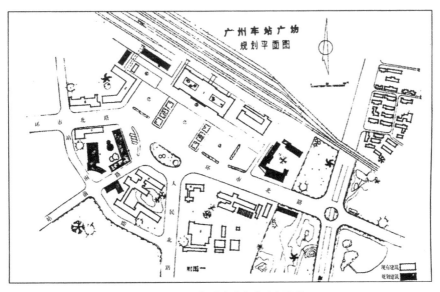

图 2-25　广州站广场规划平面

（资料来源：广州市城市规划处 . 广州站站前广场规划 [M]// 广州城市规划发展回顾编撰委员会 . 广州城市规划发展回顾（1949-2005）（上卷）. 广州：广州城市规划发展回顾编撰委员会，2005：99-100）

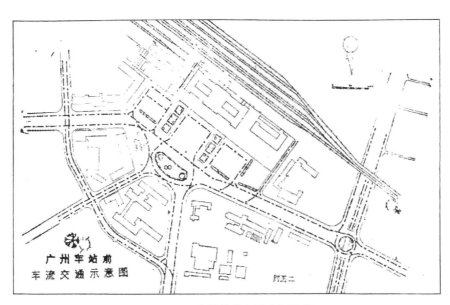

图 2-26　广州站前车流交通示意

（资料来源：广州市城市规划处 . 广州站站前广场规划 [M]// 广州城市规划发展回顾编撰委员会 . 广州城市规划发展回顾（1949-2005）（上卷）. 广州：广州城市规划发展回顾编撰委员会，2005：99-100）

（2）持续引导城市交通路网建设的发展、完善

作为最重要的陆路综合客运枢纽，广州站一直是城市交通路网建设绕不开的核心节点，比较重要的后续相关路网建设项目还有：内环路（1999 年）、机场高速路（2002 年）、广园路（2009 年快速化），地铁 2 号线（2003 年）、地铁 5 号线（2009 年），

在建的地铁 14 号线，以及规划中的地铁环线、城际轨道线路等。

特别要指出的是，广州站连接的交通路网（含道路和轨道交通网络）中，顺应城市向东发展的趋势，沿环市东路形成了重要的城市发展轴：由西向东一路串联了流花地区、环市东地区、天河中心区等主要的城市中心功能节点，广州站及其周边地区也是形成这条城市发展轴的重要节点。

2. 广州站周边地区（流花地区）成为主要对外交通贸易旅游中心

围绕广州站前广场规划建设的主要功能设施包括：①客运交通设施。省长途客运站（省汽车站）、市长途客运站（市汽车站）、流花汽车站、站前广场公共汽车总站等。②邮政大楼。③电信大楼。④民航局售票处。⑤旅游接待设施。主要有流花宾馆；加上广州站周边地区原有或新建的公共设施，如友谊剧院、友谊宾馆、广交会（旧址）、中国大酒店、东方宾馆、锦汉展览中心等，广州站周边地区（流花地区）集聚了大量的交通、贸易展览和旅游酒店设施，广交会（旧址）更是具有和广州站同等辐射能级的重大公共设施。它们的集合效应使广州站周边地区一直是城市的主要对外交通贸易旅游中心。❶

2.4.2 广州东站是天河城市中心区空间结构演化的重要支点

广州东站是伴随着天河新区的发展而成长起来的：1986 年天河体育中心举办"六运会"的机缘让广州东站（当时称天河客站）"建成简易投产"❷；1997 年广深、广九等线路的主要客运功能由广州站转移到广州东站，几乎同步的是，天河新区作为城市新的中心区正式确立（商业中心标志为天河城广场；商务中心标志为中信广场引领的天河北CBD）。在这个过程中，"广州东站+体育中心"的重大公共设施组合，构成了天河城市中心区功能演化的重要触媒；经由广州东站链接下的"穗港黄金走廊"之"香港因素"，也成为天河城市中心区商务、商业功能发展的重要推手；而其中最直接和最基础性的，当属广州东站作为天河城市中心区空间结构演化重要支点的关键位置和角色（图 2-27）。

1. 推动天河城市中心区交通骨架的建立

（1）站前交通的疏解组织引导片区路网体系的完善

广州东站 1992 年扩建时，市建委穗建技复 [1994]027 号文批复广州东站建筑规模：主楼 7 层，站前广场 2 层，地下室 3 层，总建筑面积 42.8 万 m²。交通方面利用地下两条隧道和地面两条主干道连通解决。车站设置南北两个出入口。利用地下人防工程设施平战结合，在站楼西南端地下室设置停车场。❸ 两条隧道指的是林和西路、林和中路下

---

❶ 中国出口商品交易展览会，简称广交会，旧址为流花展贸中心，于 2004 年开始部分启用新址（琶洲），直至 2008 年整体转移至新址，同时改名为中国进出口商品交易会。

❷ 吴月娥. 广州火车东站的规划建设 [M]// 广州城市规划发展回顾编撰委员会. 广州城市规划发展回顾（1949-2005）（上卷）. 广州：广州城市规划发展回顾编撰委员会，2005：160.

❸ 吴月娥. 广州火车东站的规划建设 [M]// 广州城市规划发展回顾编撰委员会. 广州城市规划发展回顾（1949-2005）（上卷）. 广州：广州城市规划发展回顾编撰委员会，2005：160.

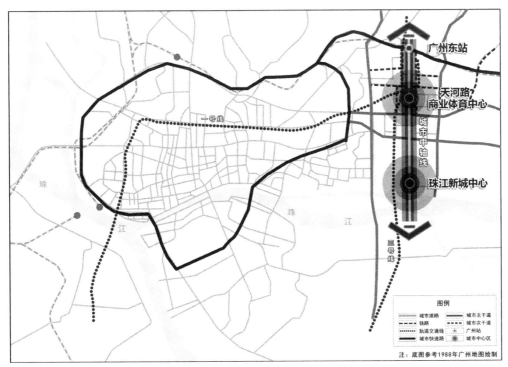

图 2-27   广州东站作为天河城市中心区空间结构演化的重要支点
（资料来源：笔者根据 1988 年地图分析）

穿铁路站场连接北面广园快速路的隧道，两条主干道即林和西路、林和中路，它们和后来拉通的林乐路、林和西横路、林和东路、沾益直街等共同组成片区的主要路网体系，连接片区外部的 4 条城市主干道（广州大道、广园快速路、天河北路、天寿路），完成站前交通的疏解组织，同时也构成了天河城市中心区交通骨架的重要组成部分。

（2）引导轨道交通主干线路的布局

经过广州东站的轨道交通线路主要有：地铁 1 号线（1999 年）、地铁 3 号线（2006年）、地铁 3 号线北延线（2010 年），以及规划中的地铁环线、拟议中的地铁 18 号快线（广州东站—南沙）等。因为这些线路都衔接了已经成为城市发展重心的天河城市中心区与城市的其余部分，故已成为或将成为重要的轨道交通主干线路及城市发展轴（诱导型或跟随型）：①在地铁 1 号线的助力下，天河城广场迅速成为广州新的商业中心，创造了"天河城效应"❶；②地铁 3 号线为广州地铁继 1 号线之后最繁忙的地铁线路，

---

❶ 天河城 1996 年开业初出租率仅为 15%，随着地铁和宏城广场的建设，天河城开始展现商业的集聚效应，形成了综合、多功能的商业区，包括"天贸南大"和"吉之岛"两大中高档现代百货商场，也有大量专卖和连锁店加入，还有宏城广场的电子产品、餐饮等服务。到 1998 年底，天河城出租率达到 97%，1999 年以后维持在 99% 以上。1996～2000 年，"天贸南大"和"吉之岛"的销售额持续增长，在全市大型零售商店的排名由 1996 年的第 9 位、第 17 位上升到 2000 年的第 4 位、第 10 位。天河城的成功所带来的"效应"波及全省乃至全国，使之成为广州现代商业的标志，成为市民和旅游宾客购物观光休闲的首选场所，成为有关部门和新闻媒体研究的对象，成为同行赶超的目标。

线路呈南北"Y"字形走向，从北向南贯穿广
州市区新城市中轴线和番禺区发展轴线，与3
号线北延线贯通后，更是成为城市南北向联系
的主脊梁；③为了解决地铁3号线运力不足的
问题，增辟南北向新的轨道交通通道地铁18
号快线，从而连接中心城区与南沙。

2. 广州东站成为天河城市中心区新城市轴
线的起点

在天河城市中心区发展、演变的进程中，
新城市中轴线的组成、结构也经历了不断优化、
成长的历程：①在20世纪80年代，因为体育
中心的建设，首先编制完成了天河体育中心地
区综合规划，首次提出广州东站—体育中心—
南端的商贸中心组成一条贯穿南北的新城市中
轴线；②其后，随着1997年中信广场的落成，
推动形成了广州东站—中信广场—体育中心—
宏城广场的新城市中轴线组合；③1999年4月，
广州市政府委托同济大学进行《广州市新城市
中轴线规划研究》，根据研究结果，决定建设
12km长的新城市中轴线，轴线北起燕岭，南
至珠江外航道海心沙，珠江新城也成为广州新
城市轴线中的重要区段；④2009年，在天河—
珠江新城中心区开发建设25年之际，为提升
2010年第十六届亚运会重要的公共活动空间形
象以及优化城市轴线的开放空间，广州市城市
规划编制研究中心组织开展了新城市中轴线北
段地区整体城市设计和重要节点修建性详细规
划，研究确定的新城市中轴线北段地区城市设
计范围为北起燕岭公园、南至电视塔广场（图
2-28）；⑤为配合实施广州市"中调"发展战略，
塑造广州市新城市中轴线及珠江后航道沿岸地
区的标志性形象，市规划局组织开展了广州新
城市中轴线南段地区城市设计规划编制工作。
2010年2月22日，市政府常务会议审议并通
过该城市设计深化方案。广州新城市轴线的建

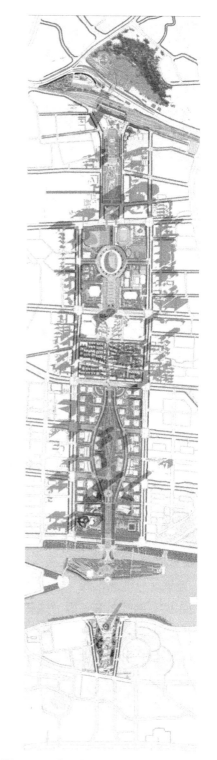

图2-28 广州东站成为新城市轴线的起点
（资料来源：广州市国土资源与规划委员会.广
州新城市中轴线北段地区城市设计[R].广州：
广州市国土资源与规划委员会，2010）

设又迈入新的高潮，成为代表城市形象的重要载体。在这个过程中，广州东站作为新城市中轴线的起点自始至终都没有改变。

2.4.3　广州南站是城市"南拓"发展战略践行的重要"棋子"

广州南站是在城市"南拓"发展战略确定以后（始于 2000 年广州发展战略概念规划），随着新的形势变化新增加的重大交通基础设施建设项目，它的出现也引领了广州由 2010 年开始正式迈入"三站时代"（本书之定义）。广州南站甫一出场就因其分量与占位成为影响整个"棋局"的重要"棋子"：一方面，其选址符合城市"南拓"的基本发展方向，它对城市南部地区交通骨架建设、整合的引领作用是其支撑城市"南拓"战略的重要体现和坚实基础；另一方面，广州南站凭借强大的交通枢纽功能成为城市南部地区空间发展的增长极核，并因位于广佛城市边界而加速了广佛城际空间的融合发展。此二者从理论和经验分析上看应是必然趋势，从阶段性现实看已略有小成，但还需要接受"市场"和"社会"的"考核"与"投票"（图 2-29）。

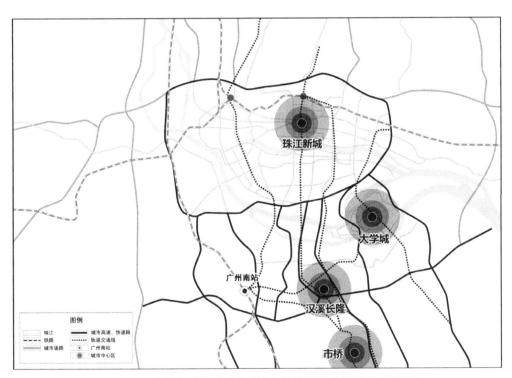

图 2-29　广州南站作为城市"南拓"发展战略的重要"棋子"
（资料来源：笔者根据 2015 年地图分析）

1. 选址在城市"南拓"的发展方向上

广州南站虽然没有处在城市"南拓"发展的主轴上，但其总体上适应了城市"南拓"的发展方向，仍然构成城市"南拓"发展的重要触媒，将推动城市南部地区空间整合与重构：①广州南站周边地区因其强大的综合交通枢纽功能以及其他综合服务功能将扮演着带动南部地区发展的发动机、增长极的作用，自身也成为南部地区重要的功能和空间节点；②万博商务区—汉溪长隆商旅区—广州南站周边地区—南海三山新城一线已经浮现出一个巨型城市发展走廊的雏形，将成为南部地区整合发展的重要因素与组成部分；③广州南站与番禺市桥组团、南沙组团之间将构建快速交通体系，这是南部地区空间发展的潜在走廊地带；④在广州南站的吸引和驱动下，广佛城际空间融合的发展趋势也是南部地区发展的一个重要因素和力量，广佛两地政府已经将其作为广佛同城化发展的 5 个重要空间节点之一。

2. 带动城市南部地区交通骨架的建设

与广州南站建设相配套或相关联的道路及轨道交通线网主要包括：东新高速、广明高速（4 条高速公路）、汉溪大道等城市干道，地铁包括新的地铁 2 号线、7 号线，以及广佛地铁和城际轨道。这些都将构成城市南部地区重要的城市发展轴带体系。

2.5　本章小结

本章从铁路与城市互动、演变的视角出发：

（1）分析了广州"三站"是铁路与城市互动影响的主要焦点。

（2）广州"三站"在城市中的选址决策是铁路与城市两方面诉求协调、博弈的结果。从"三站"的选址过程来看，广州站主要体现为"铁路主导"的特点，广州东站体现为"城市主导"的特点，广州南站则体现为"铁路与城市合谋"的特点。

（3）运输功能上，广州站的特点是从"一站时代"下唯一的铁路客站逐步转变为"两站及三站时代"下以普铁为主的枢纽，不过与全国铁路网的高连接性仍然是它的突出优势；广州东站最主要的特点是扮演着广深港走廊上具有突出优势的城际客运枢纽角色；而广州南站作为高铁枢纽的效应已初步显现。

（4）广州"三站"也是影响、推动城市发展的重要因素，如广州站与现代城市格局的初步形成、广州东站与天河中心区的崛起、广州南站与城市"南拓"发展战略的践行都关系密切，并发挥了重要作用。

第3章 广州站关联地区的空间演化及其内在机制分析

3.1 导言

  本章重点针对的是广州站关联地区,并会结合广州站地区进行参照比较。研究将主要根据地区土地利用、功能与广州站的关联性来分析、确定广州站关联地区的空间范围,同时亦主要依据其与广州站的邻近性因素确定广州站地区的空间范围。为了行文简洁,在本章中,"广州站关联地区"简称为"关联地区","广州站地区"简称为"站区",而"地区"可以根据上下文泛指以上对象。

  依据广州站的功能特征,可以将地区自中华人民共和国成立后至今划分为三个阶段:"前广州站时代"(1949 ~ 1973 年)、"一站时代"(1974 ~ 1996 年,因广州站于1974 年建成投入使用)、"两站及三站时代"(1997 年至今,因 1997 年广州东站正式建立)。

  讨论广州站关联地区的发展、演变,有必要注意到有关这个地区的几个基本背景和特点:①广州站长期以来始终保持着巨大的客流规模,自 20 世纪 80 年代末开始一直是"民工潮"进入广东务工,又在"春运"期间回家过年这一迁徙路途上的关键"闸口",由此决定了广州站及其所在的流花地区❶对于政府而言最主要是扮演一个"平安、顺畅、高效"的综合交通枢纽角色;②广州站与广交会(旧址)共同长期作为城市对外交通、展览、贸易中心的功能与地位;③随着城市的发展,地区经历了一个由城乡接合部逐步演变为旧城中心区核心的过程,在此过程中,地区所集聚、承载的产业、功能亦经历了同样复杂的演变过程,而驱动这个过程的主要是市场规律下的自然生长与更替;④地区处于 L 形城市形态转折接合部的区位特点,更加增添了其作为交通枢纽地区交通问题的复杂性与艰巨性(大量的枢纽换乘及城市对外交通、城市内部组团间交通、地区与城市内部之间的交通),而这更进一步锁定了政府的工作重点在于交通的疏解与组织、社会秩序的整治与保障。

---

❶ 俗称,主要是地域概念。

3.2　广州站关联地区土地利用的演变：车站的主导作用

3.2.1　"前广州站时代"：城市郊区演变为城乡接合部的空间、景观格局

中华人民共和国成立前，这片地区曾经是"一片荒无人烟、杂草丛生、国民党反动派屠杀革命人民的血腥刑场"❶，因为中华人民共和国成立后基础设施（铁路及其附属设施、道路、城市公园等）、生产设施（工厂）、公共设施（中苏友好大厦、学校）、军事设施（军事医院）等城市建设的开展，该地区逐步演变成由分散的城市功能团块与现状村落、大片农田及荒地交错、拼贴在一起而形成的城乡接合部之空间、景观格局（图 3-1）。

图 3-1　1959 年及 1969 年"前广州站时代"的地区历史地形

（资料来源：广州市城市规划勘测设计研究院）

3.2.2　"一站时代"：单向分布、公服设施用地的圈层布局与旅馆用地的扩展

1. 1978 年

（1）空间范围与用地构成

1974 年，随着广州站建成投入使用，该地区正式跨入"一站时代"，广州站关联地区作为功能和空间的地域范畴开始显现。

依据用地功能与车站的关联性（从业态角度分析，即主要实现车站客流经济、车站诱导经济及车站附属经济的用地载体 ❷），通过对历史地形图的解读以及结合现场实

❶ 广州市城市规划处 . 广州站站前广场规划 [M]// 广州城市规划发展回顾编撰委员会 . 广州城市规划发展回顾（1949-2005）（上卷）. 广州：广州城市规划发展回顾编撰委员会，2005：99-100.

❷ 参见第 1 章 1.4.3 "车站关联地区"空间演化的实证研究分析思路：2. 从与车站经济联系的视角剖析车站关联地区功能业态的构成。

地调研进行分析、校核，本书划定了 1978 年广州站关联地区的空间范围，在此基础上
分析其现状土地利用类型（图 3-2）。❶

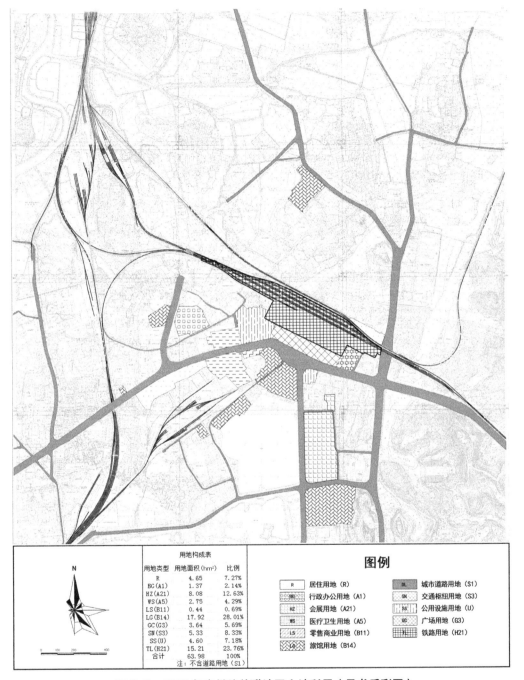

用地构成表

用地类型	用地面积(hm²)	比例
R	4.65	7.27%
BC(A1)	1.37	2.14%
HZ(A21)	8.08	12.63%
WS(A5)	2.75	4.29%
LS(B11)	0.44	0.69%
LG(B14)	17.92	28.01%
GC(G3)	3.64	5.69%
SN(S3)	5.33	8.33%
SS(U)	4.60	7.18%
TL(H21)	15.21	23.76%
合计	63.98	100%

注：不含道路用地（S1）

图例

R 居住用地（R）　　　　DL 城市道路用地（S1）
BC 行政办公用地（A1）　SN 交通枢纽用地（S3）
HZ 会展用地（A21）　　 SS 公用设施用地（U）
WS 医疗卫生用地（A5）　GC 广场用地（G3）
LS 零售商业用地（B11）　铁路用地（H21）
LG 旅馆用地（B14）

图 3-2　1978 年广州站关联地区土地利用（见书后彩图）
（资料来源：笔者依据历史地形图自绘）

❶　关于对历年"广州站关联地区"空间范围划分的合理性，将在本节的最后部分统一进行论证分析。

　　依据划分的结果来看，1978 年广州站关联地区的用地构成中，用地总量为 63.98hm^2，主要包含 10 种用地类型（不含道路用地，S1）；前三位用地类型分别是旅馆用地（B14，占总用地比例为 28.01%）、铁路用地（H21，占总用地比例为 23.76%）和会展用地（A21，占总用地比例为 12.63%），末两位用地类型是行政办公用地（A1，占总用地比例为 2.14%）和零售商业用地（B11，占总用地比例为 0.69%），中间规模的五种用地类型是交通枢纽用地（S3，占总用地比例为 8.33%）、居住用地（R，占总用地比例为 7.27%）、公用设施用地（U，占总用地比例为 7.18%）、广场用地（G3，占总用地比例为 5.69%）、医疗卫生用地（A5，占总用地比例为 4.29%）；如果考虑到居住用地（铁路局宿舍，环市西路及站北梓元岗地段）、医疗卫生用地（铁路局中心医院第三门诊部）均属于铁路附属建设用地。故铁路及其附属建设用地占 35.32%，超过三分之一，是地区空间扩展的主要用地类型。此外，配套的旅馆建设和会展建设（广交会搬迁到中苏友好大厦现址）也占有重要地位，两者合计为 40.64%。由此可以看出，此阶段广州站关联地区的发展主要体现为车站及其配套设施的建设、车站带动的旅馆开发以及与车站关系密切的广交会会展设施的建设。

　　与之相对应的"广州站地区"（图 3-3）在包含以上"广州站关联地区"的空间范围以外，还分布了大量的现状企事业单位及村落：①现有的铁路设施方面，包括广州西站、广州车辆段、广州铁路局机务段及其职工宿舍；②工厂企业方面，主要包括站前的省建筑工程公司、省软轴钢窗厂、广州铁路机修厂，站西的市建筑工程局机修厂、越秀水泵厂、荔湾区玻璃厂、荔湾区汽车修配厂，站北的省第一汽车制配厂、省第一汽车修理厂、市冶金机修厂、市汽车修配厂、广州蓄电池厂、省商业局机械厂、市白铁制品厂、市道路公司沥青拌厂；③运输队方面，包括站西的省农机物资公司车队，站北的市房管局运输队、广州食品公司汽车队、市供销社车队、市储运公司车队、市运输公司三车队、市二运二厂；④仓储方面，主要包括围绕广州西站的仓库群和站北的市橡胶局仓库；⑤学校方面，主要包括广州中医学院和市 103 中学；⑥医院方面，包括站西的省妇幼保健院；⑦居住区方面，包括站前的流花新村、站西的汽车工人新村；⑧文体公共设施方面，包括友谊剧院、广州体育馆；⑨城市公园方面，包括越秀公园、流花湖公园、兰圃公园；⑩科研设计单位方面，包括站前的省建筑设计院、市第二研究所及站北的省交通科学研究所；⑪军事单位方面，主要是广州军区总医院；⑫宗教设施方面，包括清真先贤古墓；⑬村落方面，主要包括站前的西村，站西的王圣堂村，站北的三元里村、瑶台村；此外还有大量零散分布的主要属于村集体用地的未开发及未利用的用地。从整体上看，周边地区仍然处于城市化的过程中，现状还有较大比例的村集体建设用地及村集体未建设用地。周边地区城市化的推动因素主要是相关城市功能的布局与建设（包括铁路设施、工厂、学校、医院、文体设施、居住区、军事单位等），而受车站布局影响带动的配套建设也是推动地区城市化的重要因素。

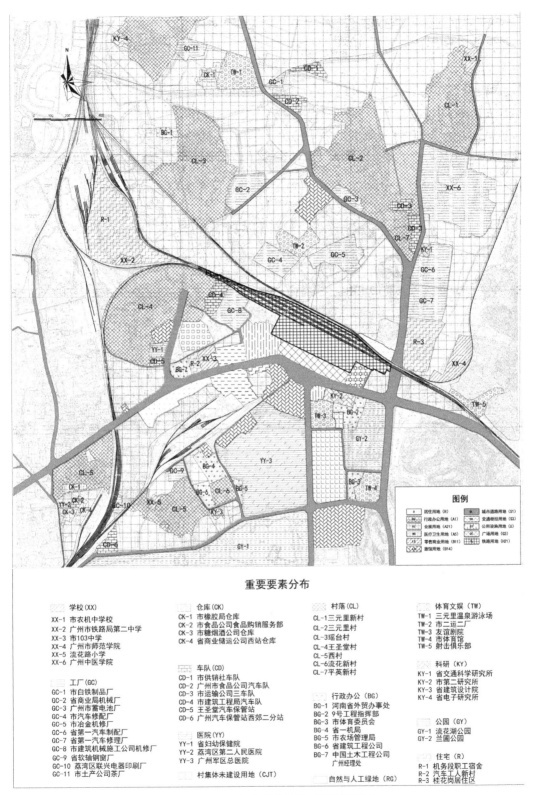

图例

	居住用地（R）		城市道路用地（S1）
	行政办公用地（A1）		交通枢纽用地（S3）
	会展用地（A21）		公用设施用地（U）
	医疗卫生用地（A5）		广场用地（G3）
	零售商业用地（B11）		铁路用地（H21）
	旅馆用地（B14）		

重要要素分布

学校（XX）
XX-1 市农机中学校
XX-2 广州市铁路局第二中学
XX-3 市103中学
XX-4 广州市师范学院
XX-5 流花路小学
XX-6 广州中医学院

工厂（GC）
GC-1 市白铁制品厂
GC-2 省商业局机械厂
GC-3 广州市蓄电池厂
GC-4 市汽车修配厂
GC-5 市冶金机修厂
GC-6 省第一汽车制配厂
GC-7 省第一汽车修理厂
GC-8 市建筑机械施工公司机修厂
GC-9 软轴窗窗厂
GC-10 荔湾区联兴电器印刷厂
GC-11 市土产公司茶厂

仓库（CK）
CK-1 市橡胶局仓库
CK-2 市食品公司食品购销服务部
CK-3 市糖烟酒公司仓库
CK-4 省商业储运公司西站仓库

车队（CD）
CD-1 市供销社车队
CD-2 广州市食品公司汽车队
CD-3 市运输公司三车队
CD-4 市建筑工程公司汽车队
CD-5 王圣堂汽车保管站
CD-6 广州汽车保管站西郊二分站

医院（YY）
YY-1 省妇幼保健院
YY-2 荔湾区第二人民医院
YY-3 广州军区总医院

村集体未建设用地（CJT）

村落（CL）
CL-1 三元里新村
CL-2 三元里村
CL-3 瑶台村
CL-4 王圣堂村
CL-5 西村
CL-6 流花新村
CL-7 平英新村

行政办公（BG）
BG-1 河南省外贸办事处
BG-2 9号工程指挥部
BG-3 市体育委员会
BG-4 省一机局
BG-5 市农场管理局
BG-6 省建筑工程公司
BG-7 中国土木工程公司
　　　广州经理处

医疗（YY）

自然与人工绿地（RG）

体育文娱（TW）
TW-1 三元里温泉游泳场
TW-2 市二运二厂
TW-3 友谊剧院
TW-4 市体育馆
TW-5 射击俱乐部

科研（KY）
KY-1 省交通科学研究所
KY-2 市第二研究所
KY-3 省建筑设计院
KY-4 省电子研究所

公园（GY）
GY-1 流花湖公园
GY-2 兰圃公园

住宅（R）
R-1 机务段职工宿舍
R-2 汽车工人新村
R-3 桂花岗居住区

图3-3　1978年广州站地区重要要素分布
（资料来源：笔者依据历史地形图自绘）

（2）用地格局

1978年广州站关联地区的用地格局（图3-4）：①总体上呈单向分布（因为铁路分割的原因）的特征；②主要形成以站前广场为核心的公共服务设施圈层，围绕站前广场布局的公共设施主要有：邮政大楼、省汽车总站、市公共汽车公司（市汽车站）、流花宾馆、新乐旅店、商业综合楼、广州市电信局、省旅游局等❶；③同时，在人民北路、环市西路已有一定的沿路轴向发展的态势；④此外，部分用地呈点状分散分布，如旅馆（华侨旅社）用地。旅馆设施在分布上主要包括：沿站前路相对集中建设的流花宾馆、新乐旅店、广交会招待所、省港澳渔民招待所；位于流花路与人民北路交叉口的东方宾馆；站西的乐苑酒家；站北的华侨旅社。

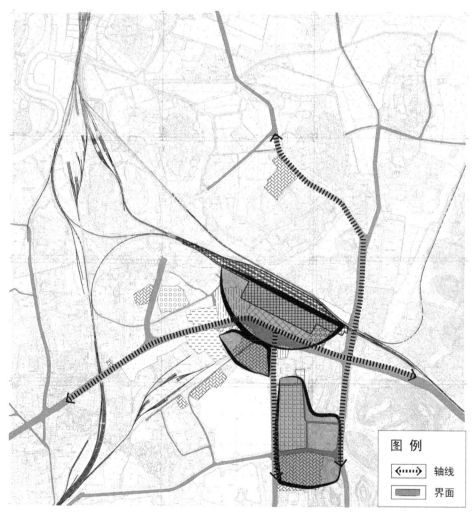

图3-4　1978年广州站关联地区用地格局

（资料来源：笔者依据历史地形图自绘）

---

❶　参见第2章图2-25广州站广场规划平面。

1978年广州站地区的用地格局（图3-5）：①南北发展不平衡，主要的发展体现在以广州站站前广场为核心的站南部分，而站北发展的落差非常明显，低效及空白的用地开发较突出；②周边地区主要的发展轴包括环市西路、人民北路、解放北路—机场路、广花公路。

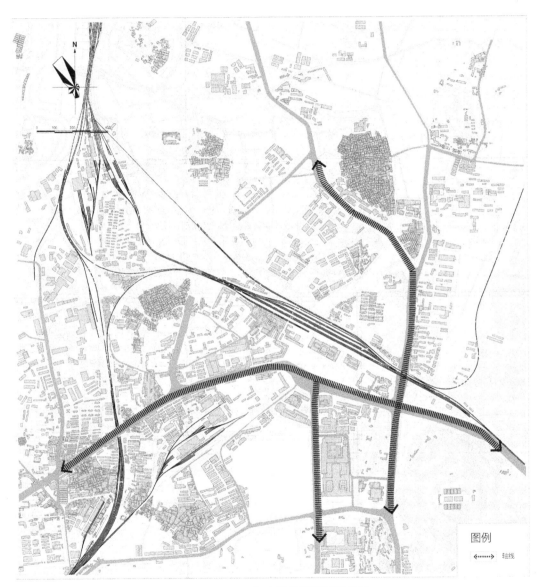

图3-5 1978年广州站地区用地格局
（资料来源：笔者依据历史地形图自绘）

2.1990年

（1）空间范围与用地构成

1990年广州站关联地区的用地构成中（图3-6），用地总量为96.18hm²，主要包

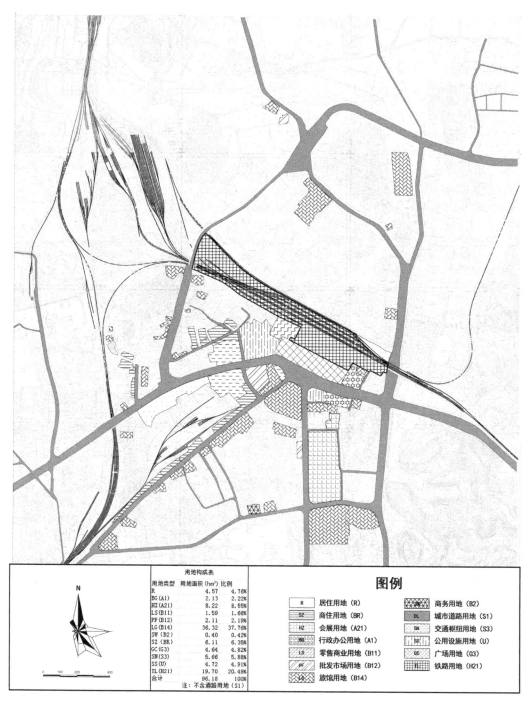

图 3-6 1990 年广州站关联地区土地利用（见书后彩图）
（资料来源：笔者依据历史地形图自绘）

含 12 种用地类型（不含道路用地，S1）；前两位用地类型分别是旅馆用地（B14，占总用地比例为 37.76%）、铁路用地（H21，占总用地比例为 20.48%），末四位用地类型是行政办公用地（A1，占总用地比例为 2.22%）、批发市场用地（B12，占总用地比例为 2.19%)、零售商业用地（B11，占总用地比例为 1.66%）和商务用地（B2，占总用地比例为 0.42%)，中间规模的六种用地类型是会展用地（A21，占总用地比例为 8.55%)、商住用地（BR，占总用地比例为 6.35%)、交通枢纽用地（S3，占总用地比例为 5.88%)、公用设施用地（U，占总用地比例为 4.91%)、广场用地（G3，占总用地比例为 4.82%)和居住用地（R，占总用地比例为 4.76%)。由于居住用地（铁路局宿舍，环市西路及站北梓元岗地段）属于铁路附属建设用地，故铁路及其附属建设用地共占总用地的 25.24%，与旅馆用地（B14）合计为 63%，是广州站关联地区最主要的两种用地类型；而旅馆用地（B14，37.76%）也成为第一位主导用地类型。

从与 1978 年广州站关联地区用地构成的比较来看，用地总量增加了 32.2hm^2；新增的三种用地类型是批发市场用地（B12）、商务用地（B2）和商住用地（BR)，减少的一种用地类型是医疗卫生用地（A5)，故总的用地类型数量增加了两种；旅馆用地总量增加了 18.4hm^2，超过一倍，是增长最突出的用地类型。

因此，旅馆用地的扩展是这一时期最突出的用地变化现象。旅馆设施在分布上主要包括：①站前路板块，流花宾馆、省港澳渔民招待所基本维持现状，新乐旅店改为红棉酒店，广交会招待所改为新大地宾馆，新增了友谊宾馆、民族宾馆、茂名石化宾馆、湛江大厦、华侨酒店、中化大酒店、青云酒店、香江大厦、招商宾馆、流花招待所等；②站西板块，乐苑酒家维持现状，新增了九龙酒店、越秀酒店、宇航宾馆、秀山楼、公安招待所、韶关大厦等；③广交会对面的高星级宾馆组合，东方宾馆基本维持现状，新增了中国大酒店；④站北的华侨旅社与中央酒店均基本维持现状，新增了新兴大酒店、辽宁驻穗办事处，均呈点状分布特征。

新增的用地类型中，商住用地主要是沿站前路、站西路的商住混合功能用地；批发市场用地主要是白马商场和康乐牛仔城项目用地，同时在站西有比较大量的商住用地培育了初级的批发市场功能，主要表现为"路边摊"现象，此二者代表了广州站关联地区批发功能萌芽起步的早期阶段；商务用地主要是达宝广场项目用地。

与 1978 年比较，1990 年广州站地区（图 3-7）内现状企事业单位、村落的变化主要是：①现有的铁路设施方面，广州西站、广州车辆段、广州铁路局机务段及其职工宿舍基本保持现状，新增了广州铁路局客运段。②工厂企业方面，站前——减少了省建筑工程公司、省软轴钢窗厂，广州铁路局机修厂维持现状，新增了广州铁路车轮厂；站西——减少了市建筑工程局机修厂、越秀水泵厂、荔湾区玻璃厂、荔湾区汽车修配厂（主要更新为居住、旅馆及批发市场用地)；站北——原有的省第一汽车制配厂、省第一汽车修理厂、市冶金机械厂、市汽车修配厂、广州蓄电池厂、省商业局机械厂基本维持现状或维持工厂用地，减少了市白铁制品厂、市道路公司沥青拌厂，新增了广州团结橡胶厂、广州化学试剂二厂、红宝石电子计算机厂。③运输队方面，站西的省农机物资公司车队改为广州市运输交易市场；站北——市房管局运输队、市二运二厂维持现状，减少了广州食品公司汽车队、市供销社车队、市储运公司车队、市运输

图3-7 1990年"广州站地区"重要要素分布

（资料来源：笔者依据历史地形图自绘）

公司三车队（主要改为工厂、居住区、旅馆）；新增了站前的省建筑材料供应公司车队。④仓储方面，围绕广州西站的仓库群规模略有减少，站北的市橡胶局仓库维持现状，新增了站北的食品公司、五金公司仓库及市住宅公司二队仓库。⑤学校方面，广州中医学院维持现状，市 103 中学改为旅游职中，新增了广东省财贸管理干部学院、省社会主义学院。⑥医院方面，站西的省妇幼保健院维持现状，新增了站北的广州市白云区妇幼保健院。⑦居住区方面，站前的流花新村、站西的汽车工人新村维持现状，新增了站前的华侨新村。⑧文体公共设施方面，友谊剧院、广州体育馆基本维持现状。⑨城市公园方面，越秀公园、流花湖公园、兰圃公园维持现状，新增了草暖公园。⑩科研设计单位方面，站前的省建筑设计院及站北的省交通科学研究所维持现状，站前的市第二研究所改为省国家安全厅。⑪军事单位方面，主要仍是广州军区总医院。⑫宗教设施方面，清真先贤古墓维持现状。⑬村落方面，站前的西村、站西的王圣堂村更新速度快于站北的三元里村、瑶台村；另外，仍有零散分布的属于村集体用地中未开发及未利用的用地。总体上看，站南地区的城市化过程基本完成，主要表现为绝大部分用地已经城市功能化，村落也已经成为"城中村"的状态，而站北地区仍处于城市化过程中，主要体现在仍有相当数量和比例的未开发及未利用的用地；周边地区用地发展的主要表现是广州站关联地区的用地扩展与更新以及周边地区内工厂、运输队用地和村落的更新发展，而车站影响亦是带动后者更新、发展的主要因素。

（2）用地格局

1990 年广州站关联地区的用地格局（图 3-8）：①总体上单向分布的特征依然明显，站南地区发展快于站北地区；②以站前广场为核心的公共服务设施圈层仍然非常突出；③沿人民北路、环市西路、站前路、站西路（新增）已有明显的沿路轴向发展的效果；④此外，部分用地呈点状分散分布，主要为旅馆用地，如华侨旅社、宇航宾馆、韶关大厦、三元里中央酒店等。

1990 年广州站地区的用地格局（图 3-9）：①南北发展仍不均衡，主要体现在站南地区与站北地区城市化发展的落差以及用地开发效益的落差，这也凸显了广州站单向辐射格局下铁路线的分割对两侧城市空间区位价值落差的极大影响；②周边地区主要的发展轴在原环市西路、人民北路、解放北路—机场路、广花公路基础上，新增了站前路、广园西路。

3. 小结

从广州站关联地区的空间范围及其用地构成来看，这一阶段（"一站时代"）的演变特征是：①用地总量在增长，即车站的影响范围在不断扩大，年均增长 2.68hm²；②主导用地类型主要是旅馆用地和铁路及其附属建设用地，在阶段的后期，旅馆用地已超越铁路及其附属建设用地成为第一位用地类型，旅馆的建设、发展成为"关联地区"空间扩展的最主要因素，贡献了超过一半的总用地增量；③此外，新增了批发市场用地（B12）、商务用地（B2）和商住用地（BR）三种用地类型，说明广州站关联地区

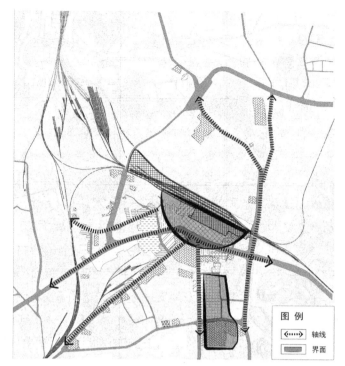

图 3-8 1990 年广州站关联地区用地格局

（资料来源：笔者分析自绘）

图 3-9 1990 年广州站地区用地格局

（资料来源：笔者依据历史地形图自绘）

的经济功能呈多元化发展趋势，其中，批发市场的业态已出现萌芽。

此阶段广州站关联地区的用地格局：①总体上单向分布的特征非常突出，说明车站的（单向）辐射影响主要还是在站南地区；②依据车站及站前广场的规划建设思想（大广场、放射状道路骨架、围绕车站和站前广场布置配套公共服务设施）形成了以站前广场为核心的公共服务设施圈层 [主要包括邮政大楼、省汽车总站、市公共汽车公司（市汽车站）、流花宾馆、新乐旅店、商业综合楼、广州市电信局、省旅游局等]；③沿站前路、人民北路、环市西路、站西路已有明显的沿路轴向发展、形成线性功能集聚的效果；④此外，部分用地呈点状分散分布，主要为旅馆用地，如华侨旅社、宇航宾馆、韶关大厦、三元里中央酒店等。

简要概括的话，单向分布、公服设施用地围绕站前广场的圈层布局与旅馆用地的扩展是这一阶段广州站关联地区最突出的用地现象。

与之相对应的，此阶段广州站地区在用地构成方面，早期因为基础设施（铁路、道路、城市公园等）、生产设施（工厂）、公共设施（中苏友好大厦、学校）、军事设施（军事医院）的建设，与现状村落、农田、荒地交错在一起，呈现出城乡接合部的空间、景观格局；自车站建成以来，车站就成了影响、带动周边地区发展的重要因素，在此阶段后期更是超越其他城市功能的布局与建设成了主导因素，推动着周边地区的城市化进程及城市功能的更新、升级。

此阶段广州站地区的用地格局：①南北发展极不均衡，主要体现在站南地区与站北地区城市化发展的落差以及用地开发效益的落差，这也凸显了车站单向辐射格局下铁路线的分割对两侧城市空间区位价值落差的极大影响；②周边地区主要的发展轴包含了环市西路、人民北路、解放北路—机场路、广花公路、站前路、广园西路，已初步形成连接城市各个方向的相对完整的道路骨架，为城市尺度上各主次发展轴带的形成、整合提供了基础。

3.2.3 "两站及三站时代"：双向分布、批发市场用地主导及其成片发展

1. 2003 年

（1）空间范围与用地构成

1997 年，随着广深、广九线路的主要功能由广州站转移到广州东站（广州东站亦成为京九线的重要枢纽，其作为第二客站的地位正式确立），该地区正式进入"两站时代"，而"三站时代"则始自 2009 年 12 月 26 日广州南站的投入运营。

2003 年广州站关联地区的用地构成中（图 3-10），用地总量为 129.83hm²，主要包含 12 种用地类型（不含道路用地，S1）；前三位用地类型分别是批发市场用地（B12，占总用地比例为 27.08%）、铁路用地（H21，占总用地比例为 17.47%）和旅馆用地（B14，占总用地比例为 16.92%），末三位用地类型是零售商业用地（B11，占总用地比例为 1.06%）、行政办公用地（A1，占总用地比例为 0.76%）和商务用地（B2，占总用地比

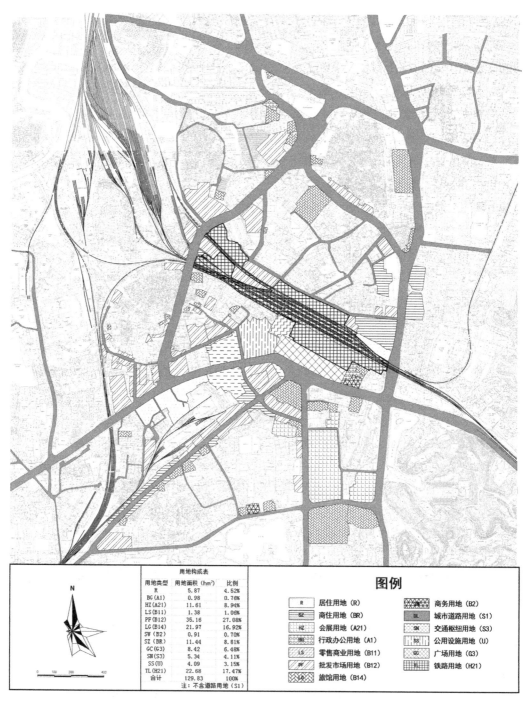

图 3-10　2003 年广州站关联地区土地利用（见书后彩图）
（资料来源：笔者依据历史地形图自绘）

例为 0.70%），中间规模的六种用地类型是会展用地（A21，占总用地比例为 8.94%）、商住用地（BR，占总用地比例为 8.81%）、广场用地（G3，占总用地比例为 6.48%）、居住用地（R，占总用地比例为 4.52%）、交通枢纽用地（S3，占总用地比例为 4.11%）

和公用设施用地（U，占总用地比例为 3.15%）。由于居住用地（铁路局宿舍，环市西路及站北梓元岗地段）属于铁路附属建设用地，故铁路及其附属建设用地共占总用地的 21.99%，是居于第二位的用地类型，而批发市场用地（B12，27.08%）成为第一位主导用地类型。

从与 1990 年广州站关联地区用地构成的比较来看，用地总量增加了 33.65hm²，年均增长 2.59hm²；用地类型数量没有变化，仍为 12 种；批发市场用地总量增加了 33.05hm²，几乎包办了全部的用地增量，是增长最突出的用地类型；其他用地类型总量各有升降，旅馆用地总量下降明显，减少了 14.35hm²（主要更新为批发市场用地），在总量增长的用地类型中，商住用地（增长了 5.33hm²）和广场用地（增长了 3.78hm²）相对突出。

因此，批发市场用地的扩展是这一时期最突出的用地变化现象：①在车站关联地区外新增的批发市场用地（如站西的天富、万通、新旧九龙，站北的美博、金龙盘、新濠畔、佳豪、唐旗、天恩、盈富）主要是由工厂、运输队、居住、铁路、村用地几种类型更新而来；②车站关联地区内两种主要扩展方式主要是原旅馆及商住用地更新为批发市场用地（如站前的流花宾馆、红棉酒店、新大地宾馆局部或整体改为批发市场，站西比较大量的原商住用地或旅馆用地改为批发市场）。批发市场在空间分布上主要包括：①站前板块，主要沿站前路、站南路、人民北路集聚；②站西板块，主要沿站西路、站西路北街集聚；③站北板块，主要沿广园西路、梓元岗路、解放北路、广花路及三元里大道集聚。

另外一个突出的用地变化现象是旅馆用地转变为批发市场（为主）及其他商业用地功能，即缩小了用地总量：①站前的流花宾馆、红棉酒店、新大地宾馆、西郊大厦局部或整体改为批发市场；②站西的九龙酒店、瑶台酒店、越秀酒店、广利来酒店、乐苑酒家、宇航宾馆、秀山楼、韶关大厦局部或整体改为批发市场；③站北的新兴大酒店局部或整体改为批发市场。新增的旅馆用地则主要是站北的三元里大酒店、山西大厦等。

广州站关联地区内因与车站功能联系淡化而"消失"的车站关联地区用地：由于 20 世纪 90 年代后期社会经济发展形势的改变，本书分析广州电信局及国家安全厅的功能与车站的配套意义已非常淡化，故虽然它们仍然基本保持现状，但本书认为此两处用地（分别是公用设施用地与行政办公用地）属于"消失"的车站关联地区用地，即车站关联地区虽然在持续扩大，但亦有因关联性减弱而缩小的情况。

与 1990 年比较，广州站地区（图 3-11）现状企事业单位、村落的变化主要有：①现有的铁路设施方面，广州西站、广州车辆段、广州铁路局机务段及其职工宿舍及广州铁路局客运段基本保持现状，站北的铁路用地局部更新为批发市场用地，如唐旗、盈富。②工厂企业方面，站前——广州铁路车轮厂维持现状，减少了广州铁路机修厂（更新为广东留香宇宙服装鞋业城）；站北——原有的市汽车修配厂、广州团结橡胶厂、

图例

居住用地（R） 商务用地（B2）
公共设施用地（BK） 城市道路用地（S1）
行政办公用地（A1） 交通设施用地（S3）
仓储用地（A21） 公用设施用地（U）
零售商业用地（B11） 广场用地（G3）
批发市场用地（B12） 绿地用地（K21）
居住用地（B14） 铁路用地（H2）

重要要素分布

学校（XX）
XX-1 矿泉中学
XX-2 市农机中学校
XX-3 三元里小学
XX-4 市机械学校
XX-5 广铁第四小学
XX-6 广铁二中
XX-7 养正小学
XX-8 三元里小学
XX-9 三元里中学
XX-10 广铁第五小学
XX-11 市第六十五中学
XX-12 三元里实验小学
XX-13 市第六十五中学实验学校
XX-14 广州大学桂花岗校区
XX-15 广州市旅游职中
XX-16 广州铁路第五中学
XX-17 流花中学
XX-18 广东省财贸管理干部学院
XX-19 广州市中医学院
XX-20 广州民航职业技术学院
XX-21 百事佳小学

仓库（CK）
CK-1 二轻工业供销公司北站仓
CK-2 橡胶工业公司仓库
CK-3 市百货公司仓库
CK-4 市供销仓库

车队（CD）
CD-1 市房管局材料经理部车队
CD-2 省建筑材料供应公司车队

宗教设施（ZJ）
ZJ-1 清真先贤古墓

住宅（R）
R-1 瑶花园
R-2 广铁集团宿舍
R-3 圣晖园
R-4 和润花园/和荣楼/和嘉楼
R-5 祥港花园
R-6 金桂花园
R-7 47号大院/49号大院
R-8 陈岗路34号大院
R-9 流花新村
R-10 华侨住宅新村
R-11 11号大院
R-12 御景花园
R-13 新新花园
R-14 侨爱苑
R-15 华园新村
R-16 松柏新村
R-17 景泰名苑
R-18 景泰新村
R-19 广园小区
R 其他住宅

村落（CL）
CL-1 瑶新村
CL-2 三元里村
CL-3 工人新村
CL-4 平英新村
CL-5 王圣堂村
CL-6 梓元岗
CL-7 西村

科研（KY）
KY-1 省建筑设计院
KY-2 市农业机械研究所

行政办公（BG）
BG-1 交警机动大队
BG-2 流花消防中队
BG-3 广州铁路公安局广州处
BG-4 广州铁路中心防疫站
BG-5 省国家安全厅
BG-6 市地铁总公司
BG-7 省机械工业供销公司
BG-8 广州市电信局国际站
BG-9 越秀区军队离退休干部休养所
BG-10 天龙广场
BG-11 华联通信终端服务有限公司
BG-12 市中区供电局
BG-13 河北大厦
BG-14 鸿丰商业城
BG-15 泰安大厦
BG-16 广东公安消防支队广园中队
BG-17 白云区市容卫生管理局
BG-18 广京照明工程公司
BG-19 兴发广场
BG-20 省第一建筑工程公司
BG-21 广铁一公司机械分公司
BG-22 省中旅汽车公司
BG-23 市第二运输公司第一分公司
BG-24 华阳制衣有限公司
BG 其他办公类建筑

体育文娱（TW）
TW-1 三元里抗英纪念碑
TW-2 草暖公园
TW-3 友谊剧院
TW-4 射击俱乐部

铁路（TL）
TL-1 广州车辆段

工厂（GC）
GC-1 瑶台纱厂
GC-2 市白云区羽毛球场
GC-3 粤侨工业大学广州印刷厂
GC-4 广州团结橡胶厂
GC-5 市公共汽车修理厂
GC-6 向群制具厂
GC-7 广州化学试剂二厂
GC-8 广州自行车轴皮厂车间
GC-9 广州铁路车轮厂
GC-10 白云区药品公司中药材批发部
GC-11 荣华大厦
GC-12 华苑工业大厦

医院（YY）
YY-1 市白云区妇幼医院
YY-2 省妇幼保健院
YY-3 荔湾区第二人民医院
YY-4 广州军区总医院

公园（GY）
GY-1 流花湖公园
GY-2 越秀公园

村集体建设用地（CJT）

自然与人工绿地（RG）

图 3-11 2003 年广州站地区重要要素分布

（资料来源：笔者依据历史地形图自绘）

广州化学试剂二厂基本维持现状或维持工厂用地,减少了市冶金机修厂(更新为居住区和润花园)、省商业局机械厂(更新为新濠畔皮革市场、金龙盘国际鞋业皮具贸易广场及酒店)、广州蓄电池厂(更新为佳豪国际皮革城)、省第一汽车制配厂、省第一汽车修理厂(更新为金桂花园商住设施、配套的中学及广州大学桂花岗校区的教学生活运动设施用地)及红宝石电子计算机厂。③运输队方面,站西的广州市运输交易市场更新为站西天富鞋材市场,站前的省建筑材料供应公司车队、站北的市房管局运输队维持现状。④仓储方面,围绕广州西站的仓库群、站北的市橡胶局仓库基本维持现状,减少了站北的食品公司、五金公司仓库(更新为易初莲花购物中心、瑶台花园、山西大厦等商业居住、旅馆功能)及市住宅公司二队仓库(更新为祥港花园等居住、商业功能)。⑤学校方面,广州中医学院改为广州中医药大学,广州市旅游职中、广东省财贸管理干部学院、省社会主义学院维持现状。⑥医院方面,站西的省妇幼保健院、站北的广州市白云区妇幼保健院均维持现状。⑦居住区方面,站前的流花新村、华侨新村维持现状,减少了站西的汽车工人新村(更新为万通服装城),新增了站北因内环路及地铁 1 号线建设而安排的安置区(祥港花园等,底层做批发及其他商业功能使用)。⑧文体公共设施方面,友谊剧院的局部更新为友谊宾馆,广州体育馆更新为锦汉展览中心。⑨城市公园方面,越秀公园、流花湖公园、兰圃公园及草暖公园维持现状。⑩科研设计单位方面,站前的省建筑设计院基本维持现状,减少了站北的省交通科学研究所(更新为金桂花园)。⑪军事单位方面,主要仍是广州军区总医院。⑫宗教设施方面,清真先贤古墓维持现状。⑬村落方面,站前的西村、站西的王圣堂村、站北的三元里村、瑶台村均体现出不同程度的城市更新,在社会经济发展驱动下,受邻近的车站、批发市场、旅馆建设的影响非常显著;另外,周边地区内已极少有未开发利用的地块,空地多数是正在施工的工地。总体上看,工厂、仓储用地的城市更新最为突出,新增的居住区用地(市政工程拆迁安置)也比较突出,运输队、居住、文体公共设施及科研单位用地均有更新现象;此外,各村落的更新发展仍是周边地区内最突出的现象之一(包括用地更新与城市功能渗透的方式)。

(2)用地格局

2003 年广州站关联地区的用地格局(图 3-12):①总体上已经跨越铁路,突破了单向发展的格局而实现双向发展,主要因素是批发市场在站北地区的空间扩展,具体包括站北的美博、金龙盘、新濠畔、佳豪、唐旗、天恩、盈富等(主要由工厂、运输队、居住、铁路、村用地几种类型更新而来);②以站前广场为核心的公共服务设施圈层仍然呈现为核心向外辐射的作用;③依托主、次干道(人民北路、站前路、站西路、广园西路、梓元岗路及解放北路)的"面状"集聚是这一时期的重要特征,区别于前阶段的线状集聚为主的特征,主要包括站前的服装批发市场群及会展酒店展贸区,站西的鞋业和钟表批发市场群,站北的服装、化妆品、皮具及辅料市场群,这也说明产业集聚发展的规模效应已经凸显,进而迈入了一个新的阶段(即初步形成了批发市场

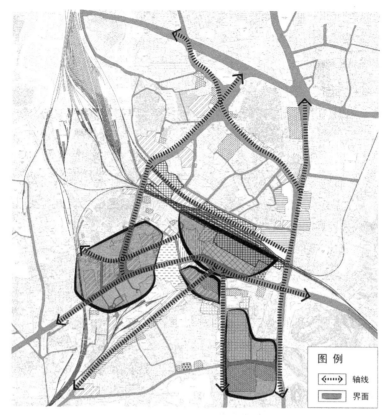

图 3-12　2003 年广州站关联地区用地格局

（资料来源：笔者分析自绘）

群）；④另外，点状分散分布的用地明显减少（相对比较突出的是三元里中央酒店用地），均在一定程度上具有沿主次干道轴向集聚发展的趋势。

2003 年广州站地区的用地格局（图 3-13）：①南北发展呈现出走向平衡发展的态势，主要原因是批发市场的空间扩展更新、升级了原有的低效开发用地，拉近了两侧城市空间的区位价值；②周边地区主要的发展轴在原环市西路、人民北路、解放北路——机场路、广花公路（三元里大道）、站前路、广园西路的基础上进一步完善、整合，具备了支撑地区"网状"发展的要素基础，与外部的连接实现了立体化的发展（主要通道包括环城高速、内环路、机场高速及地铁 2 号线）。

2. 2010 年

（1）空间范围与用地构成

2010 年广州站关联地区的用地构成中（图 3-14），用地总量为 143.92hm²，仍主要包含 12 种用地类型（不含道路用地，S1）；前三位用地类型是批发市场用地（B12，占总用地比例为 52.07%）、旅馆用地（B14，占总用地比例为 14.62%）和铁路用地（H21，占总用地比例为 9.60%），末三位用地类型是行政办公用地（A1，占总用地比例为 0.44%）、零售商业用地（B11，占总用地比例为 0.96%）和地下批发市场用地（B12，

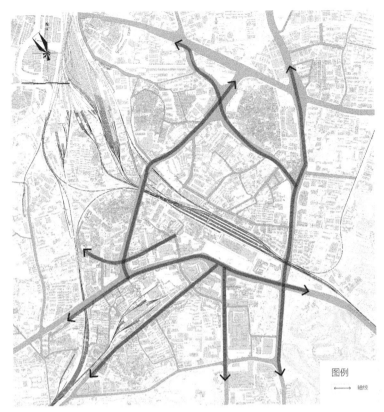

图 3-13 2003 年广州站地区用地格局
（资料来源：笔者依据历史地形图自绘）

地下人防设施作批发市场，占总用地比例为 1.69%），中间规模的六种用地类型是商住用地（BR，占总用地比例为 6.81%）、广场用地（G3，占总用地比例为 5.85%）、居住用地（R，占总用地比例为 4.08%）、交通枢纽用地（S3，占总用地比例为 3.45%）、商务用地（B2，占总用地比例为 3.43%）和公用设施用地（U，占总用地比例为 2.85%）。由于居住用地（铁路局宿舍，环市西路及站北梓元岗地段）属于铁路附属建设用地，故铁路及其附属建设用地共占总用地的 13.68%，仍是第三位用地类型，而批发市场用地（B12，52.07%）成为绝对主导用地类型，其占总量的比例超过 50%。

从与 2003 年广州站关联地区用地构成的比较来看，用地总量增加了 14.09hm²，年均增长 2.01hm²；用地类型数量没有变化，仍为 12 种，但是减少了会展用地（A21，2003 年为 11.61hm²，由于 2004～2008 年原广交会转场琶洲国际会展中心，故旧址整体更新为批发市场用地），新增了地下批发市场用地（比较特殊，是利用地下人防空间作批发市场使用，故计为一种新的用地类型）；批发市场用地总量增加了 39.78hm²，已经超出了总的用地增量，是增长最突出的用地类型；旅馆用地总量基本保持稳定，铁路用地（H21）减少了 8.87hm²，其他用地类型总量变化总体较小。

因此，批发市场用地的扩展继续成为这一时期最突出的用地变化现象，在车站关

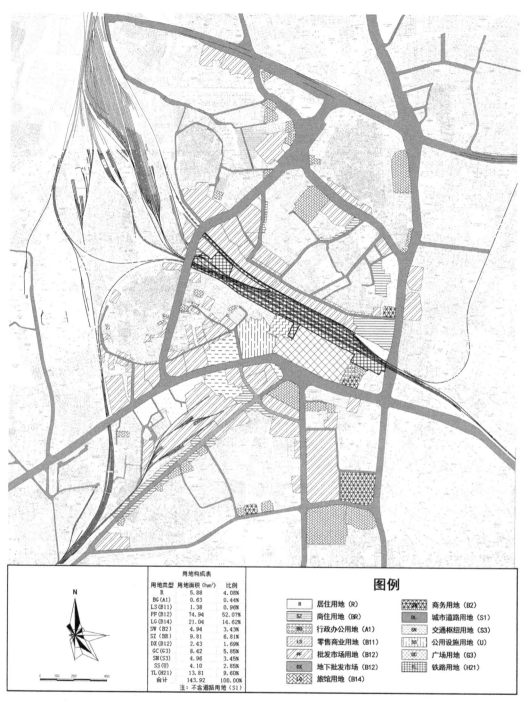

用地构成表

用地类型	用地面积（hm²）	比例
R	5.88	4.08%
BG(A1)	0.63	0.44%
LS(B11)	1.38	0.96%
PF(B12)	74.94	52.07%
LG(B14)	21.04	14.62%
SW(B2)	4.94	3.43%
SZ(BR)	9.81	6.81%
DX(B12)	2.43	1.69%
GC(G3)	8.42	5.85%
SN(S3)	4.96	3.45%
SS(U)	4.10	2.85%
TL(H21)	13.81	9.60%
合计	143.92	100.00%

注：不含道路用地（S1）

图例

R	居住用地（R）	SW	商务用地（B2）
SZ	商住用地（BR）	DL	城市道路用地（S1）
BG	行政办公用地（A1）	SN	交通枢纽用地（S3）
LS	零售商业用地（B11）	SS	公用设施用地（U）
PF	批发市场用地（B12）	GC	广场用地（G3）
DX	地下批发市场（B12）	TL	铁路用地（H21）
LG	旅馆用地（B14）		

图 3-14　2010 年广州站关联地区土地利用（见书后彩图）
（资料来源：笔者依据历史地形图自绘）

联地区外新增批发市场用地及车站关联地区内的用地更新为批发市场用地是最主要的
两种扩展方式。前者主要包括：①站北，省煤炭工业研究所、矿泉游泳场的局部或整
体更新为丽天国际外贸服装城、伍福服装城，省统一战线干部学院局部更新为 O2O 国

际服装城，市公共汽车修理厂的局部更新为尚峰皮具辅料城，市政工程维修处正在更新为批发市场用地；②站西，广州市旅游职中更新为汇美国际服装城；③站前，广州车辆段更新为世贸国际服装城；此外，站前路、站南路地下人防设施日常利用为批发市场功能，从而增加了一种特殊的地下批发市场用地（地一大道）。总体上体现为由铁路、学校、工厂、科研单位、道路地下人防空间等用地更新为批发市场用地。后者主要包括：①站前，原广交会搬迁后旧址改为批发市场功能，友谊宾馆、民族宾馆更新为友谊裤都、美博服装城，市汽车站的局部更新为壹马服装广场；②站北，梓元岗路南侧的铁路用地进一步更新为批发市场带，金桂花园沿街商住用地本身已有批发市场功能，发展升级为白云世界皮具中心。总体上体现为由原会展、旅馆、交通枢纽、铁路、商住等用地更新为批发市场用地。批发市场在空间分布上的特点为：①仍然主要包括三个板块（站前板块、站西板块及站北板块），空间集聚程度均进一步提升；②站前和站西板块已连成一体，形成"大站前板块"，几乎挤占了站前的绝大部分空间；③站北亦在广园西路、梓元岗路、解放北路一带形成密集的批发市场带，同时沿广花路、走马岗路、岗头大街的集聚度亦在提高，整体上看，站北地区呈现连绵为一体的"面状"发展态势。

与 2003 年比较，广州站地区现状企事业单位、村落的变化主要有（图 3-15）：①现有的铁路设施方面，广州西站、广州铁路局机务段、广州铁路局客运段及其职工宿舍基本保持现状，广州铁路车辆段更新为批发市场用地（世贸国际服装城）。②工厂企业方面，站前——减少了广州铁路车轮厂，更新为批发市场用地（世贸国际服装城）；站北——原有的市汽车修配厂局部更新为批发市场用地（尚峰皮具辅料城），广州团结橡胶厂、广州化学试剂二厂更新为居住及商业功能（含市政工程拆迁安置）。③运输队方面，站前的省建筑材料供应公司车队、站北的市房管局运输队均更新为居住及商业功能。④仓储方面，围绕广州西站的仓库群规模、站北的市橡胶局仓库基本维持现状。⑤学校方面，广州中医药大学维持现状，广东省财贸管理干部学院改为广东技术师范学院北校区，广州市旅游职中更新为批发市场用地（汇美国际服装城），省社会主义学院改为省统一战线干部学院且局部更新为批发市场用地（O2O 国际服装城）。⑥医院方面，站西的省妇幼保健院、站北的广州市白云区妇幼保健院维持现状。⑦居住区方面，站前的流花新村、站前的华侨新村基本维持现状。⑧文体公共设施方面，友谊剧院基本维持现状。⑨城市公园方面，越秀公园、流花湖公园、兰圃公园维持现状，草暖公园更新为行政办公用地。⑩科研设计单位方面，站前的省建筑设计院基本维持现状。⑪军事单位方面，主要仍是广州军区总医院。⑫宗教设施方面，清真先贤古墓维持现状。⑬村落方面，站前的西村、站西的王圣堂村、站北的三元里村、瑶台村在这一轮的城市更新中，更多地体现为城市功能渗透的方式。总体上看，铁路、工厂、学校用地更新为批发市场用地的现象最为突出，而且，周边地区土地资源的利用已处于高度饱和的状况。

重要要素分布

行政办公（BG）	体育文娱（TW）	XX-13 市第六十五中学实验学校	车队（CD）
BG-1 交警机动大队	TW-1 三元里抗英纪念碑	XX-14 广州大学桂花岗校区	CD-1 市房管局材料经理部车队
BG-2 流花消防中队	TW-2 草暖公园	XX-15 广州铁路第五中学	CD-2 省建筑材料供应公司车队
BG-3 广州铁路公安局广州处	TW-3 射击俱乐部	XX-16 流花中学	
BG-4 广州铁路中心防疫站	TW-4 友谊剧院	XX-17 广东技术师范学院北校区	村落（CL）
BG-5 省国家安全厅		XX-18 广州市中医学院	CL-1 瑶台新村
BG-6 白云区市容卫生管理局	工厂（GC）	XX-19 广州民航职业技术学院	CL-2 三元里村
BG-7 广州市电信局国际站	GC-1 瑶台纱厂	XX-20 百事佳小学	CL-3 工人新村
BG-8 广州市电信局国际站办事处	GC-2 市白云区羽毛球场		CL-4 平英新村
BG-9 易初莲花购物中心	GC-3 粤侨工业大学广州印刷厂	住宅（R）	CL-5 王圣堂村
BG-10 金泊大厦	GC-4 市公共汽车修理厂	R-1 瑶花园	CL-6 梓元岗
BG-11 汇丰商业大厦	GC-5 向群厨具厂	R-2 广铁集团宿舍	CL-7 西村
BG-12 佳豪国际家具皮革城	GC-6 广州自行车轴皮厂车间	R-3 圣晖园	
BG-13 广铁一公司机械分公司	GC-7 白云区药品公司中药材批发部	R-4 和润花园/和荣楼/和嘉楼	公园（ZJ）
BG-14 省中旅汽车公司	GC-8 荣华大厦	R-5 祥港花园	GY-1 流花湖公园
BG-15 市第二运输公司第一分公司	GC-9 华苑工业大厦	R-6 金桂花园	GY-2 越秀公园
BG-16 华阳制衣有限公司	GC 其他工厂	R-7 47号大院/49号大院	
BG-17 三元里农贸市场		R-8 陈岗路34号大院	宗教设施（ZJ）
BG-18 金茂大厦		R-9 流花新村	ZJ-1 清真先贤古墓
BG-19 广京照明工程公司	学校（XX）	R-10 华侨住宅新村	
BG-20 金龙大厦	XX-1 矿泉中学	R-11 11号大院	仓库（CK）
BG-21 省机械工业供销公司	XX-2 市农机中学校	R-12 御翠名园	CK-1 二轻工业供销公司北站仓
BG-22 市地铁总公司	XX-3 三元里小学	R-13 新柳花园	CK-2 橡胶工业公司仓库
BG-23 省第一建筑工程公司	XX-4 市机械学校	R-14 怡爱苑	CK-3 市百货公司仓库
BG-24 越秀区军队离退休干部休养所	XX-5 广铁第四小学	R-15 华园新村	CK-4 市供销仓库
BG-25 天龙广场	XX-6 广铁二中	R-16 松柏新村	
BG-26 华联通信终端服务有限公司	XX-7 养正小学	R-17 景泰名苑	科研（KY）
BG-27 市中区供电局	XX-8 三元里小学	R-18 景泰新村	KY-1 省建筑设计院
BG-28 河北大厦	XX-9 三元里中学	R-19 广园小区	KY-2 市农业机械研究所
BG-29 鸿丰商业城	XX-10 广铁第五小学	R 其他住宅	
BG-30 泰安广场	XX-11 市第六十五中学		村庄集体未建设用地（CJT）
BG-31 广东公安消防支队广园中队	XX-12 三元里实验小学	医院（YY）	
		YY-1 市白云区妇幼医院	自然与人工绿地（RG）
		YY-2 省妇幼保健院	
		YY-3 荔湾区第二人民医院	
		YY-4 广州军区总医院	

图3-15 2010年广州站地区重要要素分布

（资料来源：笔者依据历史地形图自绘）

（2）用地格局

2010 年广州站关联地区的用地格局（图 3-16）：①总体上双向发展的格局进一步加强，尤其沿广园西路两侧的批发市场群呈逐步融合为一体的趋势；②以站前广场为核心的公共服务设施圈层依然具有核心向外辐射的作用；③依托主、次干道（人民北路、站前路、站西路、广园西路、梓元岗路及解放北路）的"面状"集聚进一步相互整合、加强，连绵成片，站前的服装批发市场群和站西的鞋业和钟表批发市场群已连接成片，形成"大站前板块"，站北的服装、化妆品、皮具及辅料市场群也通过梓元岗路连接为一体化的"市场带"，在各个集聚区内批发市场的细分业态上体现出既分工明确又相互融合、交叉的特点，这说明产业集聚发展又得到新的提升（市场等各种资源、要素充分融合、共享）；④另外，点状分布的用地已不明显。

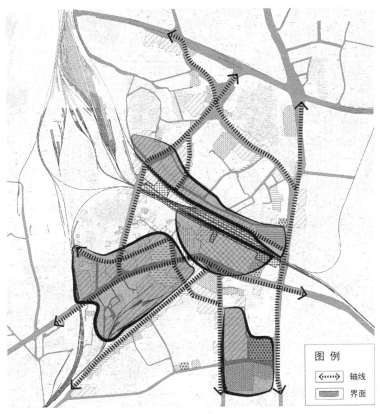

图 3-16　2010 年广州站关联地区用地格局
（资料来源：笔者分析自绘）

2010 年广州站地区的用地格局（图 3-17）：①南北发展呈现出逐步融合的态势，主要原因是批发市场群内部的相互整合、连接；②周边地区主要的发展轴基本是在原有基础上不断完善、加强，以适应新的发展需求。总体上看，周边地区在复杂的用地、空间、交通等要素背景下已渐趋高度饱和状态。

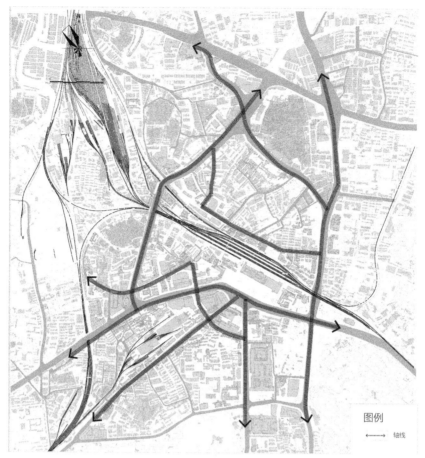

图 3-17　2010 年广州站地区用地格局

（资料来源：笔者依据历史地形图自绘）

3. 小结

从广州站关联地区的用地构成来看，这一阶段（"两站及三站时代"）的演变特征是：①用地总量在增长，即车站的影响范围仍在继续扩大，年均增长 2.01hm²；②批发市场用地成为绝对主导用地类型（2010 年超过总量的 50%）是最突出的用地变化现象，而上一个时期占主导地位的旅馆用地退居第三位，并保持相对稳定的总量；因此，批发市场的建设、发展成为车站关联地区空间扩展的最主要因素，其最主要的两种扩展方式是在车站关联地区外新增批发市场用地及车站关联地区内的用地更新为批发市场用地（前者主要是工厂、运输队、居住、铁路、学校、科研单位、道路地下人防空间、村用地更新为批发市场用地，后者主要是原会展、旅馆、交通枢纽、铁路、商住等用地更新为批发市场用地），最终几乎挤占了站前绝大部分的空间资源，还出现了地下批发市场这一特殊的用地现象；③广州电信局及国家安全厅用地从车站关联地区"消失"（因为其功能与车站的配套关联意义已非常淡化）及车站关联地区减少了会展用地的用地类型（由于 2004～2008 年原广交会迁址琶洲国际会展中心，旧址整体更新为批发市场用地，仍属于车站关联地区）也是比较特殊的变化；④用地类型数量与上一个时期基本持平。

此阶段广州站关联地区的用地格局：①总体上已经跨越铁路，突破了单向发展的格局而实现双向发展，并不断加强呈融合发展态势，主要推动因素是批发市场在站北地区的空间扩展；②以站前广场为核心的公共服务设施圈层仍然呈现为核心向外辐射的作用；③依托主、次干道的"面状"集聚是这一时期的重要特征，区别于前一个阶段的线状集聚为主的特征，而且在后期还进一步相互整合、连绵成片，如站前的服装批发市场群和站西的鞋业与钟表批发市场群已连接成片，形成"大站前板块"，站北的服装、化妆品、皮具及辅料市场群也通过梓元岗路连接为一体化的"市场带"，在各个集聚区内批发市场的细分业态上体现出既分工明确又相互融合、交叉的特点，这说明产业集聚发展的规模效应初步显现，有利于市场、生产、销售、设计等产业链上各种资源、要素的充分融合、共享；④点状分布的用地基本已不明显。

简要概括的话，双向分布、批发市场用地的空间扩展并逐步占据绝对主导地位及其成片发展是这一阶段广州站关联地区最突出的用地现象。

与之相对应的，此阶段广州站地区在用地构成上，受车站的影响和带动发展更趋明显，主要体现为各种用地（如工厂、铁路、学校、运输队、居住、文体公共设施、科研单位、仓储及村用地等）更新为批发市场用地（也包括一部分更新为居住、旅馆、商业功能用地），至阶段后期周边地区土地资源的利用已处于高度饱和状况。

此阶段广州站地区的用地格局：①南北发展逐步走向平衡并趋于相互融合的态势，主要原因是批发市场的空间扩展更新、升级了原有的低效开发用地，拉近了两侧城市空间的区位价值，而且批发市场群内部相互整合、连接的趋势还处于进一步发展中；②周边地区主要的发展轴在原环市西路、人民北路、解放北路—机场路、广花公路（三元里大道）、站前路、广园西路的基础上进一步完善、整合，具备了支撑周边地区"网状"发展的要素基础，与外部的连接实现了立体化的发展（主要通道包括环城高速、内环路、机场高速及地铁 2 号线），周边地区城市功能与交通高度发展和集中所带来的冲突与矛盾是周边地区将要面对的关键问题与挑战。

3.2.4 广州站关联地区土地利用演变的总体特征

1. 车站关联地区用地构成的演变

从"一站时代"至今，广州站关联地区用地构成的演变如下：

（1）用地总量一直在持续增长，说明车站的影响及其范围在不断扩大。其中，"一站时代"年均增长 2.68hm^2，"两站及三站时代"（主要为至 2010 年的数据）年均增长 2.01hm^2。

（2）主导用地类型在不断演变、更替，说明在不同阶段地区用地所承载的经济、功能特点有差异，而且不同的功能业态之间主要遵循市场规律进行空间竞争（竞租）。

其中,"一站时代"的主导用地类型主要是旅馆用地和铁路及其附属建设用地,在此阶段的后期,旅馆用地已超越铁路及其附属建设用地成为第一位用地类型,旅馆的建设、发展成为车站关联地区空间扩展的最主要因素,贡献了超过一半的总用地增量;此外,新增了批发市场用地(B12)、商务用地(B2)和商住用地(BR)三种用地类型,说明车站周边地区的经济功能呈多元化的趋势,其中,批发市场的业态已出现萌芽;在"两站及三站时代",批发市场用地成为绝对主导用地类型(2010年超过总量的50%)是最突出的用地变化现象,而上一个时期占主导地位的旅馆用地退居第三位并保持相对稳定的总量;因此,批发市场的建设、发展成为车站关联地区空间扩展的最主要因素,其最主要的两种扩展方式是在原车站关联地区外新增批发市场用地及车站关联地区内的用地更新为批发市场用地(前者主要是工厂、运输队、居住、铁路、学校、科研单位、道路地下人防空间、村用地更新为批发市场用地,后者主要是原会展、旅馆、交通枢纽、铁路、商住等用地更新为批发市场用地),最终几乎挤占了站前绝大部分的空间资源,还出现了地下批发市场这一特殊的用地现象;旅馆和批发市场群在不同的历史阶段分别显现出其独特、繁荣的生命力和活力。

(3)此外,广州站关联地区多元化的用地类型数量,说明地区的功能具有一定的多样性、综合性。

2.车站关联地区用地格局的演变

(1)总体上实现了从单向分布向双向分布的跨越,说明车站单向辐射格局下铁路的分割对地区的用地格局产生了深刻的影响。其中,"一站时代"总体上单向分布的特征非常突出,车站主要辐射影响的还是站南地区;"两站时代"及"三站时代",总体上已经跨越铁路、突破了单向发展的格局而实现双向发展,并不断加强呈融合发展态势,主要推动因素是批发市场在站北地区的空间扩展,说明批发市场群产业集聚的正向效应最终超过了铁路分割造成的交通不便、环境氛围落差等负向效应。

(2)公服设施用地围绕站前广场的圈层布局是广州站关联地区的一大特色,主要是因为车站及站前广场在规划建设时所贯彻的思想(大广场、放射状道路骨架、围绕车站和站前广场布置配套公共服务设施)形成了以站前广场为核心的公共服务设施圈层 [主要包括邮政大楼、省汽车总站、市公共汽车公司(市汽车站)、流花宾馆、新乐旅店、商业综合楼、广州市电信局、省旅游局等]。

(3)在"一站时代",沿站前路、人民北路、环市西路、站西路已有明显的沿路轴向发展、形成线性功能集聚的效果;在"两站及三站时代",依托主、次干道的"线状"集聚仍然是这一时期的重要特征,而且在后期还进一步相互整合、连绵成片,成"面状"发展,从而又区别于前阶段线状集聚为主的特征,如站前的服装批发市场群和站西的鞋业与钟表批发市场群已连接成片,形成"大站前板块",站北的服装、化妆品、皮具及辅料市场群也通过梓元岗路连接为一体化的"市场带"。在各个集聚区内批发市场的细分业态上体现出既分工明确又相互融合、交叉的特点,这主要缘于批发市场群产业集聚发展的规模效应，有利于市场、生产、销售、设计等产业链上各种资源、要素的充分融合、共享。

（4）总结广州站关联地区用地发展的演变过程可以得出其空间演变模型（图 3-18），其主要特征是：①阶段 A-1、A-2 是"一站时代"下单向发展的时期，空间发展主要集中在铁路线以南的站南地区；阶段 B-1、B-2 是"两站及三站时代"下双向发展的时期，推动空间发展突破铁路线路分割的主要动力是批发市场集聚效应下的空间扩张；②各个阶段内空间的扩张主要是沿城市干道呈"轴带生长"的特征，在市场机制下，沿城市干道土地、空间区位的高可达性及产业、功能的集聚效应都是其重要影响因素；③以站前广场为核心，规划、建设与车站相配套的公共服务设施塑造了稳定的"内核"，其空间范围大致是以车站为圆心、500m 为半径的区域；④总体上，广州站关联地区的空间扩展呈现出渐进式演变的特征，积少成多，以量变促质变，最终的空间尺度大致上是以车站为圆心、1000 ~ 1200m 为半径的区域，参照 3 个发展区的"圈层结构模型"，这大致上是属于前两个圈层加总的区域；⑤经过比较可以看出，广州站关联地区的圈层结构特征不明显，但是步行尺度仍然具有重要影响。这对"圈层结构理论"具有丰富和补充的意义。

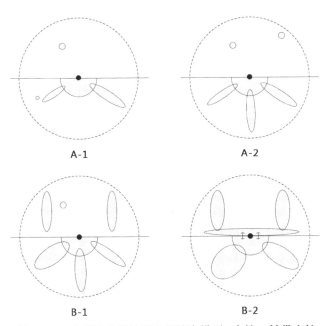

A-1

A-2

B-1

B-2

图 3-18　广州站关联地区空间演变模型：内核 + 轴带生长

3. 车站是影响、带动广州站关联地区及广州站地区用地发展、演变的主导因素

（1）以上分析已经表明，车站是影响、带动广州站关联地区用地发展的主导因素，所影响的用地主要分三种类型：一是铁路及其附属设施用地；二是配套的公共设施用地；三是受车站吸引和诱导、以旅馆和批发市场为代表的"经济"用地，而这部分亦

是主导的用地类型，也反映出车站在不同阶段对关联地区经济、功能发育的"催化"作用。

（2）从广州站地区来看，一方面，车站影响形成的广州站关联地区是周边地区用地发展、演变的主要推动因素，关联地区一直在持续扩大并最终成为广州站地区的主要组成部分；另一方面，广州站地区的企事业单位、村等用地或更新为受车站影响关联性强的用地与功能，或保持相对稳定的演变轨迹，总体上，车站的影响和作用在后期已经超越其他城市功能的布局与建设，成为周边地区用地发展的主导因素，推动着地区的城市化进程及城市功能的更新、升级，如各种用地（如工厂、铁路、学校、运输队、居住、文体公共设施、科研单位、仓储及村用地等）更新为批发市场用地（也包括一部分更新为居住、旅馆、商业功能用地）。

因此，可以认为车站亦是影响、带动广州站地区用地发展、演变的主导因素。

4. 广州站关联地区及广州站地区空间范围划分的合理性分析

（1）内涵上的合理性

广州站关联地区和广州站地区空间范围的界定、划分是在辨析两种概念原型的基础上来进行的，两者进行比较分析的结果可以较好地揭示广州站是如何影响地区的用地发展及其过程，尤其区分了地区已有的或在发展过程中不断新增的与车站关联性不强的功能与用地（如在车站之前已有的铁路、工厂、军事单位、仓库、运输队、学校等，后期新增的工厂、学校、医院、内环路及地铁1号线工程拆迁安置居住区等），而事实上它们与车站一起共同塑造和影响着地区的发展、演变，这也从另一方面实证了这两种概念原型可以在实践案例中找到应用的价值。当然，限于工作、研究的难度，本书没有深入探讨周边地区的部分居住区或城中村用地内与车站以功能渗透方式所产生的关联性，比如分布其中的家庭旅馆、廉租房等对于车站旅客、周边批发市场从业人员等都具有重要意义，这方面有待在后续研究中加以深入。

（2）尺度上的合理性

本书在界定广州站关联地区和广州站地区空间范围的时候结合了基于交通接驳方式的空间尺度以及对地区发展具有强约束力的"边界性因素"（铁路轨道、自然与城市绿地、高快速道路）的综合考量；从效果上看，其空间尺度绝大部分是以车站为中心、1000～1200m为半径内的区域；而从对批发市场要素（地区的主要构成要素）的分析来看，根据潘裕娟（2012）对广州站周边1～5km范围内的批发市场分布作缓冲区分析研究，结果显示1km内具有非常突出的集聚效应（图3-19）❶，这也从另一个角度证实了本书界定的"广州站关联地区"和"广州站地区"具有尺度上的合理性。

---

❶ 潘裕娟. 广州批发市场的物流空间格局及其形成机制研究 [D]. 广州：中山大学博士论文，2012.

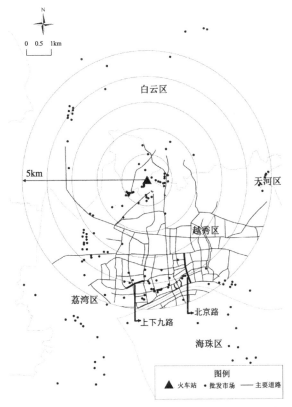

图 3-19 广州站周边 1 ~ 5km 范围的批发市场分布

（资料来源：潘裕娟 . 广州批发市场的物流空间格局及其形成机制研究 [D]. 广州：中山大学博士论文，2012：106）

3.3 广州站关联地区的功能业态：从以车站客流经济为主体走向以车站诱导经济为主体

本节将主要基于两种口径的数据分析广州站关联地区功能业态的特点：建筑面积数据及邮政分区单元的企业数据。此两种口径的数据难以完美地相互匹配，不过可以达到互为补充的效果。

3.3.1 基于建筑面积数据的分析

在广州站关联地区土地利用分析的基础上，研究将各种用地功能（建筑物）按照与车站的关联性进行分类和统计分析：车站客流经济主要包括旅馆、零售，车站诱导经济主要包括会展、批发、商住、商务，车站附属经济主要包括铁路客站、长途客运交通枢纽、行政办公、铁路附属办公居住等设施（不同年份在类型的构成上有一定区别）。

必须指出的是，研究基于各类型建筑面积数据进行统计的比较分析是一个"虽不十分准确但可接受"的处理方法：一方面，因为不同功能的建筑类型其建设目的、使用特征及收益水平等均存在较大差异，因此直接比较其建筑面积难以准确反映各个功能业态的相互关系；另一方面，建筑面积数据的比较确实也能反映出各种类型功能业态一定的特点（总量规模及其发展、变化）；此外，考虑到可获取基础资料的局限性，以及基于邮政编码分区单元的企业数据具有一定的补充论证作用，因此，研究采用了针对建筑面积数据的统计分析方法。

1. "一站时代"：车站客流经济为主体

分析结果表明，1978 年广州站关联地区的功能业态（图 3-20）类型为：车站客流经济主要包括旅馆、零售，车站诱导经济主要包括会展，车站附属经济主要包括铁路客站、长途客运交通枢纽、行政办公、铁路附属办公居住等设施。功能业态的总量构成为：车站客流经济建筑面积总量为 237129.49m²，占比 43.99%，其中，旅馆建筑是主体，占车站客流经济的 97.84%；车站诱导经济建筑面积总量为 126788.32m²，占

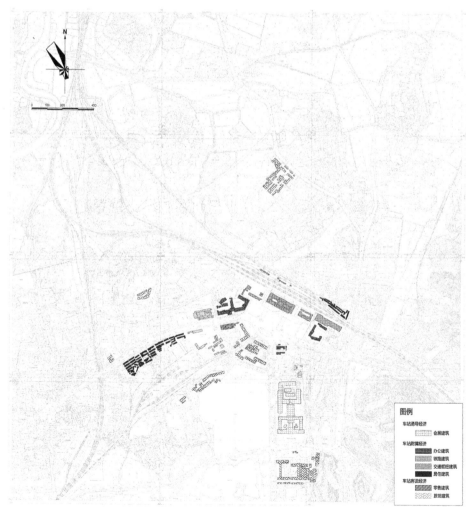

图 3-20　1978 年广州站关联地区功能业态格局

（资料来源：笔者分析自绘）

比 23.52%（主要是会展建筑）；车站附属经济建筑面积总量为 175110.47m²，占比 32.49%。

　　1990 年广州站关联地区的功能业态（图 3-21）类型为：车站客流经济主要包括旅馆、零售，车站诱导经济主要包括会展、批发、商住、商务，车站附属经济主要包括铁路客站、长途客运交通枢纽、行政办公、铁路附属办公居住等设施。功能业态的总量构成为：车站客流经济建筑面积总量为 1217350.53m²，占比 58.31%，其中，旅馆建筑是主体，占车站客流经济的 98.48%；车站诱导经济建筑面积总量为 661564.71m²，占比 31.69%，其中，会展建筑仍然是主体，占车站诱导经济的 45.28%；车站附属经济建筑面积总量为 208845.33m²，占比 10%。

　　总体上，"一站时代"以旅馆业为主的车站客流经济明显占据主体，总量大，占比高，也是此阶段增长最迅猛的业态；车站诱导经济保持稳步发展，业态类型的多元化是

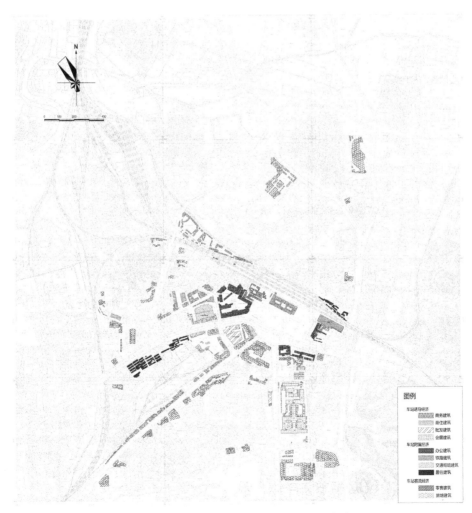

图 3-21　1990 年广州站关联地区功能业态格局
（资料来源：笔者分析自绘）

主要特点，在最初的会展业基础上逐步扩充了批发、商住、商务等业态；车站附属经济则基本维持原有规模，这也表明车站配套设施的建设具有计划性、一次性完成的特点。

2. "两站及三站时代"：车站诱导经济为主体

分析结果表明，2003年广州站关联地区的功能业态（图3-22）类型为：车站客流经济主要包括旅馆、零售，车站诱导经济主要包括会展、批发、商住、商务，车站附属经济主要包括铁路客站、长途客运交通枢纽、行政办公、铁路附属办公居住等设施。功能业态的总量构成为：车站客流经济建筑面积总量为677231.11m²，占比46.94%，其中，旅馆建筑是主体，占车站客流经济的97.16%；车站诱导经济建筑面积总量为542457.67m²，占比37.59%，其中，商住是主体，占车站诱导经济的68.39%，考虑到商住业态也主要是与批发相关的业态，故可以认为此时批发业态已经成为车站诱导经济的主体；车站附属经济建筑面积总量为223214.13m²，占比15.47%。

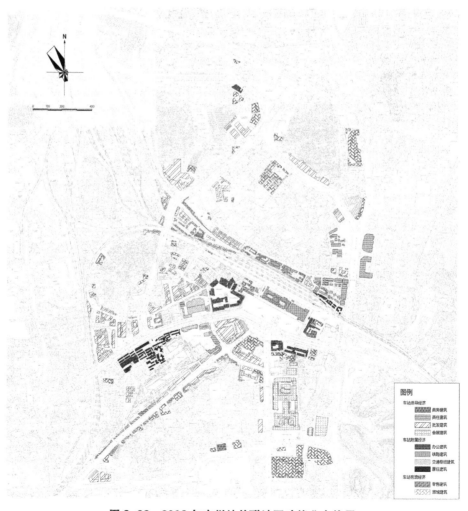

图3-22 2003年广州站关联地区功能业态格局

（资料来源：笔者分析自绘）

2010 年广州站关联地区的功能业态（图 3-23）类型为：车站客流经济主要包括旅馆、零售，车站诱导经济主要包括批发、商住、商务，车站附属经济主要包括铁路客站、长途客运交通枢纽、行政办公、铁路附属办公居住等设施。功能业态的总量构成为：车站客流经济建筑面积总量为 622859.53m²，占比 20.12%，其中，旅馆建筑是主体，占车站客流经济的 96.91%；车站诱导经济建筑面积总量为 2341207.44m²，占比 75.64%，其中，批发市场是主体，占车站诱导经济的 82.70%；车站附属经济建筑面积总量为 131261.05m²，占比 4.24%。

总体上，"两站及三站时代"以批发业为主的车站诱导经济逐步占据主体并最终成为绝对主导的业态，相对应的是，旅馆建筑（业）大量转型、更新为批发市场（业）是地区业态发展、更替的标志性事件；以旅馆业为主的车站客流经济虽显著下降但仍保持较高水平，显示出旅馆业对广州站及其综合交通枢纽地区具有极强的依赖性；车站附属经济则基本维持原有规模。

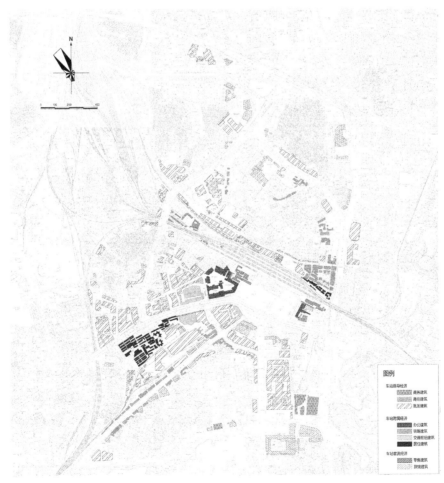

图 3-23　2010 年广州站关联地区功能业态格局

（资料来源：笔者分析自绘）

3.3.2 基于邮政编码分区单元的企业数据分析

此分析的数据来源是 1996 年全国基本单位普查数据、2001 年全国基本单位普查数据、2008 年第二次全国经济普查数据和 2013 年第三次全国经济普查数据，这些数据都是基于邮政编码分区单元的企业数据。研究检验了广州站所在邮政编码区域（510010）的实际尺度（即广州站邮政分区），发现它与本书界定的"广州站关联地区"以及"广州站地区"的空间尺度相当，因此研究采用了这些数据进行分析，作为补充论证。

分析方法：①对产业类型进行归类。考虑到铁路客运主要影响的是服务业，因此主要针对服务业进行分析。根据不同产业与铁路客运相关性（根据投入产出系数表进行排序）的差异，研究将服务业类型归类为十大类，即交通运输邮政业、旅馆业、批发业、零售业、餐饮业、房地产业、租赁与商务服务业、金融保险业、计算机及科技服务业和其他服务业。❶②优势产业的界定。根据某邮政分区内该服务业企业密度与主城区各邮政分区企业密度相比较，如果 4 个年份数据中稳定地保持在第一和第二等级（共划分为 5 个等级），则本书判定该服务业为此邮政分区的优势产业。③具体分析上，运用 GIS 软件，根据各邮政分区的企业数量及该分区的面积进行企业密度的计算分析和比较，将密度数据划分为 5 个等级进行分类统计和比较。

分析结果表明，广州站邮政分区服务业企业密度相对主城区各邮政分区企业密度水平由高到低表现最突出的类型是旅馆业（1996 年、2001 年、2011 年为第一等级，2008 年为第二等级），其次是批发业（2008 年、2011 年为第二等级，1996 年、2001年为第三等级）、交通运输邮政业（2001 年为第二等级，1996 年、2008 年、2011 年为第三等级），然后是餐饮业（2001 年、2008 年、2011 年为第三等级，1996 年为第四等级）、金融保险业（1996 年、2001 年、2011 年为第三等级，2008 年为第四等级）及其他。因此，可以判定，广州站邮政分区的优势服务业类型是旅馆业、批发业和交通运输邮政业（图 3-24）。

从分析结果来看，广州站邮政分区的旅馆业、交通运输邮政业、批发业是地区的相对优势产业，均为与广州站相关性突出的产业；前两者属于车站客流经济的主要构成部分，后者则是车站诱导经济的主要构成部分。而广州站邮政分区的批发业从规模上相对于其他优势产业如交通运输邮政业、旅馆业而言是大产业（根据企业数量及经济规模、建筑面积判定），因此也证明了批发业最终成为地区的主导业态；总体上，对于前文基于建筑面积数据的分析结论具有一定的支撑作用。

以上分析方法的不足在于，基于邮政编码分区单元的统计数据与本书所界定的"广州站关联地区"以及"广州站地区"在空间上并不完全一致，还有待在未来的研究中加以改进。

---

❶ 部分相关性显著但规模较小的行业没有深入讨论，如旅行业。

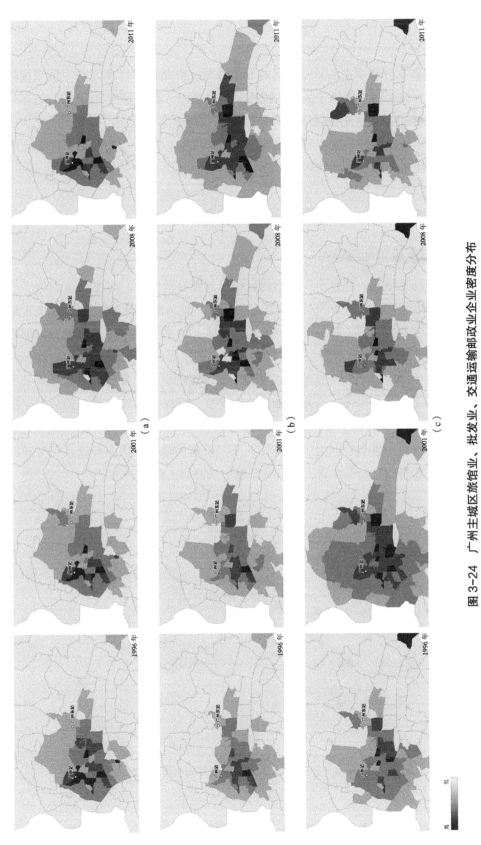

图 3-24 广州主城区旅馆业、批发业、交通运输邮政业企业密度分布

（资料来源：笔者根据企业数据利用 GIS 软件进行分析）

（a）广州主城区旅馆业企业密度分布；（b）广州主城区批发业企业密度分布；（c）广州主城区交通运输邮政业企业密度分布

3.3.3 小结

两种口径的数据分析表明：①在不同的发展阶段，广州站关联地区的主体及优势功能业态是车站客流经济（旅馆业为主）或车站诱导经济（批发业为主），均为与车站相关性突出的产业类型，这充分证明了车站对地区功能业态的发展、演变具有突出的导向性作用；②广州站关联地区主导业态的演变趋势是由以旅馆业为主的车站客流经济向以批发业为主的车站诱导经济转变。

3.4 广州站关联地区空间形态与交通体系的演变

3.4.1 空间形态：级差地租导向

由于航空限高（站区一直处于广州旧白云机场的限高范围内，均在 56m 以内）及开发建设年代技术水平及经济条件对开发强度的限制（地区的建筑多数建设于 20 世纪 70 年代，之后部分建筑经历了各种形式的改造、新建）❶，广州站关联地区在空间形态上长期保持着扁平化的特征；市场经济下的竞租机制则主要引导着地区的更新与发展，主要通过业态的更替、业态的升级等方式带动空间形态的更新与发展，并在更新、发展的过程中不断提升为高密度、高强度的形态。而在"两站及三站时代"的后期，随着旧白云机场于 2004 年 8 月 5 日转场花都新址后，航空限高正式解除，地区城市更新的一种突出表现就是在垂直空间上"实现和捕获"土地的增值，从而形成点状突破的空间形态，典型案例是三元里大酒店更新为海航中央酒店（图 3-25）。

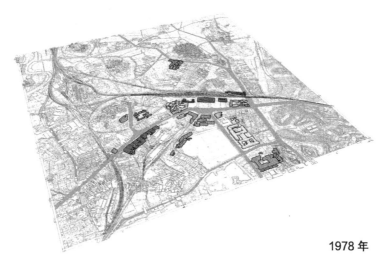

1978 年

图 3-25 1978～2010 年广州站关联地区空间形态（一）

（资料来源：笔者依据历史地形图自绘）

---

❶ 广州流花火车站地区交通与土地利用调整规划 [R]. 广州：广州市城市规划勘测设计研究院，2000：3.

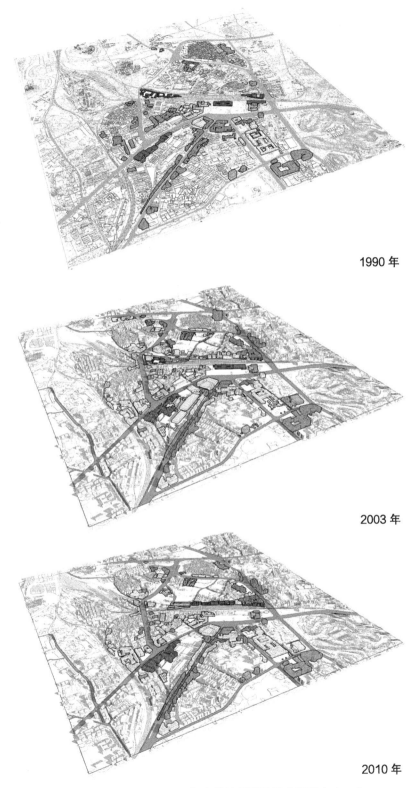

1990 年

2003 年

2010 年

图 3-25　1978 ~ 2010 年广州站关联地区空间形态（二）
（资料来源：笔者依据历史地形图自绘）

3.4.2 交通体系：单向平面放射体系走向双向立体网格体系

作为广州站关联地区及广州站地区关键支撑体系的交通体系，亦实现了重要的发展和跨越，从"一站时代"步行、公交支撑下的单向平面放射体系走向"两站及三站时代"轨道交通与高快速路网为支撑的双向立体网格体系（图 3-26 ~ 图 3-29）。

图 3-26　1978 年广州站关联地区交通体系
（资料来源：笔者依据历史地形图自绘）

（1）"一站时代"首先是形成了放射状的路网结构。由站前广场出发呈放射状的干道路网（人民北路、站前路、环市西路）可以便捷连通广州新老城区，其他道路分别与之或平行，或相交；高速公路方面则有环城高速于 1989 年通车，共同组成地区的主次干道框架；其次，在地区的"内核"范围内形成了主要以步行相衔接的"换乘区域"——密集的换乘点环绕站前广场边缘成簇分布，与省、市汽车站之间共同构造了一个大容量的换乘动线网络。

（2）"两站及三站时代"最重要的是双快体系得以建立。内环路（1999 年）、机场高速公路（2001 年）、广园路快速化、地铁 2 号线（2003 年）及 5 号线（2009 年）等是地区立体化、快速化道路网络和轨道交通网络的主要载体，使得地区客货集疏运的能力极大改善，成为城市内部交通可达性最高的区域之一，这也是地区商贸批发业发

图 3-27　1990 年广州站关联地区交通体系

（资料来源：笔者依据历史地形图自绘）

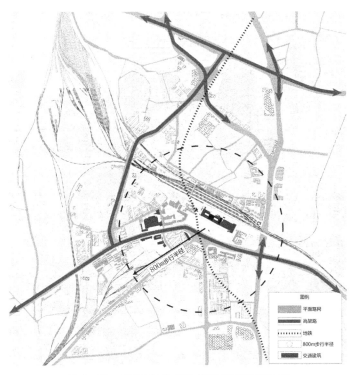

图 3-28　2003 年广州站关联地区交通体系

（资料来源：笔者依据历史地形图自绘）

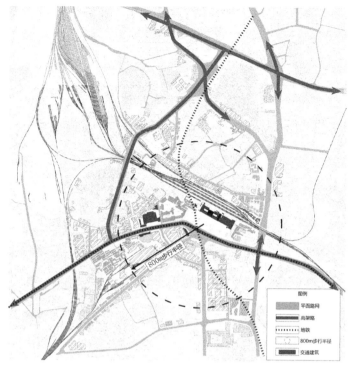

图 3-29　2010 年广州站关联地区交通体系
（资料来源：笔者依据历史地形图自绘）

展进入新阶段的重要前提条件和有利因素；同时，在"内核"区域，由于地铁承担了大量的火车站人流集散功能，地面公交网络、换乘网络也同步实现了高效、便捷、有序，因此，长期困扰地区发展的站前广场交通拥堵、人车冲突、广州站的"春运"难等问题得以全面改善，配合城市和地区各项综合环境治理措施的推动，站前广场的空间环境和城市形象也得到了极大提升。

　　可以说，轨道交通与高快速路网为支撑的双向立体网格体系的形成是广州站关联地区及广州站地区交通集疏运能力实现根本改善的主要原因。

3.5　广州站关联地区空间演化的总体特征及其内在机制分析

3.5.1　空间演化的总体特征

　　综合上文的分析，总体上，广州站关联地区的空间演化体现为一种在车站"引擎"带动下主要由市场自然生长而形成的"渐进式"发展格局，演绎了一个广州旧城边缘的车站地区发展、演变的故事。在 40 余年的历程中，虽然城市发展、外部环境发生了极大的改变，地区作为一个特殊的、尺度上接近城市片区的空间、功能单元，其交通枢纽功能长期稳定，地区业态发展因为市场力量的推动逐步累积、竞租更替，最终形成以商贸批发业为主导、交通枢纽功能突出的车站关联地区。

（1）从用地发展上来看，地区在从城乡接合部的低度开发状态发展为旧城中心区核心高度饱和状态的过程中，开发用地总量持续增长，其中新增开发用地与现状用地的更新并存，空间上首先以铁路线站前一侧的单向扩展为主，逐步累积并最终突破铁路分割界限形成双向格局，用地类型总量则基本稳定并互有更替。

（2）在功能、业态方面，地区主导功能业态的自我更替是一个突出现象，由早期的车站客流经济为主体逐步演变为车站诱导经济为主体，即由商贸批发业逐步取代旅馆业成为站区的主导业态；地区的旅馆业至今仍保持一个较高的水平，说明其对广州站及其综合交通枢纽具有较强的依赖性（以低星及无星旅馆为主）；地区的业态在各个阶段均体现出一定的多样性和综合性。

（3）在空间形态上，地区早期受限于航空限高及技术经济条件，使得空间形态呈扁平化发展，在旧白云机场搬迁解除限高后，由于土地增值，使得城市更新体现出点状突破的空间形态。

（4）在交通网络方面，从以步行、公交为主的单向平面放射体系走向以轨道交通和高快速路网为支撑的双向立体网格体系。

3.5.2　内在机制

广州站关联地区的空间演化，从产业、空间的层面上看，至今为止，主要就是在市场力的推动下商贸批发业从萌芽逐步成长、扩张并占据主体的过程。因此，在内在机制方面，我们以地区主导业态（商贸批发业，又主要以服装批发业为例）的发展进程为主，深入剖析其"市场力主导下的自然生长模式"。

1. 基本背景与根本动力：改革开放以来广州商贸批发业的蓬勃发展

商贸批发业在地区萌芽、成长、集聚的根本动力正是改革开放以来广州商贸批发业的蓬勃发展；地区的商贸批发业是广州商贸批发业发展的一个重要组成部分，是广州商贸批发业在城市内部根据不同地点的特点、依据多种因素进行空间区位选择、形成分工和集聚的结果。

（1）广州商贸批发业持续、稳定的增长与发展

广州作为千年商都，商品贸易历来发达。广州商贸批发业的发展有着悠久的历史，因为广州历来是区域商业中心，商品集散流通的城市职能历来都非常重要。改革开放后，随着商业市场的逐步放开，集市贸易迅速发展，商品批发市场也以集贸市场形式开始出现。1983 年，广州市出现了 8 个小型农副产品批发市场；1985 年，广州集市贸易第一次出现了 20 个工业消费品批发市场；到 2007 年 6 月，广州市区共有批发市场902 个，总建筑面积约 848 × 10⁴m²；2006 年的交易额实际上远超过 3000 亿元，是全国总体规模最大、市场数量最多、成交金额最活跃的新兴产业。总的来看，改革开放以来，广州批发业的整体规模在不断增长，档次也在不断提高。

改革开放后，随着市场经济体制的逐步确立，广州的商贸批发业呈现出蓬勃

发展的态势。对于广州商贸批发业的发展，可以从批发零售业销售额予以衡量。从 1999 ~ 2014 年广州批发零售业的发展来看，以 2008 年全球金融危机为界限，1999 ~ 2008 年的十年间批发零售行业呈现波动式上涨格局。1999 年批发零售业销售额为 666 亿元，其后大幅增长至 2008 年的 3000 亿元。此后，批发零售业总量持续增长，但增速大幅下滑。2009 年，广州批发零售业增速环比由 28% 降至 12%，至 2014 年，广州批发零售业销售额达 6230 亿元，但增长率仅为 4%（图 3-30）。

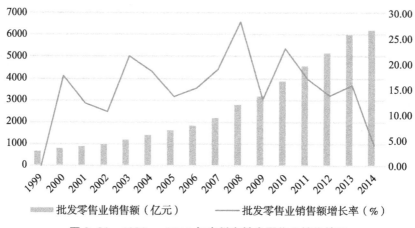

图 3-30　1999 ~ 2014 年广州市批发零售业销售情况
（资料来源：笔者根据历年广州经济统计年鉴资料整理）

批发零售业的发展，展现出广州作为交通枢纽城市的典型特征，从广州 1986 年以来的客货运量可以进一步反映广州商贸批发业发展的进程。1986 年广州交通客运量约为 1 亿人次，货运量近 1.8 亿 t，其后客货运量维持在相对稳定发展区间，并无较大跃升。随着市场经济的进一步确立和商贸业的发展，广州客货运量与批发零售业的增长呈现出较为明显的吻合发展态势，在 1999 ~ 2008 年间，广州客货运量出现大幅增长。1999 年客运量约为 2.2 亿人次，货运量近 2.4 亿 t；至 2008 年，客运量达到 5.5 亿人次，货运量超过 5 亿 t。经历 2008 年全球金融危机的影响后，从 2010 年起，广州交通客货运量继续大幅增长，2014 年客运量为 9.8 亿人次，货运量达 9.6 亿 t（图 3-31）。

（2）广州商贸批发业的总体格局

空间演变状况：早期，广州的批发市场大多位于老城区西部的专业街区（如一德路、天成路、杨巷、十三行、濠畔街等），由于当时的批发市场规模较小，专业街区多为小型批发店，因而对交通条件依赖很小。改革开放后，批发市场急剧增多，规模也迅速扩大，批发市场开始从旧城区（如高第街等）向其外围扩散。随着广州道路交通建设的加快、城区范围的扩大，广州的批发市场不断向外扩展，并沿着主要交通枢纽和交通干线两旁集聚成带、成群分布。目前，批发市场多分布于白云、海珠、荔湾、天河等区，形成了广州大道南、新港西路等七大市场群（表 3-1）。

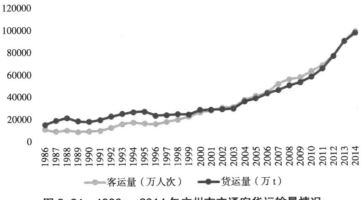

图 3-31　1986～2014 年广州市交通客货运输量情况

（资料来源：笔者根据历年广州经济统计年鉴资料整理）

广州批发市场群基本情况　　　　　　　　　　　　　表 3-1

名称	区位	类型
广州大道南综合批发市场	从客村到洛溪大桥北，沿广州大道南和南洲路呈 T 形分布	鞋业、布匹、五金、家具、饮料、汽车
新港西路布匹批发市场	新港西路中段，东西走向	布匹、辅料
黄沙大道水产、水果、装饰材料批发市场	黄沙大道两侧	水产、水果、装饰材料
火车站（流花地区）服装批发市场	火车站南部站前路、站南路一带	服装、五金、皮革
广清立交两侧农副产品批发市场	南起罗冲围，北至马岗村，南北走向，沿增槎路和广花高速路两侧呈带状分布	农副产品、电器及其他
机场路、广花公路综合批发市场	南起三元里，北至黄石路，沿机场路和广花公路一带	家具、粮油、布料
沙河服装、农副产品批发市场	沙河濂泉路和沙太路一带	服装、农副产品

资料来源：广州市商业局. 广州市商业网点发展规划（2003-2012）[R]. 广州：广州市商业局，2010.

　　广州批发市场的空间分布可以大致分为以下几种类型：①老城区传统批发业地区。主要指位于传统商业街的批发业，如一德路、杨巷路、十三行、大德路、大南路、濠畔街等。它们在历史上就是重要的批发商业街，批发业发展有着深厚的历史基础。②交通枢纽导向的批发业地区。交通枢纽包括铁路、汽车、港口码头、机场、地铁等几种类型，在这些地点，往往会形成批发业地区。例如，广州火车站周边地区就是一个包括服装、鞋、皮革等多种商品批发功能于一体的商圈。近年来，随着地铁的建设，在地铁口也形成了不少批发市场。如位于芳村大道坑口地铁站附近的朝阳文化用品批发中心即是一个具有相当规模的批发市场。③城市内部交通主干线沿线的批发业地区。主要指位于城市内部主要道路沿线的批发业地区，如广州黄沙大道的水产市场，南岸路的水果市场、建筑装饰材料市场，天河路的电脑市场，黄埔大道的汽车市场等。④城市外围快速干道沿线及交叉口附近的批发业地区。主要指位于城市外围快速干道沿线、

道路交叉口附近的批发市场。如广清公路增槎路段的农副产品市场等。❶

广州站关联地区商贸批发业的主体主要是服装、鞋业、钟表、皮具、化妆品等多种业态的专业批发市场群,空间上主要分布在站南地区、站北地区、站西地区3个板块。其中,服装批发市场群是地区批发业的龙头,历史悠久,规模最大,影响力也最大。

2. 历史流变的轨迹

广州服装业的发展具有悠久的历史。早在明清时期,十三行、长堤等已成为广州纺织品的集散地,在广州、香港、澳门和广大的南中国地区以至于东南亚国家都有非常大的影响。1856年,十三行地区遭受炮毁,难于重建,此后十三行逐步走向衰落,而长堤商业圈开始繁荣并于民国初年成为广州的商业中心。在此时期,广州的服装业又有了新的发展,如作为广州西服店鼻祖的信孚洋服店(1880年开业)、广州市第一个市场"禺山市场"(1918年开业,20世纪80年代成为广州布料、服装配饰的主要市场之一)、广东第一家官办棉纺厂"广东省营纺织厂"(1933年)、广州第一家特级服装店"广州服装店"(1937年成立,20世纪后期,其生产的电视塔牌、熊猫牌衬衫等曾风行全国)等,此外,广州的服装业也开始在中山五路一带集聚。❷

"到了改革开放初期,当时国内的服装业还处于作坊集体加工的状态,那时,最早的服装流行信息是从深圳的中英街开始进入内地的,慢慢地广州有了从香港贩运来的各种地摊货和人造首饰等。20世纪80年代初,国内出现了一批贩运服装的'倒爷',他们把当时消费者眼中的时髦服装从广州等城市贩卖到其他地方。"❸

1979年7月1日,陈兴昌拿到广州第一个个体户牌照,从事服装经营。1988年,他创办了广州第一家私营企业"广州市昌兴时装有限公司"——这正是偶然中的必然。

1980年10月,政府为了解决"占道经营"等问题,也给众多进行自发临街商业活动的临时经营者一个出路,批准成立了广州市第一个工业品市场——高第街工业品市场,主要经营布匹、服装、鞋帽、百货等,而它也成为全国第一个以经营服装为主的个体户工业品市场。1983～1992年是高第街最鼎盛的时期,吸引了全国各地的服装批发商。由高第街带动兴起了专业商贸街的新型业态,这对于广州成为全国瞩目的小商品批发中心意义重大。

1982～1983年间,政府在观绿路开办了广州市第一条以经营时装为主的"时装街"灯光夜市。1987年,广州人民路高架路落成,观绿路灯光夜市因为修引桥而被拆。1984年5月,主要为了安置大批因观绿路、市青年文化宫等城市建设项目而寻找出路的个体户,政府又开设了全国第一条专业旅游灯光夜市兼步行街——西湖市场,其经

---

❶ 谢涤湘,魏清泉. 广州大都市批发市场空间分布研究 [J]. 热带地理,2008,28(1):47-51.

❷ 广州市越秀区人民政府. 中国流花服装产业发展白皮书(2008)[Z]. 广州:广州市越秀区人民政府,2008:20.

❸ 引自《新时期中国服装发展史》项目组组长、北京服装学院教授袁仄对我国改革开放30年服装产业发展历史的总结。广州市越秀区人民政府. 中国流花服装产业发展白皮书(2008)[Z]. 广州:广州市越秀区人民政府,2008:21-22.

营品类从批发中、高档服装逐步拓展到皮具、婚纱等，其时，西湖灯光夜市的档口一个晚上批发上万件衣物已不稀奇，直接从业人员以及相关配套的服务人员超过 1 万人。1997 年，因兴建广州地铁 1 号线，中山五路被封闭，西湖灯光夜市开始衰落。同年，珠光灯光夜市、黄花灯光夜市也先后开业。1984 年，正是这些服装市场的雏形，奠定了它们作为中国当代服装批发市场发源地的重要地位。

20 世纪 80 年代后期，广州市第一家（也应该是全国第一家）个体户室内服装批发市场——广州"康乐个体世界"在人民北路开业。1993 年，广州市城市建设开发集团在站南路创建了中国第一栋真正意义上的现代化专业批发市场——白马服装城。此后，"白马模式"引领了流花地区服装市场群和全国服装批发市场网络的蓬勃发展。❶

因此，从高第街、观绿路时装街、西湖路灯光夜市到流花服装市场群等，我们可以看到，广州站关联地区服装批发业发展的背后有着深厚的历史基因和城市印记，得益于广州作为区域商业中心的地位及服装业发展的长期积淀。

3. 区域经济的联系

广州站关联地区的服装业乃至广州的服装业都是区域经济体系中的一个子系统，是整个产业链、价值链中的一环。

广州早期的服装市场依托于珠三角地区新兴的"三来一补"企业和乡镇企业这个庞大的服装生产基地。在 20 世纪 80 年代，其已经通过市场内在的规律和作用，在广州和珠三角之间构建了一条"销售—市场"的初级产业链和价值链。此外，亦得益于来自港澳的服装信息、设计、款式和潮流。❷

在此后长期的发展过程中，地处华南沿海地区的珠三角（及广东其他地市）依靠紧邻香港的独特条件和优势，服装加工企业大批承接服装加工订单，形成强大的产业集群。而珠三角的服装批发市场依托当地服装生产加工业的形成迅速发展，是非常典型的产地型批发市场。目前，珠三角重量级的服装批发市场主要分布在广州、深圳和虎门。珠三角的服装产业分布见表 3-2 所列。

珠三角（及广东其他地市）主要服装原产地及产业集群　　　　　　表 3-2

集群区	服装特色	主要情况
深圳	中高档女装	年产值 200 多亿元，中高档时装 OEM
虎门	中低档女装批发市场	近千家企业，逾百亿元市场消化量
中山沙溪	休闲服	年产值 60 多亿元，企业 600 多家，著名品牌 60 多个
佛山环市	童装	占全国童装生产总值的 31.3%，企业 2300 多家

❶ 广州市越秀区人民政府 . 中国流花服装产业发展白皮书（2008）[Z]. 广州：广州市越秀区人民政府，2008：22-31.

❷ 广州市越秀区人民政府 . 中国流花服装产业发展白皮书（2008）[Z]. 广州：广州市越秀区人民政府，2008：29.

续表

集群区	服装特色	主要情况
南海盐步	内衣	年产值 15 亿元，中国 15 大内衣品牌 7 个在盐步
普宁	衬衫	年产值近 100 亿，雷伊公司为上市公司
潮州	婚纱、晚礼服	年产值 54 亿元，出口 2.3 亿美元，企业 600 多家

资料来源：程九洲.白马传奇：一个服装品牌孵化器的二十年 1993-2013[M].广州：广东人民出版社，2012：280.

"资料显示，广东省（主要是珠三角地区）是中国服装的主要产区，年服装销售总额约占全国的 1/3，广州作为华南地区最大的中心城市和商品集散地，其服装批发流通业紧紧依托着以珠三角地区为主的产业基地，汇聚了全省乃至全国各地的主要服装品牌……"❶

经过 20 多年的发展变迁，广州已成为全国，乃至全世界最大的服装流通基地，逐步形成了三大服装商圈，即流花服装商圈、沙河服装商圈、十三行服装商圈，见表 3-3 所列。

广州三大服装批发市场商圈比较 表 3-3

指标	流花商圈	沙河商圈	十三行商圈
经营面积（万 m²）	65	24	14
经营类别	中高档男装、女装；内衣；各类针织品；牛仔系列等	牛仔装；内衣袜业；男夹克；休闲女装；童装	各类中低档女装；少量低档男装
产品档次	中高档	中低档	中低档
经营形态	商铺及写字楼数量相当	商铺为主，少量写字楼	商铺为主，少量写字楼
辐射范围	国内各地、国际市场平分秋色	广东周边省份市场为主，东南亚外贸	广东周边省份市场为主
硬件水平	全部为商厦式，相对最好	参差不齐，整体较低	商厦式
交通状况	便利	一般	稍差

资料来源：程九洲.白马传奇：一个服装品牌孵化器的二十年 1993-2013[M].广州：广东人民出版社，2012：281.

由表中可以看出，在 3 个商圈中，流花服装商圈从市场规模、产品类别、经营档次及贸易辐射范围等，全面处于相对领先的地位。

4. 车站"引擎"的带动

（1）广州站在中长途陆路运输市场上长期的垄断性竞争优势

车站的驱动力从根本上来源于其铁路客运（及附属货运）功能在特定运输市场（线路所在的通道）中的竞争优势：广州站拥有至今为止都是最完善的、通达全国的铁路网络优势，"一站时代"（大致在 2000 年以前）下更是广州中心城区唯一的铁路客站，彼时公路运输尚不发达（图 3-32），铁路是中长途陆路运输的主干，而广州站凭借其辐射全国的铁路客运网络及其附属行包运输功能，具有无可争议的垄断性竞争优势；

---

❶ 程九洲.白马传奇：一个服装品牌孵化器的二十年 1993-2013[M].广州：广东人民出版社，2012：280.

广州站还因为广九直通车长期扮演着口岸的重要角色；正是因为多种交通设施在其周边地区的集聚，从而形成了广州规模最大的综合交通枢纽和贸易流通中心。

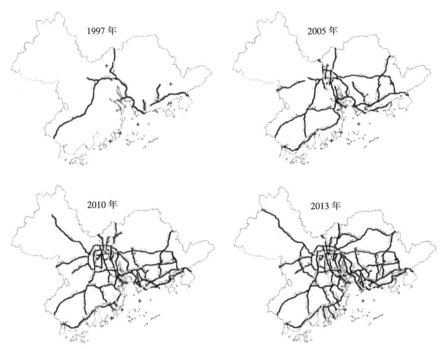

图 3-32 珠三角高速公路网络建设过程

（资料来源：广东省城乡规划设计研究院 . 珠三角全域规划——交通现状报告 [Z].

广州：广东省城乡规划设计研究院，2014）

具体地说，广州站的货运功能主要依靠附属在客运列车的行包车厢运输。每列每个行包车厢载重 17t，每天到发 100 多班列，"后来铁路提速以后逐步减少了行包车的数量，目前只有十几趟车还有行包车厢" ❶（即高峰时一天的运力达 2000 ~ 3000t）；此外，当时很重要的物流现象之一是小批量的货由客商坐火车通过随身携带的包裹、行李带走，俗称"蚂蚁搬家"。基于此可以看到，广州站为流花商圈的物流运输提供了极其强大的支撑。❷

（2）车站驱动地区批发业完成由萌芽到初级集群的重要历程

广州站正是因其优越的交通区位优势吸引了商贸批业的集聚：

①由港货"走私"开启了地区批发业态的萌芽。20 世纪 80 年代，从香港"走私"过来的香烟、BP 机、游戏机、相机、服装、钟表等商品就以地摊的形式向全国批发，其中又以站西路为代表。❸ 据《南方都市报》特刊的报道，"那时候，除了常规的省内

❶ 据笔者对广州站时任书记的访谈，2014 年 10 月。

❷ 流花商圈一天的物流量可以参考下一节中的相关数据。

❸ 据笔者对流花地区管委会及站西地区王圣堂村居民的访谈，2014 年 10 月。

探亲客流之外，从北方来的'倒爷'和深圳来的'老板'开始作为一种新的社会阶层，乘坐京广、广深、广九列车，出没于广州火车站。在改革开放之初南下倒货的倒爷们，则把目光锁定在南方的港货、波鞋、洗衣机、摩托车、服装、水果、海鲜、鲜花上。随着京广大动脉一同北上的，除了南方数量充沛和质量上乘的商品，还有源源不断的新名词：'生猛海鲜''公关小姐''埋单'……"❶

②车站是地区龙头项目白马商场获得全国性影响力的关键因素。白马商场自1993年开业后发展迅速，在2~3年内初步具备全国性影响力，成为地区服装批发业的龙头。白马的发展深深地打上了广州站的"烙印"。

"1992年邓小平第二次'南方谈话'后，珠三角沿海地区的乡镇企业大发展，使得农村劳动力的流动进入一个高潮期。也是从这个时期开始，广州火车站开始释放制造传奇的能量，不仅让自己，也让和它相关的时空具备成为一种'极致'的可能。毗邻火车站，在1992年建成开业的白马服装批发市场，和此后以它为代表的流花商圈，便是广州火车站辐射范围内的一个行业传奇。"❷

全国各地的服装店老板们，从20世纪90年代开始，每年换季时就会到广州进货，"在还没有淘宝的时代，一个服装店老板如果没有去过白马进货，就不算入行"，1992年开业时便入驻"白马"，至今已有十几个档口的福建人蔡广元，还记得白马的繁荣时代，"那个时候早上不到8点，白马门前就已经坐满了从内陆城市坐火车来拿货的人。"通过广州站，白马一年的销售额达到100多亿，相当于内陆一个小型城市的GDP规模。它牢牢掌控了中国内陆广大的二三线城市、县城、乡镇的时尚潮流。小老板们坐着火车到广州，当天拿货，然后买票上车。❸

"流花商圈得以影响全国，不得不提它的交通优势——广州火车站。广东名豪服饰有限公司董事长王志峰就是被火车带到流花商圈的。早在二三十年前（20世纪80年代末~90年代），在早上6点多从江西九江开往广州站的列车上，经常能见到他的身影。到站时，距离服装市场开门的时间还有两小时，他就站在站前路的天桥底下等。程九州说，这样的老板不在少数。当年天桥底下等开门的人，是流花商圈最生动的历史写照。"❹

"过去十几年，南下的列车到广州火车站的第一条广播，都是白马的广告，前两年我们给停了。"——程九州❺

5. 产业的集聚与升级

地区商贸批发业最初的产生带有一定的偶然性，在越过初级发展阶段以后，其后一步步发展、壮大并走向成熟，经历了从路边摊—马路市场—室内批发市场—流花商圈—

❶ 广州火车站40年：时代的站台 [N]. 南都周刊，2014，（24）.http: //www.nbweekly.com/news/special/201407/36949.aspx.
❷ 广州火车站40年：时代的站台 [N]. 南都周刊，2014，（24）.http: //www.nbweekly.com/news/special/201407/36949.aspx.
❸ 广州火车站40年：时代的站台 [N]. 南都周刊，2014，（24）.http: //www.nbweekly.com/news/special/201407/36949.aspx.
❹ 流花商圈的"加减法则"[N]. 南方都市报，2016-9-30A Ⅱ叠 12-13 版.
❺ 流花商圈的"加减法则"[N]. 南方都市报，2016-9-30A Ⅱ叠 12-13 版.

国际采购中心的发展之路。如今，地区的服装批发业在内贸上已辐射全国，外贸上则远达欧美、中东、非洲等全球市场，正是在规模经济、集聚经济的机制下，产业实现了自我集聚、发展与升级。

流花服装商圈是一个市场群落❶，据不完全统计，共有 75 个专业批发市场，市场营业户（摊位）共约 1.9 万个，其中服装专业批发市场为 45 个，营业户约 1.45 万个，总面积近 65 万 m²。空间分布上，以环市西路为中心，南至流花路，北达广花路，西接广园西路，东连解放北路，占地约 2.3km²（图 3-33）。据业内人士统计，每天从流花服装商圈发往全国各地的服装多达 80 多吨，日成交额约 3 亿元人民币，而且交易量每年呈递增趋势。❷

A 市客运站　B 省客运站　C 邮政局　D 流花车站　E 锦汉展览馆　F 中国大酒店

流花服装市场：(注：按大概开业时间排序)
1 康乐牛仔城　2 广州市越秀区西郊商城　3 广州市越秀区站西服装城　4 白马服装市场有限公司　5 广州市红锦国际时装批发城
6 广州市越秀区新星服装商厦　7 广州市越秀区新星服装批发商场　8 新大地服装城　9 广州流花服装批发市场　10 华升商厦步高毛织厂
11 天马大厦　12 富骊大厦　13 广州金祥内衣批发广场　14 明珠服装城　15 升都针织休闲服装批城　16 金泰服装城　17 流花皮革时装商场
18 中控大厦　19 锦都服装批发城　20 广安针织毛织服装批发市场　21 广州第一大道　22 泰莱友谊服装交易中心　23 广州骏马服装广场
24 广州美博服装城　25 东宝(国际)服装品牌商贸港　26 广州加和饰品城
矿泉服装市场：
27 金顺服装城　28 金象服装批发市场　29 凯荣都服装批发中心　30 精都休闲服装饰批发商城　31 金宝时装城　32 站西服装城
33 君天服装城　34 卓美服装城　35 开心赢服装鞋业批发城　36 天恩服装批发市场　37 迦南外贸服装城　38 唐旗外贸服装城
39 金福外贸服装批发市场　40 泰秦城服装批发中心　41 御龙服装批发市场　42 御龙服装批发市场第一分场　43 金盘龙服装批发市场
44 金盘龙服装批发市场分场　45 秀山商贸批发市场　46 伍福外贸商品出口市场

图 3-33　流花服装市场群图示
（资料来源：广州市越秀区人民政府.中国流花服装产业发展白皮书（2008）[Z].
广州：广州市越秀区人民政府，2008：47）

---

❶ 广州市越秀区人民政府.中国流花服装产业发展白皮书（2008）[Z].广州：广州市越秀区人民政府，2008：44.
　市场群落的定义是：具有密切市场联系的专业市场以及相关辅助机构在某一特定空间上的群集，并形成具有集群优势和竞争力的现象。专业市场群落的形成，通过集聚效应和辐射效应对所在区域经济的发展和产业结构调整具有巨大的拉动作用。
❷ 广州市越秀区人民政府.中国流花服装产业发展白皮书（2008）[Z].广州：广州市越秀区人民政府，2008：46-47.

流花服装商圈作为一个市场群落,具有了"产业集群"所共同具有的如专业化分工、运输成本、交易成本、规模经济、外部效应、劳动力市场、竞合博弈、制度文化和创新等方面的比较优势。除此之外,由于流花服装商圈是一个市场群落,不仅有服装批发市场群,还有其他差异化的商品批发市场,具有多样性和多层次性的特征,它还具有自己独特的优势——市场群体的产品声誉。这里在全国的采购商中形成了全国服装的价格中心、时尚中心的心理指向地位,它代表着低价,代表着时尚和潮流。这是流花服装商圈的最根本优势,其他优势都源于此(图 3-34)。

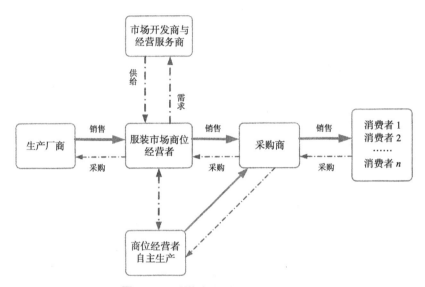

图 3-34 流花商圈服装业商业模式

(资料来源:广州市越秀区人民政府 . 中国流花服装产业发展白皮书(2008)[Z].
广州:广州市越秀区人民政府,2008:118)

结合调研分析及《中国流花服装产业发展白皮书》的观点,本书将流花服装商圈(大流花)分为四个发展阶段:

(1)萌芽阶段。这个阶段为 1978 ~ 1992 年。在经营业态上,流花服装商圈的主体仍是马路市场,也是大致在这个阶段,福建泉州地区的服装市场也开始了沿街成市的历史。

(2)成长阶段。这个阶段以白马服装市场(1993 年)的创建为标志,大致延续到1997 年(1996 年,流花宾馆原 1 号楼改造为流花服装批发市场,富骊大厦外贸服装城、新大地服装城相继开业),这时,以站南路、站前路白马、流花、红棉市场等为核心的流花服装批发市场群初步形成,并确立了其在中国的领先地位。在经营业态上,流花服装商圈的主体已迅速完成了由室内批发市场向批发市场群的转变。

(3)成熟阶段。这个阶段为 1998 ~ 2008 年,流花服装商圈的批发市场数量持续增加,市场交易量保持高速增长势头,市场的国际化水平快速上升。2006 年地一大道的开业是地区商贸批发业规模化发展的里程碑，"向地下要空间"充分说明商圈已高度成熟。2008 年 1 月，越秀区"流花—矿泉服装专业市场园区统筹发展委员会"成立，标志着一个按市场内在联系组织的大流花服装商圈时代的到来。此时，周边地区的兴起使得中国多元服装市场的格局已经完全形成。而流花服装商圈的货物来源地已经从以珠三角为主扩展到沿海地区，甚至内地。商品流向已经从以内销为主转向内销与外销并重，某些市场甚至是以外销为主。

（4）整合与转型阶段。这一阶段为 2009 年至今，其特征是"钱—物"面对面的市场交易量在一定程度上下降，服装电子商务、移动互联网等多种营销模式兴起，市场波动加剧（如 2008 年的全球金融危机），都对批发市场的经营带来一定冲击，同时也蕴含着新的发展机遇。而另一方面，受到广州市批发市场格局调整的影响，流花服装商圈的市场格局功能也发生了一些适应性的调整。有的市场被整合、合并，甚至转型，逐步形成以服装产业链的高端领域为主导，高端、中端和低端市场同时并存、共同发展。而依据市场和政府的导向，流花服装商圈的"服装批发市场"业态也努力向"国际采购中心"和"国际商务服务中心"转型，逐步形成以新业态为主流，多种业态并存，相互促进、共同发展的服装产业生态"市场群落"。❶

6. 市场主体的创新精神

首先，批发市场各个营业户在商海顽强拼搏，在经营策略上勇于冒险、不断进取，并且充分利用批发市场经营者所搭建的优越的营商环境和平台，创造了一个又一个"财富故事"，把业绩、品牌做大、做强，这当然是流花服装商圈能够蓬勃发展的最根本原因。

其突出代表有：

（1）从白马走出来的品牌"歌莉娅"。20 世纪 90 年代初，对"时尚"独具慧眼的胡启明正式涉足服装行业，并选择了广州白马服装市场，凭借独到的市场触觉，他潜心设计、独立开发，推出深受消费者青睐的格子系列服装，而这是相当讲究工艺的，但他坚持做到了高品质生产，因此他所经营的格子裤、格子衫、格子连衣裙迅速成为引领批发市场时尚的爆款。据一位老"歌莉娅人"回忆，"那时白马店里生意相当火爆，早上一开门批发商就蜂拥而至，争先抢货，有时到了下午三点左右，店里就得拉闸，否则连样板都会被一抢而空。"❷ 也正是白马强大的辐射力为其品牌运作提供了坚实的基础，从而歌莉娅完成了资金及渠道的原始积累。而就在销售业绩最鼎盛的时候，胡启明却有了危机感，为了避免陷入其时日趋严重的批发市场同质化现象，他痛下决

---

❶ 广州市越秀区人民政府.中国流花服装产业发展白皮书（2008）[Z].广州：广州市越秀区人民政府，2008：31，99-101.原文将其划分为六个阶段：萌芽阶段、成长阶段、黄金阶段、成熟阶段、整合阶段及转型时期。本书结合近期的调研情况，为了突出流花服装商圈发展的阶段性特点和规律，对相应时期作了一定的合并处理。

❷ 程九洲.白马传奇：一个服装品牌孵化器的二十年 1993-2013[M].广州：广东人民出版社，2012：153.

心，斩断批发，从零开始，一心一意发展零售专卖。其后，歌莉娅的品牌和转型策略取得了巨大的成功，一跃成为中高端女装品牌的标杆，并为中国本土服装品牌走出国门、迈向世界作出了有益的探索与表率。❶

（2）"名豪"的品牌之路。王志峰是江西九江人，早期跟着舅舅帮忙销售服装，那时就主要是来广州进货。1993年，时代的发展以及对广州的了解促使他下定决心来广州"打天下"，并且直奔白马市场而来。起初，他通过经营一个6m²大小的摊位，凭借着以前进货积累的经验，生意越做越大。直到1997年，亚洲金融危机爆发，对整个服装行业产生了很大的冲击，随着铺租、人工等生产成本越涨越高，市场内同质化、"抄板"现象严重，很多服装批发企业难以为继，此时，王志峰冒出了做自己品牌的想法。1998年，他成立了广州名豪服饰有限公司，成为国内较早注册开发自主品牌的服装企业之一，也是国内最早导入CIS管理系统，实现规范化品牌特许经营发展模式的品牌公司之一。公司定位于开发经营高档男装系列品牌，聘请优秀设计队伍，选派拓展人员在全国开辟营销网络，寻找代理商或加盟商，由此逐步走上了品牌之路，旗下的"名豪""鹰鹏·阿玛尼""古老鲨鱼"也成了三大知名服装品牌。❷

其次，流花服装商圈批发市场经营主体在功能业态、经营模式上不断地转型、升级，在适应市场需求、市场规律的过程中，积极探索，勇于创新，开拓出一片崭新的天地。这也是推动流花服装商圈不断成长、发展的最重要动力之一。

这里可以将白马服装城作为典型代表进行剖析。

白马服装城全名为"广州白马服装市场"，1991年由广州市城市建设开发集团投资建设，1993年1月8日开业，现有建筑面积约6万m²。在广州1000多家专业市场中，论市场规模，白马算不上最大，但论业界影响力和形象，绝对是珠三角服装专业市场的龙头。其市场经营商户约1100多户，日均客流量约5万人，现场年交易额超30亿元，自开业至今，已经发展成为全国最有影响力的中高档服装批发中心。

业界评价白马的成功所创造和依赖的"白马模式"，"就是在地理区位、经营面积、经营对象相对不变的前提下，顺应市场进化的本质和规律，通过硬件和软件的不断升级以及理念、组织和业户结构不断转型，在对市场要素和资源不断优化组合的基础上，使市场不断适应产业、消费、城市环境的变化，进而获得市场的持续发展和价值提升的一种市场发展模式。"❸

近30年来，白马一直与时俱进，不断创新，始终引领中国服装时尚潮流，稳居行业龙头地位。从20世纪90年代以传统的现货交易为主的服装批发市场，逐步发展成为集商品交易、品牌展示、信息交流、贸易洽谈、订货加盟、电子商务、流行趋势发布、

❶ 程九洲．白马传奇：一个服装品牌孵化器的二十年1993-2013[M]．广州：广东人民出版社，2012：152-159.
❷ 程九洲．白马传奇：一个服装品牌孵化器的二十年1993-2013[M]．广州：广东人民出版社，2012：189-197.
❸ 王先庆．白马模式、白马效应与专业市场转型升级[M]// 程九洲．白马传奇：一个服装品牌孵化器的二十年1993-2013．广州：广东人民出版社，2012：273-274.

物流配送及行业服务为一体的现代化综合服务平台，从单一的传统物业经营角色向现代资产管理以及"现代产业综合服务运营商"和"专业市场品牌运营商"的"双运营商"目标迈进。❶ 至今，白马市场已培育出 37 个"中国服装成长型品牌"以及 25 个"中国服装优秀渠道品牌"，至少有 4 个国内一线品牌从这里走向全国。❷

7. 业态的竞租更替

基于不同业态在产出水平、付租能力上的差异，市场经济下的竞租机制推动了地区不同业态之间的相互更替，从而实现了土地与空间资源的价值发现及高效利用。

突出表现是：

（1）在"两站及三站时代"，批发市场空间扩展最主要的两种扩展方式是在车站关联地区外新增批发市场用地及车站关联地区内的用地更新为批发市场用地（前者主要是工厂、运输队、居住、铁路、学校、科研单位、道路地下人防空间、村用地更新为批发市场用地，后者主要是原会展、旅馆、交通枢纽、铁路、商住等用地更新为批发市场用地）。

（2）其中，又以旅馆用地转变为批发市场用地最为典型。如站前的流花宾馆、红棉酒店、新大地宾馆、西郊大厦局部或整体改为批发市场；站西的九龙酒店、瑶台酒店、越秀酒店、广利来酒店、乐苑酒家、宇航宾馆、秀山楼、韶关大厦局部或整体改为批发市场；站北的新兴大酒店局部或整体改为批发市场等。

8. 广交会的重要助推作用

首先，广交会（中国进出口商品交易会前身）超高的人气、知名度助推流花地区的服装批发业很早就已经具有广泛的市场影响力，这在批发业、商圈发展的初期尤其关键。1992 年，广交会馆对面的好世界服装市场开业，成为流花地区第一家大型室内服装市场，后来更名为康乐市场。❸ 从中可以窥见广交会对地区批发市场的初始影响力。

其次，纺织品、服装历来是广交会重点出口的产品类型，而且广交会长期以来是中国主要的对外贸易窗口。因此，大量相关行业国外客商的聚集加速了流花地区批发业的国际化，使之成为全球服装贸易网络的节点。在广交会 2004 年搬迁以后，商圈的外向型特色受到一定影响。据南方都市的采访，"金宝外贸服装城李先生告诉记者，虽然处在旺季，但是广交会的迁出对销售影响很大，'外销交易量大幅下降，不少商户迁出商城，商户数量今年减少了 2/3'。"❹

此外，广交会对地区内宾馆、酒店、餐饮等各种行业影响明显（尤其是展会期间）。

---

❶ 王先庆. 白马模式、白马效应与专业市场转型升级 [M]// 程九洲. 白马传奇：一个服装品牌孵化器的二十年 1993-2013. 广州：广东人民出版社，2012：272-290.

❷ 深圳市前瞻产业研究院. 广州流花商圈服装专业市场转型升级研究报告 [R]. 深圳：深圳市前瞻产业研究院，2016.

❸ 王先庆：广州流花商圈过度扩张何时休？http://kesum.blog.163.com/blog/static/9628808201171883857983/

❹ 汪小星. 流花商圈：流水落花春去也 [N]. 南方都市报，2008-10-24.

"两届广交会顶一年"，这曾是艳羡东方宾馆和中国大酒店的同行们的口头禅。❶ 而这也对商圈整体发展有一定的有利影响。

结合前文分析，可以认为"广州站 + 广交会"的要素组合奠定了地区发展的格局。

9. 政府的作用

在流花服装商圈的早期发展阶段，"它一直没有被政府部门视为城市经济发展中宝贵的财富和资源，不仅对它不规划、不指引、不支持，还把它当成导致广州流花地区治安混乱的'祸源'之一，对它无为而治甚至是压抑。可以说，这种现象是全国罕见的独特的'广州现象'，即政府不支持但市场却仍然顽强地生长与发展。"❷

此后，围绕广州站的治安问题一度成为全国关注的焦点。2005 年，新越秀区成立后，区委、区政府提出了"大流花"概念，将毗邻广州站的矿泉街和登峰街统一纳入流花地区治安整治范围，并在站前广场设置"政府旅客服务中心"，增加警力，提高治安队伍的综合执行能力，投入超过 500 万元更新改造治安监控系统等。2006 年，"大流花"治安防控体系初步建成，由此，流花地区社会治安秩序的整治取得了显著成效，有力地支持、改善了流花服装商圈的经营环境。

2005 年以来，越秀区政府加大了对流花服装商圈的支持力度，一方面是确立了通过信息技术、服务内容提升、产业服装规划，将流花服装商圈纳入现代服务业发展的范畴，促进服装产业发展的高端要素向本商圈聚集；另一方面通过商圈的园区化建设，规范和提高商圈竞争力。

此外，政府致力于引导流花服装商圈向服装产业的高端领域"挪移"，通过产业链的整合，把握住产业的高端部分。2007 年以来，越秀区政府就引导流花服装商圈从单一的服装批发市场功能向国际服装采购中心、国际服装品牌运营中心的方向演进。

最后，政府加大了对流花服装商圈的营销力度，2005 年以来，越秀区政府提出了重新恢复举办流花国际服装节，目的是向全世界推介流花服装商圈。❸

10. 其他互补因素

其他互补因素主要是指服装批发关联产业和配套产品的完善程度。流花服装商圈的优势在于，依托越秀区以及广州市，既拥有一个包括服装、服饰、精品、皮具、通信产品、美容等在内的庞大、完备的市场体系，同时还拥有一个先进发达的与服装产业相关的产业配套体系，而这一点是很多超大规模的服装批发基地没有的（比如东莞虎门服装市场）。另外，流花服装商圈所在的越秀区在计划经济时期就是国有纺织服装企业总部和研发机构的聚集地，如广东省丝绸纺织集团有限公司、广东省广新外贸轻纺（控股）集团公司、广东庄姿妮时装有限公司等，都是流花服装商圈的有利促进因素。

❶ 流花服装商圈扩容再起"掘金潮"[N]. 南方都市报，2007-10-31.
❷ 王先庆. 广州流花商圈：中国最大服装商圈. 全球品牌网，2009-03-25. http://www.globrand.com/2009/204906.shtml.
❸ 广州市越秀区人民政府. 中国流花服装产业发展白皮书（2008）[Z]. 广州：广州市越秀区人民政府，2008：46-47.

此外，流花服装商圈还拥有信息化建设技术、人才以及服装产业高端发展的人文环境、技术与检测、社会网络体系等方面的支持。❶

11. 动力机制模型

总体上，广州站关联地区空间演化的动力机制体现为"车站引擎带动 + 市场力主导"下的自然生长模式（图 3-35）。

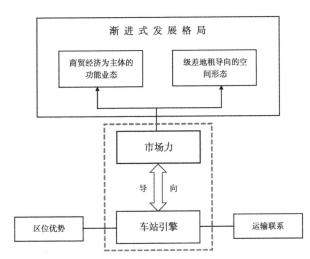

图 3-35　广州站关联地区空间演化的动力机制

3.5.3　车站与关联地区商贸批发业之运输联系的问卷及访谈调研

基于"流动空间理论"的研究视角，本研究开展了地区批发业态相关的客、货运输情况调研。

2014 年 10 ～ 11 月，本研究对广州站关联地区的批发市场进行了调研，分为批发商调研与客商调研两大部分：批发商采用访谈加问卷形式进行调研，访谈批发市场共计 34 家，其中服装批发市场 18 家，钟表批发市场 8 家，鞋业批发市场 8 家；发放批发商选址因素调查问卷 210 份。客商主要以问卷形式进行调研，发放问卷共计 117 份，回收有效问卷共计 113 份，其中服装类 57 份，钟表类 19 份，鞋类 37 份。

就各类批发商老板的籍贯来说，基本全国都有分布，但还是珠三角地区所占比例最高，尤其以广州、深圳、潮汕地区数量最多，其次则为广东其他城市及东南沿海省份，包括浙江、江苏、福建等地，以及与广东邻近的省份，如湖南、江西、广西等省区分布较多，其余省份则是少量分布。工厂位置相对于老板籍贯而言，呈现了明显的珠三角化趋势，即外省老板，除浙江、福建省外，均将其工厂设于珠三角地区内，而不同产业有着不同的集中趋势，服装产业的工厂趋向于在广州、潮汕集中，钟表产业

❶　广州市越秀区人民政府. 中国流花服装产业发展白皮书（2008）[Z]. 广州：广州市越秀区人民政府，2008：161-162.

的工厂趋向于在深圳集中，鞋业工厂也趋向于在广州集中。最终，可将工厂所在地与老板籍贯的规律大致总结如下：老板籍贯为珠三角地区，则工厂多趋向于与老板同地；老板籍贯为珠三角地区外，则工厂多趋向于向珠三角内的广州、深圳集中；老板籍贯为福建、浙江等省份内传统制造业发达的城市，则工厂趋向于与老板同地。

1. 批发商物流情况与分析

通过本次调研可以对批发商物流方式做出大致归纳。各批发商基本都有自家或合作的工厂，并在广州设有仓库，货物从工厂直接发出或从广州仓库发出。工厂处有合作的物流点或物流公司，顾客可以自主选择物流方式，也可由商家安排发货。总结起来主要有三种物流方式：物流方式1，顾客下订单之后，由广州仓库直接从物流公司发货；物流方式2，工厂直接发货，主要为工厂在外地，且不做现货的卖家；物流方式3，主要针对外贸，外国客商自己在广州有公司，商户只负责把货从仓库或工厂发给客商，客商自己走物流发到国外。

（1）由广州发出之物流

服装批发商方面：

本次调研中，在珠三角地区范围内，从广州发货到广州本地的数量最多，其次为深圳和东莞，虎门、佛山、珠海和惠州的发货频率都较低。对于珠三角地区范围以外的城市，从广州发货到南方城市的数量要多于到北方城市的数量。北方城市中，东北三省及山东省的城市所占比例较大，而北京、沈阳和西安发货频率最高。南方城市中，江浙一带城市所占比例较大，而长沙、成都、上海发货频率最高，其次为武汉、杭州、温州、义乌等城市，与港澳台地区也有货物来往。国外城市中，中东地区城市所占比例较大，发货频率也较高，其次为东南亚和非洲国家的城市，发往欧美和东亚国家城市的频率较低（图3-36）。

从广州发出货物的商家大部分选择公路货运，占到总样本数量的53%；铁路货运排第二，为34%；航空货运为11%；而水运仅占2%。其中，距离广州较远的北方城市以及京广铁路等铁路动脉上的城市，如北京、青岛以及东北的城市等，客商多选择铁路货运；而省内以及南方等距广州较近的城市，则更多选择公路货运；航空货运绝大多数发往国外城市；水运则发往缅甸、泰国等水运发达的东南亚国家的城市（图3-39）。

鞋业批发商方面：

在珠三角地区范围内，从广州发货到广州本地的数量最多，可见广州零售商家提货占绝大多数，其次为深圳，佛山、珠海和中山的发货频率都较低。对于珠三角地区范围以外的城市，从广州发货的南方城市的数量要多于北方城市。北方城市中，北京的发货频率最高。南方城市中，江浙一带和福建省的城市所占比例较大，而武汉、成都、上海发货频率最高，与港澳台地区也有货物来往。国外城市中，中东和东南亚地区城市所占比例较大，东南亚地区城市发货的频率较高，发往欧美和非洲国家城市的频率较低（图3-37）。

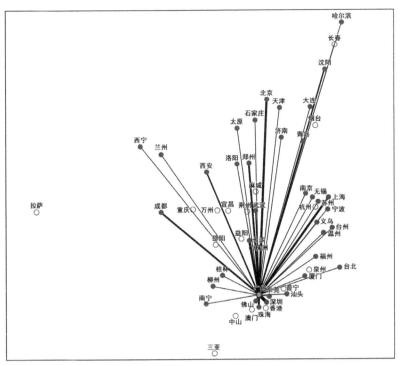

图 3-36　服装批发商由广州发出货物的目的地城市
（资料来源：笔者根据调研分析）

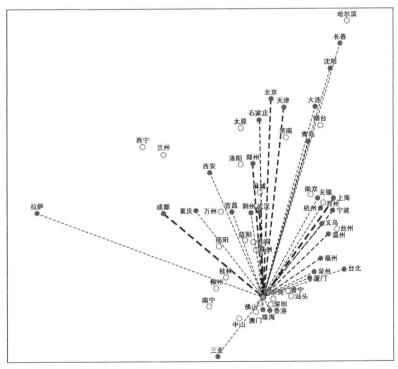

图 3-37　鞋业批发商由广州发出货物的目的地城市
（资料来源：笔者根据调研分析）

从广州发出货物的鞋类商家大部分选择铁路货运，占到总样本数量的 48%；公路货运排第二，为 34%；航空货运为 17%；而水运仅占 1%。其中，距离广州较远的北方城市以及铁路沿线城市，如北京、石家庄等，客商多选择铁路货运；而省内以及南方等距广州较近的城市，则更多选择公路货运；航空货运绝大多数发往国外城市。与服装运输不同的是，水运仅发往我国台湾地区，对于缅甸、泰国等东南亚国家的城市，商家仍选择航空货运（图 3-39）。

钟表批发商方面：

在珠三角地区范围内，从广州发货到深圳的数量最多，其次为发往广州本地，其余城市的发货频率都较低。对于珠三角地区范围以外的城市，从广州发货的南方城市的数量占据大部分，北方城市数量较少。北方城市中，往北京的发货频率最高。南方城市中，江浙一带和湖北、湖南省的城市所占比例较大，而武汉、长沙、成都、杭州、义乌发货频率最高。国外城市中，样本中并未出现欧美和非洲地区的城市，仍主要销往中东和东南亚地区的城市（图 3-38）。

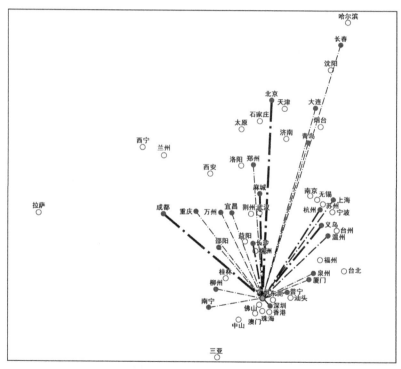

图 3-38 钟表批发商由广州发出货物的目的地城市
（资料来源：笔者根据调研分析）

从广州发出货物的钟表商家大部分选择铁路和公路货运，其中铁路略占优势，占到总样本数量的 49%；公路货运为 41%；航空货运为 10%；而水运为 0。距离广州较远的北方城市以及铁路沿线城市，客商多选择铁路货运；而省内以及南方等距广州较近的城市，则更多选择公路货运，但铁路货运也占到相当一部分比例。航空货运则全部发往国外城市（图 3-39）。

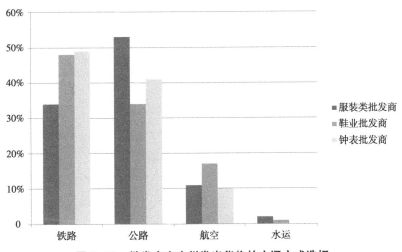

图 3-39　批发商由广州发出货物的交通方式选择
（资料来源：笔者根据调研分析）

（2）由外地发出之物流

从外地发出货物的服装商家：

在珠三角地区范围内，从外地发货到广州的频率最高，占据样本数量的绝大多数，其次为深圳，江门、珠海的发货频率较低。对于珠三角地区范围以外的城市，从外地发货的南方城市的数量要多于北方城市。北方城市中，东北三省及山东省所占城市比例较大，而北京、沈阳、西安和烟台发货频率最高。南方城市中，江浙一带城市所占比例较大，其中上海、长沙、成都、重庆和厦门发货频率最高。国外城市中，中东地区和东南亚地区的城市所占比例较大，发货的频率也较高，发往欧美和东亚地区城市的频率较低（图 3-40）。

大部分也选择公路货运，占到总样本数量的 61%；铁路货运排第二，为 23%；航空货运为 13%；而水运仅占 3%。发往城市与物流方式的对应关系与从广州发货的情况类似，距离广州较远的北方城市以及京广铁路等铁路动脉上的城市，如北京、青岛、东北地区城市等，客商多选择铁路货运；而省内以及南方等距广州较近的城市，则更多选择公路货运；航空货运绝大多数发往国外城市；水运则发往缅甸、泰国等水运发达的东南亚国家城市（图 3-43）。

从外地发出货物的鞋类商家：

在珠三角地区范围内，从外地发货到广州的频率最高，占据样本数量的绝大多数，其次为深圳，东莞、珠海的发货频率较低。对于珠三角地区范围以外的城市，从外地发货的南方城市的数量要多于北方城市，北方城市的发货频率都不高。南方城市中，江浙一带城市所占比例较大，成都发货频率最高，其次为宁波、武汉、上海、温州。国外城市数量则明显减少，以欧美和东南亚地区城市为主（图 3-41）。

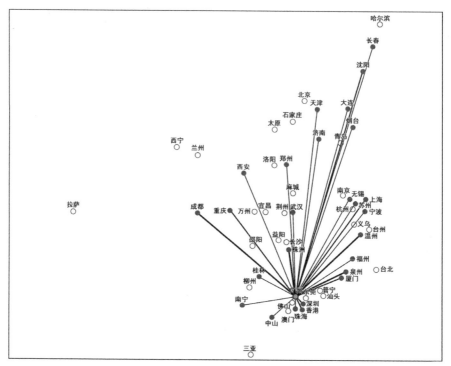

图 3-40　服装批发商由外地发出货物的目的地城市
（资料来源：笔者根据调研分析）

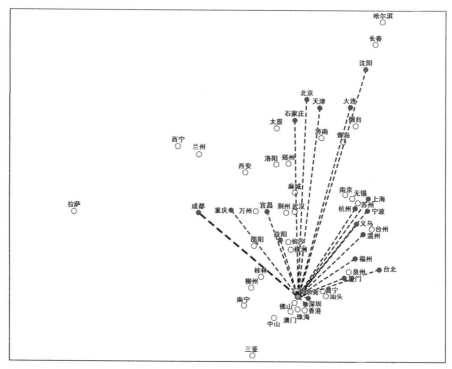

图 3-41　鞋业批发商由外地发出货物的目的地城市
（资料来源：笔者根据调研分析）

大部分选择公路和铁路货运，其中铁路货运最多，占到总样本数量的 46%；公路货运排第二，为 39%；航空货运为 13%；而水运仅占 2%。发往城市与物流方式的对应关系与从广州发货的情况类似，距离广州较远的北方城市以及京广铁路等铁路动脉上的城市，如北京，客商多选择铁路货运；而省内以及南方等距广州较近的城市，则更多选择公路货运；航空货运绝大多数发往国外城市，水运则发往我国台湾地区（图 3-43）。

从外地发出货物的钟表商家：

在珠三角地区范围内，从外地发货到广州的频率最高，占据样本数量的绝大多数，其次为深圳，其余城市的发货频率较低。对于珠三角地区范围以外的城市，从外地发货的南方城市的数量要明显多于北方城市。北方城市中仅有北京，南方城市中，江浙一带城市所占比例较大，长沙、义乌的发货频率最高。国外仍以中东地区的国家为主，伊朗的发货频率最高，欧美和东南亚以及非洲国家发货频率都较低（图 3-42）。

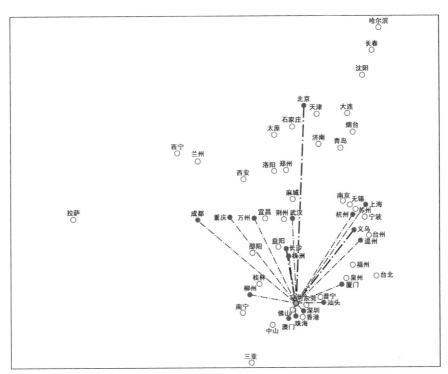

图 3-42 钟表批发商由外地发出货物的目的地城市
（资料来源：笔者根据调研分析）

大部分选择公路货运，占据样本总量的 55%；其次为铁路货运，占 25%；航空货运为 20%；而水运为 0。本次调研中，发往北方的城市仅有北京，客商选择了铁路货运。而省内以及南方等距广州较近的城市，则更多选择公路货运，但铁路货运也占到一定比例。航空货运绝大多数发往国外城市（图 3-43）。

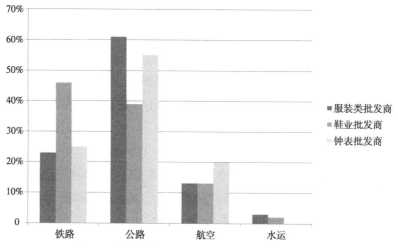

图 3-43　批发商由外地发出货物的交通方式选择
（资料来源：笔者根据调研分析）

从本次调研来看，总体上，铁路货运对于批发商仍然是非常重要的物流方式，这客观上也反映出站区批发业的市场辐射范围主要以全国市场为主的特点，而在这部分铁路货运量里面，广州站的行包运输所占比例虽有下降，但仍然占据一定的份额；此外，广州站地区是最便于衔接城市各铁路、公路货运站场及拥有最好的对外交通条件的区位，这是批发业持续集聚的重要原因之一。

2. 客商调研情况与分析

三类产业中客商的男女比例都比较均衡，其中 18～35 岁年龄段的客商占据了绝大多数。服装产业的客商来源最广，北方城市乃至东北地区都有客商来源。钟表和鞋业的客商分布则逐渐缩小，大部分分布在南部和中部地区。其中鞋业分布最小，紧靠广东周边省市，这与成都、温州等城市也形成了一定规模的鞋业产业有关。外国客商虽然也有，但占比不大。

抽样调查的服装客商年均购物频率大部分在 1 次以上，其中比例最高的为一年大于 4 次，占总人数的 39%；其次为一年 3 次和一年 2 次，各占 21%；第三为一年 4 次，占 17%；而一年 1 次的客商仅为 2%。经访谈得知这与服装每年换季变化款式有关，每一季度商家会更新店铺内服装款式，外地客商大多会选择一年 3 次或 4 次来此进行批发洽谈。抽样调查的鞋业客商年均购物频率均在 1 次以上，其中最高为一年 3 次，占总人数的 38%；其次为一年大于 4 次，占 27%；一年购物 4 次的占 22%；一年 2 次的为 13%；一年 1 次为 0。而钟表客商一年内购物频率最高的为一年 3 次，占样本总数的 37%；第二为一年大于 4 次，占 32%；其余选项占比均较小，一年 2 次的占 16%，一年 4 次占 10%，而一年 1 次仅占 5%。

服装客商到达广州的交通站点中，广州站和广州南站位居第一，各占 35%，其中到达广州站的客商大多来自京广铁路线和沿海铁路线的沿线城市；到达广州南站的客商则来自湖南、武汉等与广州开通了高铁的地区。其次为到达白云机场的客商，占样本总数的 9%，大多来自离广州较远的城市，如西安、哈尔滨等。第三为到达汽车站的客商，占 7%，多为来自广东省内城市。到达东站和乘坐地铁公交的客商各占 5%，广州本地客商多使用地铁或公交到达。自驾车和到达客运港的客商为 0（图 3-44）。

　　鞋业客商到达广州的交通站点中，广州站位居第一，占 33%，到达广州站的客商大多来自京广铁路线和沿海铁路线的沿线城市。其次为到达广州南站的客商，占 24%，客商大多来自与广州开通了高铁的地区，也有部分省内客商选择乘坐高铁来广州。第三为到达白云机场的客商，占样本总数的 16%，大多来自离广州较远的城市，如西安、哈尔滨等，部分外国客商也会选择乘飞机。第四为到达汽车站的客商，占 11%，均为广东省内以及广西的客商。到达东站和乘坐地铁公交的客商占 8% 和 5%，广州本地客商多使用地铁或公交到达。自驾车和到达客运港的客商为 0（图 3-44）。

　　钟表客商到达广州的交通站点中，广州站位居第一，占 26%。到达广州南站的客商比例紧追其后，占 26%，客商大多来自广州铁路沿线城市。第三为到达广州东站的客商，占样本总数的 21%，多来自江浙一带城市。第四为自驾车到达广州的客商，占 11%，均为广东省内客商。而到达白云机场、汽车站和地铁公交的客商各占 5%。到达客运港的客商为 0（图 3-44）。

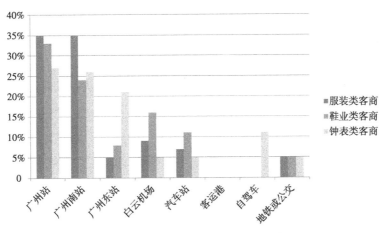

图 3-44　客商到达广州的交通方式选择
（资料来源：笔者根据调研情况分析）

　　对于客商到达广州的交通站点，广州站仍占据最高比例，当然已失去其在批发市场形成时期的绝对主导地位，逐渐被南站、东站以及机场等交通站点分流。随着高铁、飞机以及自驾等多元化交通方式的普及，地区便利的可达性及与其他交通站点的良好衔接仍然是吸引全国各地客商的重要因素。

　　3. 批发商、客商与车站之运输联系调研的总结

　　分析结果显示，批发业的"客、货流"与车站的关联性主要体现为"在地性"和

"中继性"两种属性与过程。"在地性"指的是,"流"是直接通过车站经由铁路客、货运输到发。"中继性"指的是,"流"是通过城市其他交通或物流枢纽到发,即车站地区扮演了中继枢纽的角色。应该注意的是,车站地区是城市其他交通或物流枢纽最便捷可达的区域之一,这正是"中继性"之所以存在的原因。

总体上,广州站关联地区批发业的"客、货流"长期保持着非常突出的"在地性"特征,如今在"客流"方面虽有减弱,也依然有较明显的体现;而"货流"方面则已主要体现为"中继性"的特点。这也说明,由于交通方式的多元化,广州站对于支撑地区批发业发展的交通优势在减弱,从车站效应在地化的角度来看,其节点效应在减弱,通道效应呈增强趋势。

3.6 本章小结

本章在界定"广州站关联地区"(及"广州站地区")空间范围的基础上,实证分析了广州站关联地区空间演化的格局、过程及其内在机制。

(1)广州站关联地区用地发展的演变过程主要是:①"一站时代"下呈单向发展,空间发展主要集中在铁路线以南的站南地区;"两站及三站时代"下呈双向发展;推动空间发展突破铁路线分割的主要动力是批发市场集聚效应下的空间扩张。②各个阶段内空间的扩张主要是沿城市干道呈"轴带生长"的特征,在市场机制下,沿城市干道土地、空间区位的高可达性及产业、功能的集聚效应都是其重要影响因素。③以站前广场为核心,规划、建设与车站相配套的公共服务设施塑造了稳定"内核"的形成,其空间范围大致是以车站为圆心、500m为半径的区域。④总体上,关联地区的空间扩展呈现出渐进式演变的特征,最终的空间尺度大致上是以车站为圆心、1000~1200m为半径的区域,参照3个发展区的"圈层结构模型",这大致上属于前两个圈层加总的区域。⑤经过比较可以看出,关联地区的圈层结构特征不明显,但是步行尺度仍然具有重要影响,这对"圈层结构理论"具有丰富和补充的意义。

分析结果也表明,车站是影响、带动关联地区(及广州站地区)用地发展的主导因素。

(2)在不同的发展阶段,关联地区的主体及优势功能业态是车站客流经济(旅馆业为主)或车站诱导经济(批发业为主),均为与车站相关性突出的产业类型,这充分证明了车站对地区功能业态的发展、演变具有突出的导向性作用;主导业态的演变趋势是由以旅馆业为主的车站客流经济向以批发业为主的车站诱导经济转变。

(3)关联地区在空间形态上长期以来保持着扁平化的特征;市场经济下的竞租机制则主要引导着地区的更新与发展,主要通过业态的更替、业态的升级等方式带动空间形态的更新与发展,并在更新、发展的过程中不断提升为高密度、高强度的形态;而在"两站及三站时代"的后期,随着航空限高的解除,地区城市更新的一种突出表现就是在垂直空间上"实现和捕获"土地的增值，从而形成点状突破的空间形态；总体上看，级差地租导向的特征明显。

（4）以轨道交通与高快速路网为支撑的双向立体网格体系的形成是关联地区及广州站地区交通集疏运能力实现根本改善的主要原因。

（5）广州站关联地区空间演化的动力机制体现为"车站引擎带动＋市场力主导"下的自然生长模式。其中，广州站凭借其辐射全国的铁路客运网络及其附属行包运输功能，占据着无可争议的垄断性竞争优势。广州站正是因其优越的交通区位优势吸引了商贸批发业的集聚：由港货"走私"开启了地区批发业态的萌芽；同时，车站也是使地区龙头项目白马商场获得全国性影响力的关键因素；而此后，主要在规模经济、集聚经济的机制下，产业实现了自我集聚、发展与升级。

在这里也必须注意到广交会的重要助推作用。可以认为，"广州站＋广交会"的要素格局对地区发展具有决定性意义。

第4章 广州东站关联地区的空间演化及其内在机制分析

4.1 导言

本章重点针对的是广州东站关联地区，并会结合广州东站地区进行参照比较。研究将主要根据站区土地利用、功能与广州东站的关联性来分析、确定广州东站关联地区的空间范围，同时亦主要依据其与广州东站的邻近性因素确定广州东站地区的空间范围。为了行文简洁，在本章中"广州东站关联地区"简称为"关联地区"，"广州东站地区"简称为"站区"，而"地区"可以根据上下文泛指以上对象。

依据广州东站的功能特征，可以将地区自中华人民共和国成立后至今划分为两大阶段："前广州东站时代"（1949 ~ 1996 年），它又包含了"中间站时期"（1949 ~ 1985年）和"客货站时期"（1986 ~ 1996 年；1986 年广州东站虽以货运功能为主，但亦开始具有客运功能）两个小的阶段；"两站及三站时代"（1997 年至今；1997 年广州东站正式确立，开启"两站时代"；2009 年 12 月 26 日广州南站运营，开启"三站时代"）。

讨论广州东站关联地区的发展，脱不开天河新区发展的大背景及其直接影响。广州东站的选址正是"城市主导"为主的决策，适应了城市向东发展及配套建设天河新区的城市空间布局要求❶，而最终广州东站也近乎完美地达成了它的历史使命。在天河新区逐步演变为天河新城市中心区的过程中，广州东站关联地区本身就构成天河新城市中心区一个重要的、有机的组成部分。这首先在于它是天河新城市中心区空间、功能上的一部分；其次，在发展、实施的步调上，它亦从属于天河新城市中心区整体的发展步调与安排；这些特点在新城市轴线的组织和建设方面又是一个集中的体现。当然，在整个过程中，地区在车站的影响下具有怎样的独特性，就成为本书希望探究的重点问题。

4.2 广州东站关联地区土地利用的演变：车站的辅配作用

4.2.1 "前广州东站时代"

1. "中间站时期"（1949 ~ 1985 年）

从 1959 年、1969 年及 1978 年天河车站周边地区的情况来看，地区呈现出城市郊

---

❶ 参见第 2 章，2.2.2 中 2. 广州东站选址的主要因素。

区的典型特征（图 4-1、图 4-2）：废弃的天河机场、大片未开发建设的空地是地区用地的主体，此外零散分布着各种企事业单位（如学校、工厂、科研单位等）和村落（如林和庄、花生寮、天河村等）。

图 4-1　1959 年及 1969 年天河车站周边地区历史地形图
（资料来源：广州市城市规划勘测设计研究院）

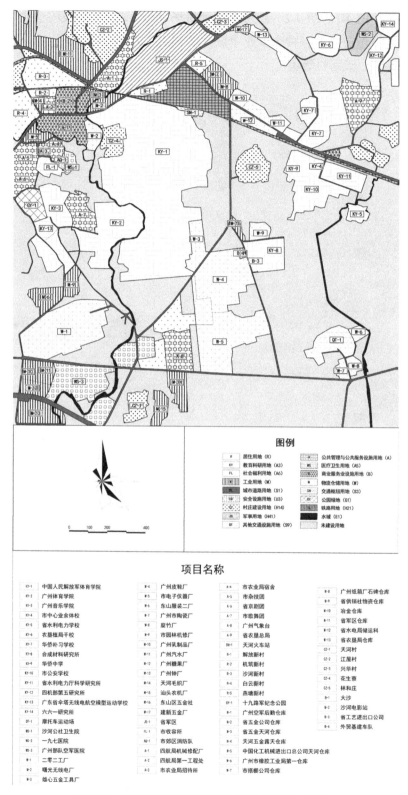

图例

R	居住用地（R）	A	公共管理与公共服务设施用地（A）
KY	教育科研用地（A3）	M	医疗卫生用地（A5）
FL	社会福利用地（A6）	B	商业服务业设施用地（B）
M	工业用地（M）	W	物流仓储用地（W）
	城市道路用地（S1）	SN	交通设施用地（S3）
U0	安全设施用地（U3）	G1	公园绿地（G1）
	村庄建设用地（H14）	H21	铁路用地（H21）
JS	军事用地（H41）	E1	水域（E1）
QT	其他交通设施用地（S9）		未建设用地

项目名称

KY-1	中国人民解放军体育学院	W-4	广州皮鞋厂	A-4	市农业局宿舍	B-8	广州纸箱厂石碑仓库
KY-2	广州体育学院	W-5	市电子仪器厂	A-5	市杂技团	W-9	省供销社物资仓库
KY-3	广州音乐学院	W-6	东山服装二厂	A-6	省京剧团	W-10	冶金仓库
KY-4	市中心业余体校	W-7	广州市陶瓷厂	A-7	市歌舞团	W-11	省军区仓库
KY-5	省水利电力学校	W-8	犀竹厂	A-8	广州气象台	W-12	省水电局储运科
KY-6	农垦植物干校	W-9	市园林机修厂	A-9	省农垦总局	W-13	省农垦局仓库
KY-7	华侨补习学校	W-10	广州乳制品厂	SN-1	天河火车站	QZ-1	天河村
KY-8	合成材料研究所	W-11	广州汽水厂	R-1	解放新村	QZ-2	江屋村
KY-9	华侨中学	W-12	广州糖果厂	R-2	机筑新村	QZ-3	兴华村
KY-10	市公安学校	W-13	广州钟厂	R-3	沙河新村	QZ-4	花生寮
KY-11	省水利电力厅科学研究所	W-14	天河毛织厂	R-4	白云新村	QZ-5	林和庄
KY-12	四机部第五研究所	W-15	汕头农机厂	R-5	高塘新村	B-1	大沙
KY-13	广东省伞塔无线电航空模型运动学校	W-16	东山区五金社	QT-1	十九路军纪念公园	B-2	沙河电影站
KY-14	六六研究所	W-17	建新五金厂	W-1	广州空军后勤部	B-3	省工艺进出口公司
QT-1	摩托车运动场	JS-1	省军区	W-2	省五金公司仓库	B-4	外贸基建车队
WS-1	沙河公社卫生院	FL-1	市收容所	W-3	省五金天河仓库		
WS-2	一九七医院	AQ-1	市郊区消防队	W-4	天河五金露天仓库		
WS-3	广州部队空军医院	A-1	四航局机械修配厂	W-5	中国化工机械进出口总公司天河仓库		
W-1	二零二工厂	A-2	四航局第一工程处	W-6	广州市橡胶工业局第一仓库		
W-2	曙光无线电厂	A-3	市农业局招待所	W-7	市搭棚公司仓库		
W-3	雄心五金工具厂						

图 4-2 1978 年天河车站周边地区建成项目分布

（资料来源：笔者依据历史地形图自绘）

1978 年天河车站周边地区分布的现状企事业单位及村落主要有（图 4-2）：①现有的铁路设施方面，包括天河火车站、广州铁路材料仓库；②工厂企业方面，主要包括站南的广州汽水厂、广州乳制品厂、广州钟厂、广州糖果厂、天河毛织厂、汕头农机厂、市绘图仪器厂、市园林机修厂、市电子仪器厂、曙光无线电厂、雄心五金工具厂、广州皮鞋厂，站北的广州市陶瓷厂、腐竹厂、四航局机械修配厂及其职工宿舍、沙河公社农械厂、建新五金厂；③仓储方面，这是这个时期出现的与车站货运功能关联性最密切的用地功能，主要包括站南（多数是利用废弃的天河机场的用地）的广州空军后勤仓库、中国化工机械进出口总公司天河仓库、市搭棚公司仓库、广州纸箱厂石碑仓库、广州市橡胶工业局第一仓库、省五金天河仓库、省供销社物资仓库、省工艺进出口公司仓库、市五金公司仓库，站北的省军区仓库、冶金仓库、省水电局储运仓库、省农垦局仓库；④学校方面，主要包括站南的中国人民解放军体育学院、广州体育学院、市建材中专学校、市公安学校、市中心业余体校、省水利电力学校、广东省伞塔无线电航空模型运动学校，站北的华侨补习学校、省农垦干校；⑤医院方面，包括站南的沙河公社卫生院，站北的一九七医院；⑥文体公共设施及社团方面，包括省京剧团、市杂技团、市歌舞团、沙河影剧场；⑦行政事业单位方面，包括站南的市农业局招待所及宿舍、市收容所、四航局第一工程处，站北的省农垦总局；⑧城市公园方面，包括动物园、十九路军纪念公园；⑨科研设计单位及设施方面，包括站南的省水利电力厅科学研究院、合成材料老化研究试验场，站北的四机部第五研究所、六六一研究所；⑩军事单位方面，主要是站南的广州部队空军医院，站北的省军区用地；⑪村落方面，主要包括站南的林和庄、花生寮、天河村、白云新村，站北的江屋村、兴华村、燕塘新村、解放新村、沙河新村；⑫另外，还有成片或零散分布的大量空地及未利用用地，前者主要是废弃的天河机场，后者包括自然山体和农林用地如农田、苗圃等。

地区的道路建设方面，站南主要以天河路、中山公路和站前的林和路为主干道，站北主要以广汕公路、广从公路接沙河路、白云路、沙河大街、先烈东路；地区整体道路网分布稀疏，尚以较简易的公路为主，与同时期的广州站地区相比有明显差距。

总体上看，此时天河车站周边地区最突出的用地类型主要包括：教育科研用地（A3）、物流仓储用地（W）、村用地（H14）及大量的空地和未利用用地，地区呈现出天河新区建设启动前的郊区式空间与景观特征。

2.“客货站时期”（1986 ~ 1995 年）：培育和起步中的天河新区是地区发展的背景和基础

1985 ~ 1995 年，围绕体育中心周边的天河新区正处于走向天河新城市中心区的培育和起步阶段：

（1）相关建设主要集中在天河北路以南的体育中心周边地区。主要公建项目包括：体育中心（B-4 地块，1987 年落成，1987 年 11 月 20 日“六运会”开幕，1995 年体育中心开始对外免费开放）、广州购书中心（B-3 地块，1994 年建成）、天河大厦

（B-2 地块，三星级酒店，1987 年建成）、广州酒家（B-5 地块，1994 年建成）、广东外经贸大厦（B-6 地块，1994 年建成）。主要居住小区项目包括：为"六运会"配套建设的天河南六运小区（R-1 地块为其中一部分，1987 年建成）、名雅苑（R-2 地块，1993 年建成）、侨怡苑（R-3 地块，1992 年建成）、怡苑（R-4 地块，1992 年建成）等（图 4-3）。**❶**

至此，从 1984 年起，在兴建天河体育中心的同时，由广州市城市建设总公司负责周边地区的连片开发（一级开发为主，并进行独立的或与其他第三方利益主体合作的项目开发），建成地区道路基础设施和若干居住区。在这样的基础上，随着相关设施的建设，天河商圈开始进入发育的雏形阶段。其中最有代表性的是广州购书中心（B-3 地块，总建筑面积 2 万 m²），以其差异化的产品定位（广州唯一一家大型专业书籍零售商场）成为天河商圈具有全市乃至全省市场吸引力、构筑地区市场认同感的先锋。**❷** 以为体育中心及"六运会"进行配套建设而促成的天河商圈开始出现在广州的"舞台"上，并且刚出场就已一鸣惊人。

（2）天河北路以北邻近天河车站的地区，则仍然以现状的企事业单位、村落及仓储用地为主，出现了唯一的酒店用地，其与 1978 年比较的变化主要是（图 4-4）：①现有的铁路设施方面，原天河火车站升级为广州东站，原广州铁路材料仓库保持现状，新增了广州铁路材料厂，广州铁路局电务段、工务段，广州铁路局桥隧大修队施工区及省地方铁路建设公司用房。②工厂企业方面，站前的曙光无线电厂维持现状，新增了广州五羊电风扇厂；站北的广州市陶瓷厂维持现状，四航局机械修配厂改为机电公司，减少了腐竹厂、沙河公社农械厂、建新五金厂，新增了广州天天食品厂、广州市燕塘橡胶厂、华飞科技出版印刷公司、广州天河制药厂、兴利电子厂。③仓储方面，站南的中国化工进出口机械总公司天河仓库、省五金天河仓库、省供销社物资仓库基本维持现状，新增了广东省机械设备进出口公司林和仓库（CK-12 地块）、白云区社队林和联营仓库（CK-9 地块）、广州交电公司仓库（CK-1 地块）、省水利水电物资供应公司仓库（CK-7 地块）；站北的省军区仓库（CK-6 地块）、冶金仓库（CK-4 地块）和省农垦局仓库（CK-3 地块）维持现状，省水电局储运仓库改为沙河百货公司仓库（CK-5 地块）。④学校方面，站南的中国人民解放军体育学院（XX-4 地块）、广州体育学院（XX-3 地块）、市建材学校（XX-1 地块）、市公安学校（XX-7 地块）、市业余体校（XX-5 地块）、市幼儿师范学校（XX-6 地块）及省水利电力学校（XX-2 地块）维持现状；站北的华侨补习学校维持现状，省农垦干校改为省农垦管理学院。⑤医院方面，站南，减少了沙河公社卫生院，新增了白云区人民医院；站北，减少了一九七医院（改为广州军区军事医学研究所）。⑥行政事业单位方面，站北的省农垦总局维持现状，新

---

❶ 郭炎 . 广州城市中心区演进与开发体制研究 [D]. 广州 : 中山大学硕士论文，2008 : 47-82.
  张颖异 . 广州天河体育中心地区的城市形态研究 [D]. 广州 : 华南理工大学硕士论文，2011 : 13-62.
❷ 周菲 . 天河商业中心区形成发展及机制研究 [D]. 广州 : 中山大学硕士论文，2006.

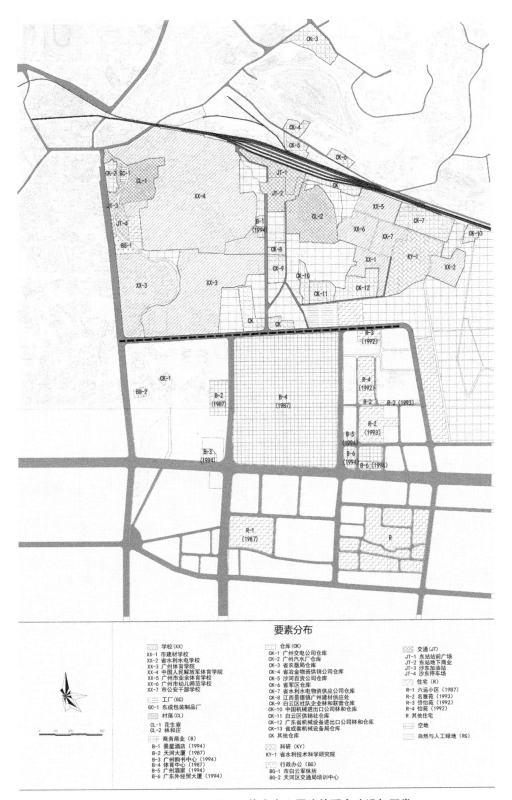

图 4-3　1995 年天河新区：体育中心周边的配套建设与开发

（资料来源：笔者依据历史地形图分析自绘）

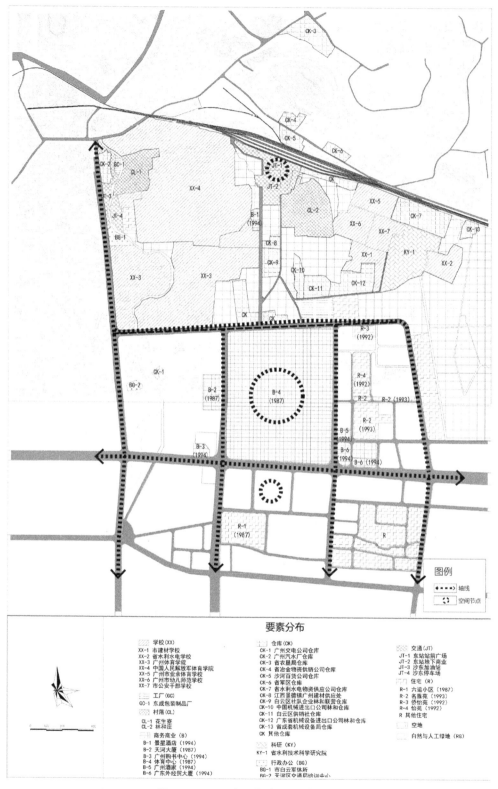

图 4-4 1995 年天河新区用地格局

（资料来源：笔者依据历史地形图分析自绘）

增了站南的珠江水利委员会。⑦科研设计单位及设施方面，站南，省水利电力厅科学研究院维持现状，减少了合成材料老化研究试验场；站北，四机部第五研究所维持现状，减少了 661 研究所，新增了广州半导体材料研究所。⑧军事单位方面，主要是站北的省军区用地。⑨村落方面，主要包括站南的林和庄（CL-2 地块）、花生寮（CL-1 地块），站北的江屋村、兴华村、燕塘新村、解放新村。⑩唯一的酒店，景星酒店（B-1 地块）是地区最早的四星级酒店，1994 年 1 月开业，由港资与林和村合资经营。⑪另外，还有较大量、成片或零散分布的空地及未利用用地，主要在体育中心向东发展的方向上（图 4-3）。

此阶段的广州东站（原天河车站）❶在功能上正处于从以货运功能为主向以客运功能为主的过渡时期（广州东站关联地区的孕育期），其周边地区的关联性功能用地主要为仓储用地（W）和站前唯一的酒店用地景星酒店（与车站的客运功能关联性强）。

（3）用地格局：此阶段对于天河新区而言，规划中的城市轴线（广州东站—商贸综合体—体育中心—宏城广场）还只停留在概念阶段，广州东站、体育中心、宏城广场主要呈散点分布的格局（图 4-4）。城市轴线如何建设、完善成为"天河新区"发展为"天河新城市中心区"的核心内容之一。

总的来说，培育和起步中的天河新区成为广州东站关联地区发展的背景和基础。

4.2.2　"两站及三站时代"

广州东站地区、广州东站关联地区作为功能、空间的范畴于 1997 年正式确立，前者的空间范围主要为南至天河北路、北至广州东站铁路站场和广园路、西至广州大道、东至天寿路的区域（图 4-5），后者将在下文进一步界定。❷

1. 快速形成的天河新城市中心区（1996 ~ 2000 年）带动广州东站地区及广州东站关联地区完成重要的跨越

1996 ~ 2000 年是天河新城市中心区快速发展并基本形成的阶段：

（1）在商务、商业平行发展下，天河新城市中心区快速形成

这一阶段，在商业设施方面，大型、高档、新业态的商业设施使天河城市中心区商业功能迅速提升，在天河路和天河北路形成了商业的集聚中心，天河商圈开始与北京路商圈并驾齐驱。天河城广场（B-20 地块，1996 年建成）、宏城广场（B-21 地块，1997 年建成）、中信广场裙楼商业、市长大厦与大都会广场商业、时代广场（B-11 地块，1999 年建成）以及其他一批商务办公裙楼的商业空间是其主要空间载体。天河城广场则最具代表性，它是广东乃至全国第一家大型购物中心，它的建设迅速带动了天河商圈的商业氛围增强、业态层次提升及辐射范围的扩大，尤其是 1999 年建成通车的

---

❶　此时天河车站已改名为广州东站，不过本书定义的"广州东站"始于 1997 年，即广深动车绝大部分、广九线功能的全部由广州站转移到广州东站的时间节点。

❷　关于广州东站地区、广州东站关联地区空间范围的合理性还将在本节的总结部分进行分析、论证。

地铁 1 号线,极大地提高了天河城市中心区的交通可达性与区位优势,创造了瞩目的"天河城效应",从而也极大地推动了天河商圈的崛起。❶

天河城市中心区已经成为广州新的商业中心区,影响遍及全市乃至更广的范围。截至 2000 年,广州 44 个大型零售商业网点中,天河区占了其中的 7 个,与东山区(现已合并为越秀区)并列第一;总营业面积 8.27 万 m²,占全市总营业面积的 15.91%,高居榜首。其中,天河城市中心区就有网点 5 个,分别是购书中心、天河城广场、时代广场、宏城广场和中信广场,总营业面积 5.72 万 m²。❷

而在商务办公楼方面,"进入 20 世纪 90 年代,天河区商务办公空间得到了飞速发展,以天河体育中心为核心的商务办公楼项目不断建成投市,迅速形成了代表着广州新一代商务办公空间的现代商务办公区。"❸ 在广州城建开发公司建设市长大厦与大都会广场(B-12 地块,1996 年建成,两者总建筑面积为 10 万 m²)、香港熊谷组集团投资建设中信广场(B-15 地块,1997 年建成,彼时名为中天广场,总建筑面积 29 万 m²)的带动下,1996 ~ 2000 年间,体育中心周边开发建成的商务办公楼就达十几座,如广州国际贸易中心(B-13 地块,1998 年建成)、城建大厦(B-14 地块,1998 年建成)、南方证券大厦(B-16 地块,2000 年建成)、金利来大厦(B-17 地块,1998 年建成)、广州电信大厦(B-18 地块,1998 年建成)、高盛大厦(B-19 地块,1998 年建成)等,奠定了天河城市中心区成为"广州第一商务区"的基础(图 4-5)。❹

商务设施的建设,带来了大量高层次、高素质、高收入与高消费的就业人群。这部分人群与周边居住小区的人口成为天河商圈成长壮大和进一步提升的基础,即商务和商业呈现平行发展的格局,商业也为商务人群提供了便利的设施环境,两者共同确立了天河新城市中心区的形成。❺

(2)广州东站地区及广州东站关联地区作为天河新城市中心区的有机组成部分亦完成了重要的跨越

在天河新城市中心区快速形成的过程中,市长大厦与大都会广场(B-12 地块)、中信广场(B-15 地块)、广州国际贸易中心(B-13 地块)是广州东站地区及广州东站关联地区的组成要素,正是这些商务楼宇的导入推动它们完成了由以仓储和部分星级酒店功能为主向商务功能发展这一"重要的跨越"。此外,恒源大厦(B-9 地块)及广东烟草大厦(B-10 地块)等的建设亦助推了这个转变(图 4-5)。

由此,随着天河新城市中心区的快速发展与建设,新城市轴线也基本成形,为瘦狗

❶ 郭炎.广州城市中心区演进与开发体制研究 [D].广州:中山大学硕士论文,2008:47-82.
❷ 周菲.天河商业中心区形成发展及机制研究 [D].广州:中山大学硕士论文,2006.
❸ 温锋华,许学强.广州商务办公空间发展及其与城市空间的耦合研究 [J].人文地理,2011,118(2):37-43.
❹ 郭炎.广州城市中心区演进与开发体制研究 [D].广州:中山大学硕士论文,2008:47-82.
  张颖异.广州天河体育中心地区的城市形态研究 [D].广州:华南理工大学硕士论文,2011:13-62.
❺ 郭炎.广州城市中心区演进与开发体制研究 [D].广州:中山大学硕士论文,2008:47-82.

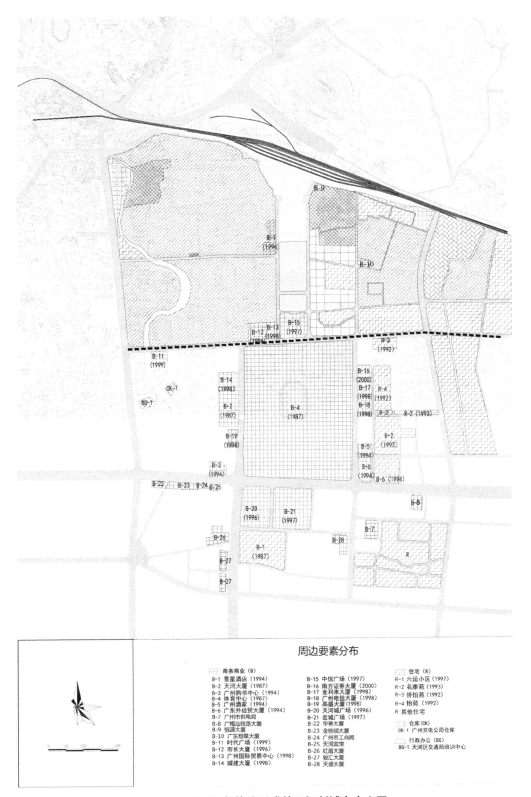

图 4-5 2000 年快速形成的天河新城市中心区

（资料来源：笔者依据历史地形图分析自绘）

周边要素分布

商务商业（B）
B-1 景星酒店（1994）
B-2 天河大厦（1987）
B-3 广州购书中心（1994）
B-4 体育中心（1987）
B-5 广东酒家（1994）
B-6 广东外经贸大厦（1994）
B-7 广州市供电局
B-8 广梅汕铁路大厦
B-9 恒源大厦
B-10 广东烟草大厦
B-11 时代广场（1999）
B-12 市长大厦（1996）
B-13 广州国际贸易中心（1998）
B-14 城建大厦（1998）

B-15 中信广场（1997）
B-16 南方证券大厦（2000）
B-17 金利来大厦（1998）
B-18 广州电信大厦（1998）
B-19 高盛大厦
B-20 天河城广场（1996）
B-21 宏祥广场（1997）
B-22 华普大厦
B-23 金棕榈大厦
B-24 广州市工商局
B-25 红盾大厦
B-26 天河宾馆
B-27 骏汇大厦
B-28 天盛大厦

住宅（R）
R-1 六运小区（1997）
R-2 名雅苑（1993）
R-3 侨怡苑（1992）
R-4 怡苑（1992）
R 其他住宅

仓库（CK）
CK-1 广州交电公司仓库

行政办公（BG）
BG-1 天河区交通局培训中心

岭—广州东站—中信广场—宏城广场，广州东站正式成为新城市轴线的起点（图4-6）。

2. 成熟与稳定发展的天河新城市中心区（2001年至今）引领广州东站地区及广州东站关联地区的发展逐步走向高潮

2001年至今是天河新城市中心区稳定、成熟发展的阶段：

（1）天河城市中心区的建设由此渐趋成熟

主要建设项目包括：①商业设施方面，如维多利中心二期（B-30地块，2003年建成，兼商务）、正佳广场（B-32地块，2006年建成，总建筑面积30万m²）、中怡时尚广场（B-31地块，2006年建成）、万菱汇广场（B-33地块，2010年建成，兼商务）、太古汇广场（B-34地块，2011年建成，兼商务，总建筑面积45万m²）、天环广场（原宏城广场地块重开发，2015年建成）、时尚天河（体育中心大型地下商业）等，由此推动天河商圈大幅扩容，成为"年零售交易额超500亿元的华南第一大商圈，影响力扩展到全国"。❶②商务设施方面，伴随着珠江新城商务设施的开发热潮，天河城市中心区的商务办公楼建设则主要集中在天河北路以北的广州东站地区附近，建设规模和档次较前一阶段有所降低，如耀中广场（B-36地块，2007年建成）、中泰国际广场（B-37地块，2004年建成）、中旅大厦（B-40地块，2003年建成）及众多商业、住宅、办公混合的物业设施，在天河北路以南则主要是维多利中心二期（B-30地块，2003年建成）、财富广场（B-35地块，2003年建成）、中石化大厦（B-29地块，2007年建成，因各种原因烂尾且闲置了很长一段时间）等。至此，天河城市中心区商业、商务等设施的开发基本完毕，功能趋于成熟、稳定，在商务设施的建设方面，珠江新城逐步取代天河城市中心区成为主导广州市商务办公楼建设的核心地区。③基础设施方面，地铁3号线（2006年开通）、地铁3号线北延线（2010年开通）的建成进一步推动天河城市中心区朝着继续凝聚市场、提升品质的方向发展（图4-7）。❷

贯穿GCBD21的城市新中轴线也正式形成，为瘦狗岭—广州东站—中信广场—宏城广场—珠江新城—电视塔，与城市旧中轴线共同组成"双轴"结构，并与珠江"横轴"一起托起新广州的城市骨架。珠江新城—海心沙段的新城市中轴线在2010年亚运会前夕建成投入使用，成为展现广州国际化大都市形象的城市中心地区（图4-8）。

（2）广州东站地区及广州东站关联地区在天河新城市中心区的引领下逐步迈入发展高潮

正是在这个过程中，广州东站地区和广州东站关联地区以商务、酒店楼群的建设为主力，成为GCBD21的重要成员并促成其城市新中轴线完整贯通，同时，地区商务、商业、居住三种功能亦取得了相对均衡的发展（图4-8、图4-9，并参见4.2.2中2.（4）2010年的广州东站关联地区）；而林和村旧改项目（即新鸿基峻林项目，2013年建成）

❶ 中国首个购物中心天河城引领天河路商圈20年蜕变[N].南方都市报，2016-08-18，AⅡ叠04版.
❷ 郭炎.广州城市中心区演进与开发体制研究[D].广州：中山大学硕士论文，2008：47-82.
张颖异.广州天河体育中心地区的城市形态研究[D].广州：华南理工大学硕士论文，2011：13-62.

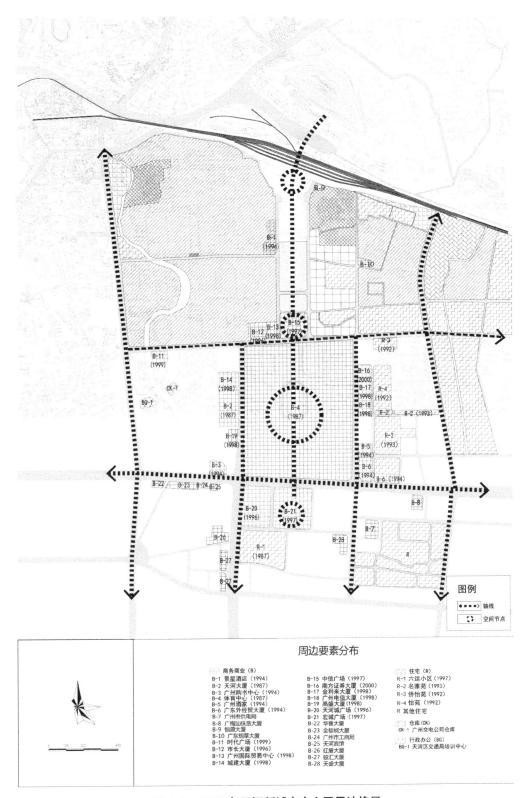

图 4-6 2000 年天河新城市中心区用地格局

（资料来源：笔者依据历史地形图分析自绘）

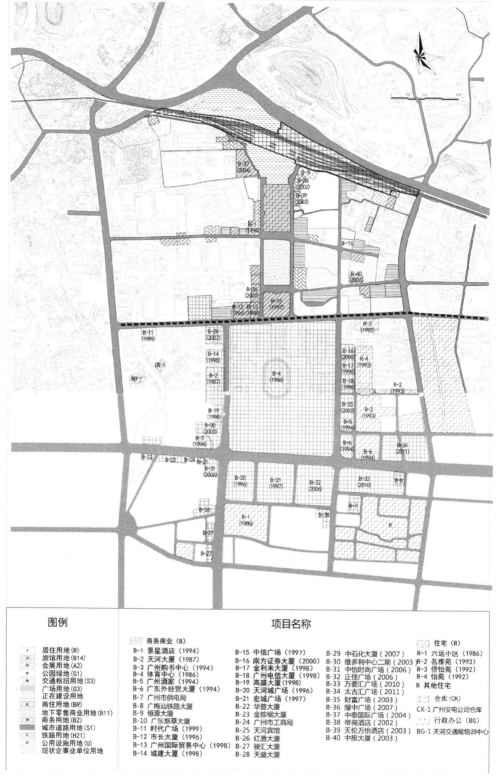

图例

居住用地（R）
旅馆用地（B14）
会展用地（A2）
公园绿地（G1）
交通枢纽用地（S3）
广场用地（G3）
正在建设用地
商住用地（BR）
地下零售商业用地（B11）
商务用地（B2）
城市道路用地（S1）
铁路用地（H21）
公用设施用地（U）
现状企事业单位用地

项目名称

商务商业（B）
B-1 景星酒店（1994）
B-2 天河大厦（1987）
B-3 广州购书中心（1994）
B-4 体育中心（1986）
B-5 广州酒家（1994）
B-6 广东外经贸大厦（1994）
B-7 广州市供电局
B-8 广梅汕铁路大厦
B-9 恒珠大厦
B-10 广东烟草大厦
B-11 时代广场（1999）
B-12 市长大厦（1996）
B-13 广州国际贸易中心（1998）
B-14 城建大厦（1998）

B-15 中信广场（1997）
B-16 南方证券大厦（2000）
B-17 金利来大厦（1998）
B-18 广州电信大厦（1998）
B-19 高盛大厦（1998）
B-20 天河城广场（1996）
B-21 宏城广场（1997）
B-22 华普大厦
B-23 金棕榈大厦
B-24 广州市工商局
B-25 天河宾馆
B-26 红雨大厦
B-27 骏汇大厦
B-28 天盛大厦

B-29 中石化大厦（2007）
B-30 维多利中心二期（2003）
B-31 中怡时尚广场（2006）
B-32 正佳广场（2006）
B-33 万菱汇广场（2010）
B-34 太古汇广场（2011）
B-35 财富广场（2003）
B-36 耀中广场（2003）
B-37 中泰国际广场（2004）
B-38 帝苑酒店（2002）
B-39 天伦万怡酒店（2003）
B-40 中旅大厦（2003）

住宅（R）
R-1 六运小区（1986）
R-2 名雅苑（1993）
R-3 侨怡苑（1992）
R-4 怡苑（1992）
R 其他住宅

仓库（CK）
CK-1 广州交电公司仓库

行政办公（BG）
BG-1 天河交通局培训中心

图 4-7 2010 年的天河新城市中心区
（资料来源：笔者依据历史地形图自绘）

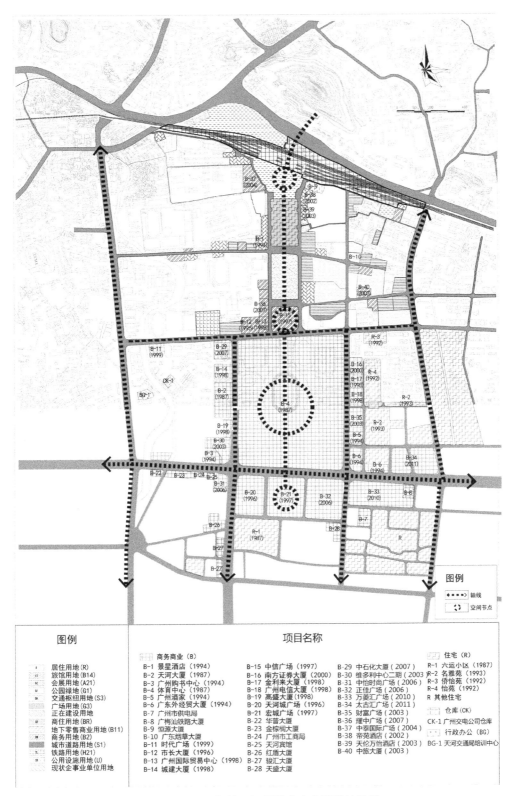

图 4-8 2010 年的天河新城市中心区用地格局

（资料来源：笔者依据历史地形图自绘）

和保利中汇大厦（2012年建成）两个重要项目的建成标志着地区的发展达到新的高潮，地区的空间开发接近完成，土地、空间的价值也得以充分"释放"。

（3）2003年的广州东站关联地区

1）空间范围与用地构成

2003年广州东站关联地区的用地构成中（图4-9、图4-10），用地总量为81.79hm²，主要包含11种用地类型（不含道路用地，S1；正在建设用地计为一种用地类型；地下零售商业属于对广场用地的复合利用，故未计入总量），前两位用地类型分别是铁路用地

用地构成表		
用地类型	用地面积（hm²）	比例
SN（S3）	6.26	7.65%
HZ（A2）	2.28	2.79%
LG（B14）	2.40	2.93%
SZ（BR）	4.74	5.80%
R	6.13	7.49%
SW（B2）	5.37	6.57%
TL（H21）	25.93	31.70%
GC（G3）	4.00	4.89%
W	1.11	1.36%
GY（G1）	6.68	8.17%
正在建设用地	16.89	20.65%
合计	81.79	100.00%
注：不含道路用地（S1）		

图例

R	居住用地（R）	SZ	商住用地（BR）
LG	旅馆用地（B14）		地下零售商业用地（B11）
HZ	会展用地（A21）	SW	商务用地（B2）
GY	公园绿地（G1）		城市道路用地（S1）
SN	交通枢纽用地（S3）	TL	铁路用地（H21）
	广场用地（G3）		现状企事业单位用地
	正在建设用地		

图4-9 2003年广州东站关联地区土地利用（见书后彩图）

（资料来源：笔者依据历史地形图分析）

（H21，占总用地比例为 31.70%）和正在建设用地（占总用地比例为 20.65%）；末三位用地类型是旅馆用地（B14，占总用地比例为 2.93%）、会展用地（A21，占总用地比例为 2.79%）和仓储用地（W，占总用地比例为 1.36%）；中间规模的六种用地类型是公园绿地（G1，占总用地比例为 8.17%）、交通枢纽用地（S3，占总用地比例为 7.65%）、居住用地（R，占总用地比例为 7.49%）、商务用地（B2，占总用地比例为 6.57%）、商住用地（BR，占总用地比例为 5.80%）和广场用地（G3，占总用地比例为 4.89%）。

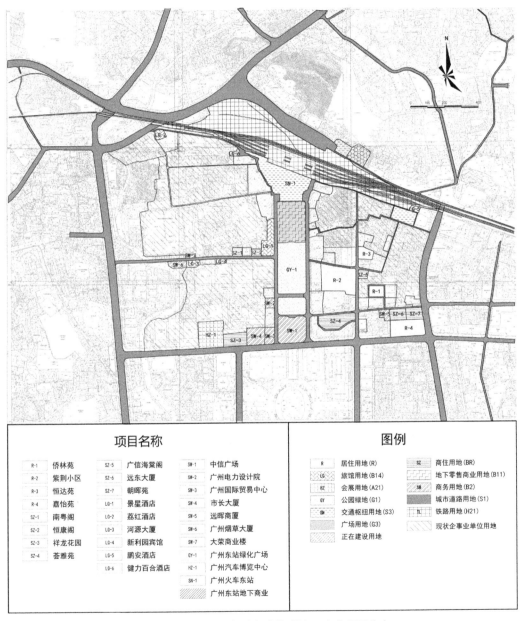

项目名称

R-1	侨林苑	SZ-5	广信海棠阁	SW-1	中信广场	
R-2	紫荆小区	SZ-6	远东大厦	SW-2	广州电力设计院	
R-3	恒达苑	SZ-7	朝晖苑	SW-3	广州国际贸易中心	
R-4	嘉怡苑	LG-1	景星酒店	SW-4	市长大厦	
SZ-1	南粤阁	LG-2	荔红酒店	SW-5	远晖商厦	
SZ-2	恒康阁	LG-3	河源大厦	SW-6	广州烟草大厦	
SZ-3	祥龙花园	LG-4	新利园宾馆	SW-7	大荣商业楼	
SZ-4	荟雅苑	LG-5	鹏安酒店	GY-1	广州东站绿化广场	
		LG-6	健力百合酒店	HZ-1	广州汽车博览中心	
				SN-1	广州火车东站	
					广州东站地下商业	

图例

R	居住用地（R）		SZ	商住用地（BR）
LG	旅馆用地（B14）			地下零售商业用地（B11）
HZ	会展用地（A21）		SB	商务用地（B2）
GY	公园绿地（G1）			城市道路用地（S1）
SN	交通枢纽用地（S3）		TL	铁路用地（H21）
	广场用地（G3）			现状企事业单位用地
	正在建设用地			

图 4-10　2003 年广州东站关联地区建成项目分布

（资料来源：笔者依据历史地形图自绘）

　　铁路用地和正在建设用地构成了此时期广州东站关联地区的主要用地类型，说明关联地区正处于快速发展过程中；居住用地、商务用地及商住用地三种用地类型的比重较接近，三者合计占比为 19.86%，考虑到正在建设用地多数也属于此三种用地类型，故三者作为整体已构成关联地区重要的用地类型，也显现出关联地区适应天河新城市中心区商务、商业平行发展的总体特点，居住用地也主要是面向高层次、高素质、高收入人群的中高档居住功能；而旅馆用地规模处于末位，说明这一时期关联地区对旅馆建设的带动作用偏弱，由此与广州站关联地区体现出明显的区别。

　　2）用地格局

　　2003 年广州东站关联地区的用地格局：①总体上，关联地区的用地呈单向布局，主要集中在站南；②由瘦狗岭—广州东站—中信广场所形成的新城市轴线（局部）是关联地区用地格局的核心，沿轴线两侧道路的用地及中轴绿化带（广场）共同形成了天河城市中心区的"门户型商务核"；③沿天河北路的发展轴已日趋成熟，沿林和西横路的发展轴还处于发育阶段（图 4-11）。

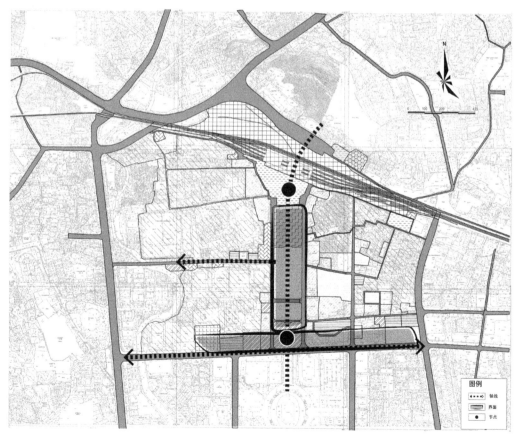

图 4-11　2003 年广州东站关联地区用地格局

（资料来源：笔者依据历史地形图分析）

（4）2010 年的广州东站关联地区

1）空间范围与用地构成

2010 年广州东站关联地区的用地构成中（图 4-12、图 4-13），用地总量为 89.42hm²，总用地增量为 7.63hm²，年均增长 1.09hm²，主要包含 11 种用地类型（不含道路用地，S1；正在建设用地计为一种用地类型；地下零售商业属于对广场用地的复合利用，故未计入总量），减少了一种用地类型（W，仓储用地），新增了一种用地类型（U，公用设施用地），从而保持用地类型数量不变；前三位用地类型分别是铁路用地（H21，

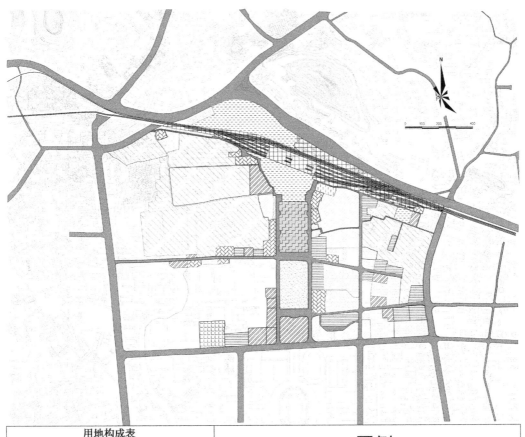

用地构成表		
用地类型	用地面积(hm²)	比例
LG (B14)	5.92	6.62%
SW (B2)	9.54	10.67%
HZ (A21)	2.28	2.55%
R	9.79	10.95%
SZ (BR)	10.18	11.38%
GY (G1)	4.69	5.24%
GC (G3)	4.83	5.40%
SN (S3)	13.89	15.53%
TL (H21)	16.29	18.22%
SS (U)	0.58	0.65%
正在建设用地	11.43	12.78%
合计	89.42	100.00%
注：不含道路用地（S1）		

图例

R	居住用地(R)	SZ	商住用地(BR)
LG	旅馆用地(B14)		地下零售商业用地(B11)
HZ	会展用地(A21)	SW	商务用地(B2)
GY	公园绿地(G1)		城市道路用地(S1)
SN	交通枢纽用地(S3)	TL	铁路用地(H21)
	广场用地(G3)	SS	公用设施用地(U)
	正在建设用地		现状企事业单位用地

图 4-12　2010 年广州东站关联地区土地利用（见书后彩图）

（资料来源：笔者依据历史地形图自绘）

占总用地比例为 18.22%）、交通枢纽用地（S3，占总用地比例为 15.53%，主要是广州东站汽车客运站的建设）和正在建设用地（占总用地比例为 12.78%）；末两位用地类型是会展用地（A21，占总用地比例为 2.55%）和公用设施用地（U，占总用地比例为 0.65%）；中间规模的六种用地类型是商住用地（BR，占总用地比例为 11.38%）、居住用地（R，占总用地比例为 10.95%）、商务用地（B2，占总用地比例为 10.67%）、旅馆用地（B14，占总用地比例为 6.62%）、广场用地（G3，占总用地比例为 5.40%）和公园绿地（G1，占总用地比例为 5.24%）。

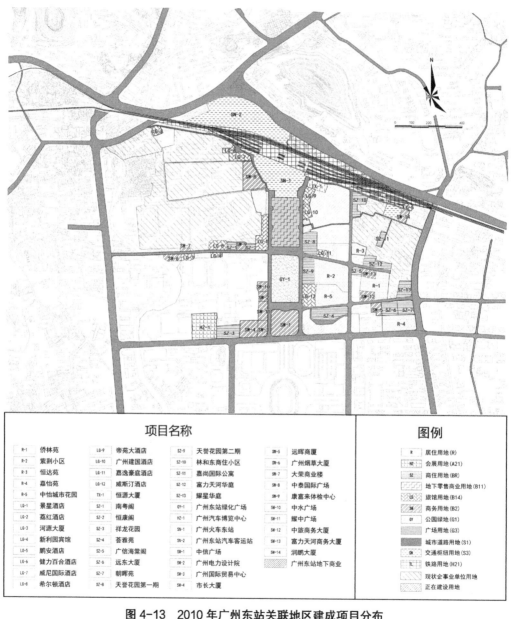

项目名称				图例
R-1 侨林苑	LG-9 帝苑大酒店	SZ-9 天誉花园第二期	SN-5 远晖商厦	R 居住用地（R）
R-2 紫荆小区	LG-10 广州建国酒店	SZ-10 林和东商住小区	SN-6 广州烟草大厦	HZ 会展用地（A21）
R-3 恒达苑	LG-11 嘉逸豪庭酒店	SZ-11 尚尚国际公寓	SN-7 大荣商业楼	SZ 商住用地（BR）
R-4 嘉怡苑	LG-12 威斯汀酒店	SZ-12 富力天河华庭	SN-8 中泰国际广场	LG 地下零售商业用地（B11）
R-5 中怡城市花园	TX-1 恒源大厦	SZ-13 耀星华庭	SN-9 康富来体检中心	LG 旅馆用地（B14）
LG-1 景星酒店	SZ-1 南粤阁	GY-1 广州东站绿化广场	SN-10 中水广场	G1 公园绿地（G1）
LG-2 荔红酒店	SZ-2 恒康阁	HZ-1 广州汽车博览中心	SN-11 耀中广场	GY 广场用地（G3）
LG-3 河源大厦	SZ-3 祥龙花园	SN-1 广州火车东站	SN-12 中旅商务大厦	S1 城市道路用地（S1）
LG-4 新利园宾馆	SZ-4 荟翠苑	SN-2 广州东站汽车客运站	SN-13 富力天河商务大厦	SN 交通枢纽用地（S3）
LG-5 鹏安酒店	SZ-5 广信海棠阁	SN-3 中信广场	SN-14 润鹏大厦	TL 铁路用地（H21）
LG-6 健力百合酒店	SZ-6 远东大厦	SN-4 广州电力设计院		现状企事业单位用地
LG-7 威尼国际酒店	SZ-7 朝晖苑	SN-4 广州国际贸易中心	广州东站地下商业	正在建设用地
LG-8 希尔顿酒店	SZ-8 天誉花园第一期	SN-4 市长大厦		

图 4-13 2010 年广州东站关联地区建成项目分布
（资料来源：笔者依据历史地形图自绘）

铁路用地、交通枢纽用地和正在建设用地构成了这个时期广州东站关联地区的主要用地类型，说明关联地区在交通设施完善及开发建设方面仍相对活跃；商住用地、居住用地及商务用地三种用地类型的比重依然接近，三者合计占比为 33%，而正在建设用地多数也属于此三种用地类型，故三者作为整体已构成关联地区最重要的用地类型，显示出关联地区适应天河城市中心区的发展并渐趋成熟的特点；而旅馆用地规模增长迅速，主要是关联地区内高星级酒店的集中建成并投入使用，说明关联地区对高星级酒店建设具有较突出的带动作用。

2）用地格局

2010 年广州东站关联地区的用地格局：①总体上，关联地区的用地仍呈单向布局，主要集中在站南；②由瘦狗岭—广州东站—中信广场所形成的新城市轴线（局部）依然是关联地区用地格局的核心，沿城市轴线两侧道路的用地开发渐趋饱和，结果是作为天河城市中心区的"门户型商务核"已趋于完整；③沿天河北路的发展轴已趋于完善，沿林和西横路的发展轴也已逐步形成（图 4-14）。

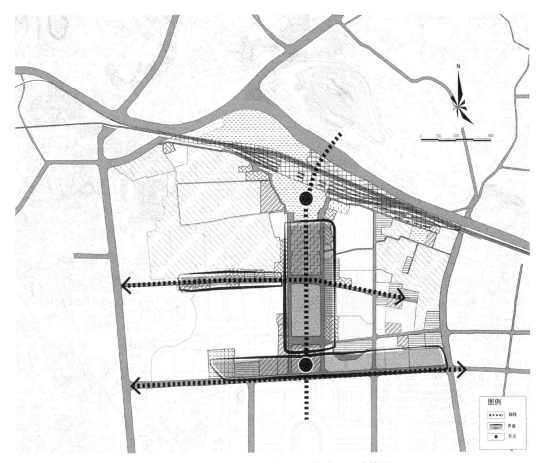

图 4-14 2010 年广州东站关联地区用地格局

（资料来源：笔者依据历史地形图自绘）

4.2.3 广州东站关联地区土地利用演变的总体特征

1. 车站关联地区的用地构成

自广州东站地区和广州东站关联地区于 1997 年正式确立并实现了跨越式发展后至今，从 2003 年和 2010 年的情况来看，车站关联地区用地构成的演变如下：

（1）用地总量保持增长。总用地增量为 7.63hm²，年均增长 1.09hm²，说明关联地区一直保持较稳定的发展，主要表现为由沿轴线两侧的体育学院及林和村用地等存量空间的城市更新，总体涨幅为 9.33%；此外，用地类型总量亦保持不变，仍由 11 种用地类型构成，不过，减少了一种用地类型（W，仓储用地），新增了一种用地类型（U，公用设施用地）。

（2）主导用地类型由铁路用地转变为商务用地、居住用地及商住两用三种用地的整体，代表着关联地区的主要功能向城市功能转变。此三者作为整体成为关联地区主导的用地类型，显现出关联地区适应天河新城市中心区商务、商业平行发展并辅以中高档居住功能配套的特点，同时也体现出发展渐趋稳定的特征；后期关联地区的旅馆用地规模增长迅速，主要是高星级酒店集中建成并投入使用，说明关联地区对高星级酒店建设具有较突出的带动作用，也与关联地区逐步形成以商务经济为主的特点相适应。

（3）关联地区多元化的用地类型说明"关联地区"的功能具有一定的多样性、综合性。

2. 车站关联地区的用地格局

（1）总体上，关联地区的用地呈单向布局，主要集中在站南。这主要是由于车站广场单向布局、铁路线路和广园快速路的分割影响，以及北面缺乏发展用地（瘦狗岭）等。

（2）由瘦狗岭—广州东站—中信广场所形成的新城市轴线（局部）是关联地区用地格局的核心。沿轴线两侧道路的用地及中轴绿化带（广场）共同形成了天河城市中心区的"门户型商务核"并已趋于完整，这是政府的天河新城市中心区战略引导（规划、实施、调控）下与市场合作的成果，也是广州东站关联地区发展、建设的主要使命。

（3）沿天河北路及林和西横路的发展轴都已逐步形成或趋于完善。

（4）将上述用地发展的过程进行概括，可以得到广州东站关联地区的空间模型（图 4-15），其主要特征是：① A 代表了"前广州东站时代"站区局部功能的散点生长，B-1、B-2 是"两站及三站时代"在广州东站正式确立下由政府对天河新区发展的规划和投入引领地区实现跨越式发展的进程，B-1 是伴随天河新城市中心区的快速形成，站区实现双极突变的格局（中信广场＋广州东站），B-2 是此后逐步在新城市轴线及道路发展轴导向下不断发展、成熟；②关联地区总体上保持单向发展的格局，这是铁路线线路分割、车站单向广场布局等因素制约、影响的结果；③新城市轴线（局部）导向下的用地配置是关联地区用地格局的核心，形成了标志性的"门户型商务核"；④沿城市干道的"轴向布局"也构成了关联地区用地发展的主要特征；⑤以车站站前广场、公交站场等为核心建设巨型化、立体化的枢纽综合体，其空间范围大致在以车站为圆心、500m 为半径的区域内，既达成了交通换乘的高效率，同时也创造了综合交通枢纽实现高强度土地利用开发的契机（规划中车站交通综合体上建造两栋超高层塔楼，因为多种原因最终未实施）；⑥总体上，广州东站关联地区在完成跨越式发展以后，最终的空间尺度大致上包含在以车站为圆心、1200m 为半径的半圆形区域内，参照 3 个发展区的"圈层结构模型"，这大致上是属于前两个圈层加总的区域；⑦经过比较可以看出，广州东站关联地区的圈层结构特征不明显，但是步行尺度仍然具有重要影响，这对"圈层结构理论"也具有丰富和补充的意义。

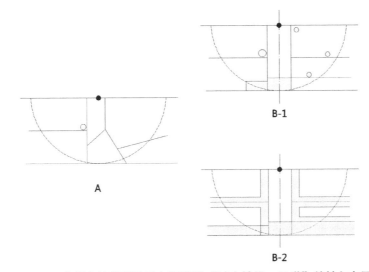

图 4-15　广州东站关联地区空间模型："城市轴线 + 干道"的轴向布局

3. 车站是影响、带动广州东站地区及广州东站关联地区用地发展的辅配因素

（1）本章前文章节的分析已经表明，政府战略下天河新城市中心区的发展、形成是推动广州东站地区用地发展的基础和主要动力，尤其突出地体现在新城市轴线的引领作用上。新城市轴线肩负着串联天河城市中心区与珠江新城打造 GCBD21 的历史使命，而广州东站是新城市轴线的起点，广州东站—中信广场的区段就是其重要组成部分，构成了"门户型商务核"。因此，正是在政府战略引导地区实现跨越式发展后，在中信广场、市长大厦及大都会广场等重大项目和广州东站共同带动、影响下，广州东站地区逐步成型并不断走向成熟。

（2）广州东站关联地区是广州东站地区的主要组成部分。从 2003～2010 年土地利用的变化来看，铁路用地一度占据了主导用地类型，随着关联地区适应天河新城市中心区商务、商业平行发展并辅以中高档居住功能配套，以及商务经济逐步占据主体的特点，主导用地类型也转变为商务用地、居住用地及商住用地三种用地构成的整体，代表着关联地区的主要功能向城市功能转变。这也说明车站对关联地区（以及广州东站地区）的初始带动作用偏弱。

综合以上分析可以认为，在天河新城市中心区发展战略的推动下，车站是影响和带动广州东站地区及广州东站关联地区用地发展的重要辅配因素。

4. 广州东站地区及广州东站关联地区空间范围划分的合理性分析

（1）内涵上的合理性

广州东站地区空间范围的界定、划分结果辨别了天河新城市中心区总体发展脉络和车站对于站区发展的不同影响和作用。天河新城市中心区的整体发展是主导动力，车站是辅配角色；从广州东站关联地区来看，对于地区明显与车站关联性不强的功能与用地（如体育学院等学校、部分企事业单位、村落等）能够清晰地加以辨别，而事实上，它们与车站一起共同塑造和影响着地区的发展、演变，而这又有利于认清车站在车站地区发展过程中的角色和作用，由此可以较好地揭示广州东站如何影响车站地区的用地发展及其过程。这可以看作是此两种概念原型在广州东站地区案例中的成功运用。

（2）尺度上的合理性

本书在界定广州东站地区和广州东站关联地区空间范围的时候结合了基于交通接驳的空间尺度以及对地区发展具有强力约束的"边界性因素"（铁路轨道、高快速道路、现状用地约束、功能性边界等）的综合考量；从效果上看，广州东站地区在完成跨越式发展以后最终的空间尺度大致包含在以车站为圆心、纵横向近1200m为半径的区域内，参照3个发展区的"圈层结构模型"，这大致上是属于前两个圈层加总的区域。这就从另一个角度说明本书界定的广州东站地区和广州东站关联地区的空间范围具有尺度上的适用性。

4.3 广州东站关联地区的功能业态：车站诱导经济成为主体

本节将主要基于两种口径的数据分析广州东站地区功能业态的特点：建筑面积数据及邮政分区单元的企业数据。两种口径的数据仍然是形成相互补充的作用。

4.3.1 基于建筑面积数据的分析

针对广州东站关联地区，在对其土地利用进行分析的基础上，研究将各种用地功能（建筑物）按照与车站的关联性进行分类和统计分析：车站客流经济主要包括旅馆，车站诱导经济主要包括商住、商务、居住、会展，车站附属经济主要包括铁路客站、长途客运交通枢纽、行政办公、铁路附属办公居住等设施（不同年份在类型的构成上有一定区别）。

建筑面积数据的统计分析结果表明，2003年广州东站关联地区的功能业态（图4-16）类型为：车站客流经济主要包括旅馆，车站诱导经济主要包括商住、商务、居住、会展，车站附属经济主要包括铁路客站、长途客运交通枢纽、行政办公、铁路附属办公居住等设施；功能业态的总量构成为：车站客流经济建筑面积总量为 91151.67m²，占比 5.36%；车站诱导经济建筑面积总量为 1316883.94m²，占比 77.37%，其中又以商务楼宇为主体，占车站诱导经济总建筑量的 47.92%；车站附属经济建筑面积总量为 294130.53m²，占比 17.27%。

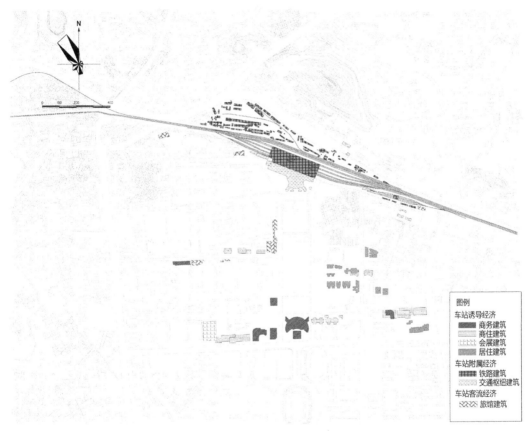

图 4-16　2003 年广州东站关联地区功能业态格局

（资料来源：笔者依据历史地形图自绘）

2010年广州东站关联地区的功能业态（图4-17）类型为：车站客流经济主要包括旅馆，车站诱导经济主要包括商住、商务、居住、会展，车站附属经济主要包括铁路客站、长途客运交通枢纽、行政办公、铁路附属办公居住等设施；功能业态的总量构成为：车站客流经济建筑面积总量为 492910.62m²，占比 14.28%；车站诱导经济建筑面积总量为 2650293.50m²，占比 76.80%，其中以商务楼宇为主体，占车站诱导经济总建筑量的 44.10%；车站附属经济建筑面积总量为 307758.16m²，占比 8.92%。

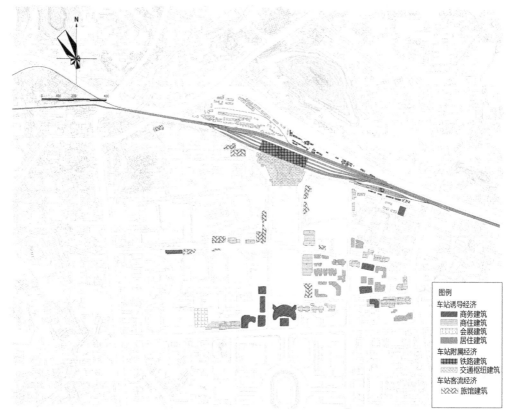

图 4-17　2010 年广州东站关联地区功能业态格局
（资料来源：笔者依据历史地形图自绘）

总体上说，车站诱导经济是最突出的主导业态，占比超过 70%，同时，其业态类型的多元化也是一个主要特点，包含了商住、商务、居住、会展等业态，其中，商务楼宇是主体；以旅馆业为主的车站客流经济虽占据一定比例，但规模并不突出，显示车站的客流经济拉动效应并不显著，不过，以高星酒店为主则是其显著区别于广州站地区的特点；车站附属经济几乎保持原有规模，同样表明车站配套设施的建设具有计划性、一次性完成的特点。

结合前文的分析，在用地构成上，铁路及交通枢纽用地（主要承载了车站附属经济）与城市功能用地（主要承载了车站诱导经济）总量接近，而在业态总量上差距明显。这主要是因为地区处于新城市中心区，土地价值高，因而普遍采用高强度开发的结果。

4.3.2　基于邮政编码分区单元的企业数据分析

本节仍然是基于邮政编码分区单元企业数据的分析❶，研究检验了广州东站所在邮

---

❶　数据来源、分析方法等参见第 3 章 3.3.2 基于邮政编码分区单元的企业数据分析。

政编码区域（510610）的实际尺度，发现它与本书界定之广州东站地区（包含广州东站关联地区）的空间尺度相当，因此研究采用了这些数据进行分析作为补充论证。

分析结果表明，广州东站邮政分区服务业企业密度相对主城区各邮政分区企业密度水平由高到低表现最突出的类型是租赁及商务服务业（2008 年为第一等级，2011 年为第二等级，1996 年为第三等级，2001 年为第四等级），其次是计算机科技及信息服务业（2008 年、2011 年为第二等级，1996 年、2001 年为第三等级），然后是批发业（2008 年、2011 年为第三等级，1996 年、2001 年为第四等级）、交通运输邮政业（2001 年、2008 年为第三等级，1996 年、2011 年为第四等级）、旅馆业（2001 年为第三等级，1996 年、2008 年、2011 年为第四等级）、金融保险业（2011 年为第三等级，1996 年、2001 年、2008 年为第四等级）、房地产业（2008 年为第三等级，1996 年、2001 年、2011 年为第四等级）、餐饮业（2008 年为第二等级，2011 年为第四等级，1996 年、2001 年为第五等级）、零售业（2011 年为第三等级，2008 年为第四等级，1996 年、2001 年为第五等级）以及其他服务业。因此，可以判定，广州东站邮政分区的优势服务业类型是租赁及商务服务业、计算机科技及信息服务业（图 4-18）。

从分析结果来看，广州东站邮政分区的租赁及商务服务业、计算机科技及信息服务业是地区的相对优势产业，均属于车站诱导经济的主要构成部分，它们的主要空间载体就是商务楼宇。因此，分析进一步支撑了车站诱导经济是地区主导业态，以及商务楼宇是其主要物质实体的结论，与前文基于建筑面积数据的分析结论形成相互补充的效果。

以上分析方法的不足仍然在于基于邮政编码分区单元的统计数据与本书所界定的广州东站关联地区在空间上并不完全一致，亦有待在未来的研究中加以改进。

4.3.3　小结

两种口径的数据分析表明：①广州东站关联地区的主体及优势功能业态是车站诱导经济（租赁及商务服务业、计算机科技及信息服务业），商务楼宇是其主要物质载体；②车站客流经济的拉动效应不明显，并且主要对高星级酒店业有一定影响。

4.4　广州东站关联地区空间形态与交通体系的演变

4.4.1　空间形态：城市轴线导向为主

广州东站关联地区空间形态演变及其影响因素的主要特点有：

（1）作为天河新城市中心区的一部分，广州东站关联地区空间形态的演变同样受到天河新城市中心区整体发展、演变的深刻影响，突出体现在贯穿天河新城市中心区之新城市轴线的形成和发展成为其核心导向因素。瘦狗岭—广州东站—中信广场组成了新城市轴线的"门户型商务核"区段，引导着轴线两侧地块功能业态、城市界面及三维形态的生成与演变。

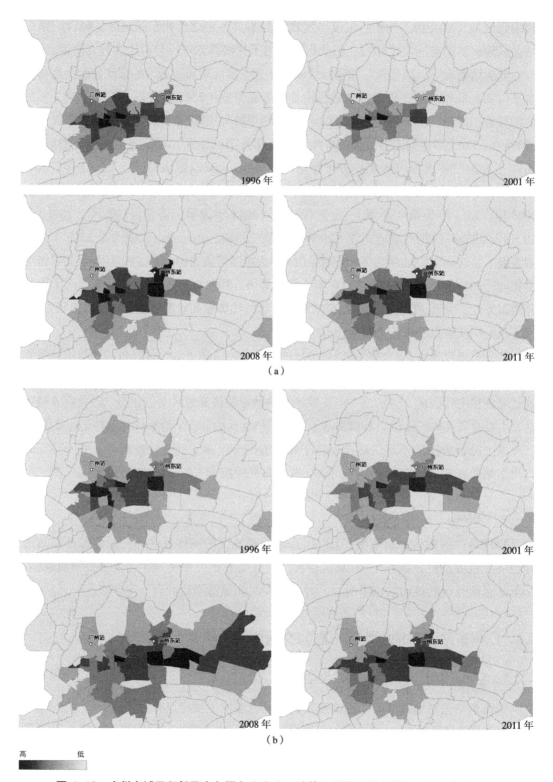

图 4-18　广州主城区租赁及商务服务业企业、计算机科技及信息服务业企业密度分布

（a）广州主城区租赁及商务服务业企业密度分布；（b）广州主城区计算机科技及信息服务业企业密度分布

（资料来源：笔者根据企业数据利用 GIS 软件进行分析）

（2）沿天河北路、林和西横路等主要的发展轴也体现出轴向发展和布局的特点。

由此形成的结果是，地区逐步形成了以新城市轴线为核心、与"门户型商务核"相适应的垂直向高强度的空间形态（图4-19、图4-20）。

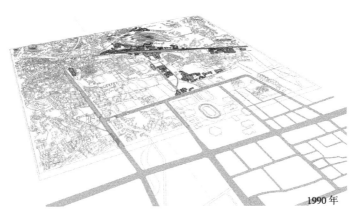

1990 年

图 4-19　1990 年天河新区的空间形态
（资料来源：笔者依据历史地形图自绘）

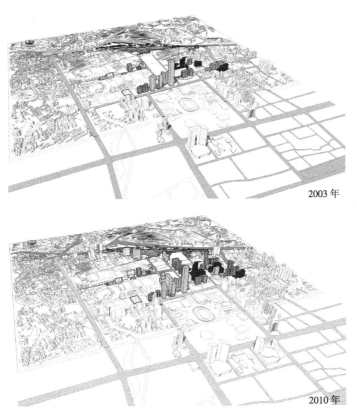

2003 年

2010 年

图 4-20　2003 年及 2010 年广州东站关联地区空间形态
（资料来源：笔者依据历史地形图分析自绘）

4.4.2 交通体系：双向立体枢纽体系的形成

作为广州东站关联地区关键支撑体系的交通体系，亦实现了重要的发展和跨越，"前广州东站时代"下主要是以步行、公交为支撑的单向平面枢纽体系，而"两站及三站时代"下则形成了轨道交通与高快速路网为支撑的双向立体枢纽体系（图4-21）。

（1）"前广州东站时代"在城市道路建设方面，车站在站南主要通过站前的林和西路、林和路连接天河北路，站北则主要是拉通了瘦狗岭路、禺东西路，接广汕公路、广州大道及沙河大街各个方向（广园东路正处于施工过程中），故车站的集疏运道路主要是站前的林和西路、林和路与天河北路及站北的瘦狗岭路，整体呈平面双轴格局；公交站设置于站前广场，与车站形成平面换乘关系。

（2）"两站及三站时代"最重要的首先是双快体系得以建立。内环路（1999年）、机场高速公路（2001年）、林和中路及林和西路隧道（2009年及2010年）、广园快速路（2003年）、地铁1号线（1999年）、地铁3号线（2005年）、地铁3号线北延线（2010年）等是地区立体化、快速化的道路网络和轨道交通网络的主要载体，使得地区客货集疏运的能力极大改善，成为城市内部交通可达性最高的区域之一。这也是地区商务经济发展的重要有利因素。

整体上，由方格网的路网体系、方整的街廓及新城市轴线共同塑造了地区以广州东站枢纽为中心并成中轴对称的总体布局。同时，由于地铁承担了大量的火车站人流集散功能，地面公交网络、换乘网络也同步实现了高效、便捷、有序，客站站房与架空的站前广场及公交总站也形成了立体枢纽的综合体模式，枢纽内各换乘点以及换乘动线高度密集、交互、聚合。此外，广州东站站前宏大的绿地、广场及"天河飘绢"等景观环境的艺术处理也非常成功，共同构成广州东站关联地区与广州东站地区作为天河商务区及城市之门户的重要基础。

因此，以轨道交通与高快速路网为支撑的双向立体枢纽体系的形成是广州东站关联地区及广州东站地区交通集疏运能力实现根本改善的主要原因。虽然地区存在着站场周边发展空间局促等明显制约，但是总体上地区的交通枢纽功能与城市功能之间取得了相对平衡的发展。

4.5 广州东站关联地区空间演化的总体特征及其内在机制分析

4.5.1 空间演化的总体特征

综合上文的分析，总体上，广州东站关联地区的空间演化体现为一种在车站影响下主要由政府规划战略（天河新城市中心区）推动而形成的"突变式"发展格局，成就了一个在广州新城市中心区边缘的车站地区发展、演变的案例。

在超过30年的发展历程中，地区的命运始终与天河新城市中心区的主旋律紧紧相

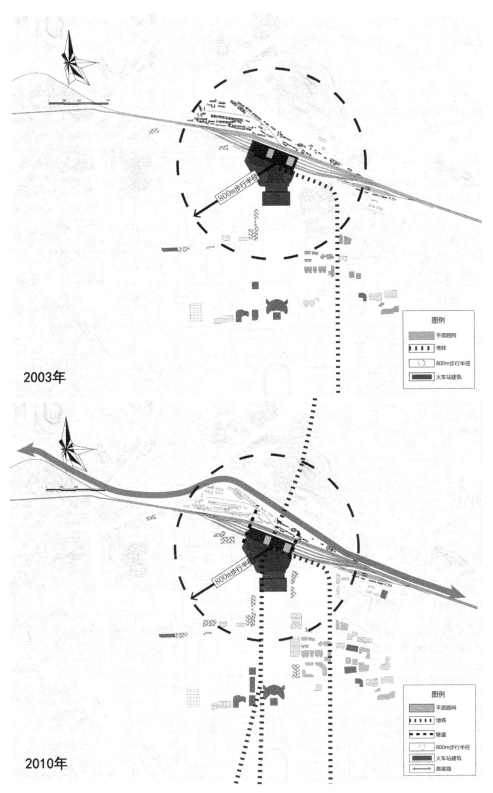

2003年

2010年

图 4-21　2003 年及 2010 年广州东站关联地区交通体系
（资料来源：笔者依据历史地形图分析自绘）

连、环环相扣。在"前广州东站时代",鉴于车站以货运功能为主且规模较小,以及天河新区仍处于培育和起步阶段的局面,地区的发展一直难有大的起色。在交通功能以外,地区主要以仓储功能为主,诞生的第一家酒店堪为一大亮点。进入"两站及三站时代",广州东站关联地区正式确立并迎来突破性的大发展。在天河新城市中心区快速形成的背景下,商务楼宇的导入(以中信广场为龙头项目)推动着关联地区完成了向商务功能发展这一"重要的跨越"。此后,随着天河新城市中心区进入成熟与稳定的发展阶段,"关联地区"也走向一个新的发展高潮。林和村旧改项目(2013年)和保利中汇大厦(2012年)的建成即是其重要标志,地区的空间开发由此接近完成。最终,地区成为一个以商务经济为主导、交通枢纽功能突出的车站关联地区。

(1)从用地发展上来看,地区在从城乡接合部的低度开发状态发展为新城市中心区核心高度饱和状态的过程中,开发用地总量持续增长,主要以现状周边企事业单位及村用地的更新为主。空间上主要呈现为单向布局的特点,用地类型总量则基本稳定。

(2)在功能、业态方面,地区主导功能业态直接跨入以车站诱导经济为主体的阶段是其重要特点。其业态类型体现出多元化的特点,包含了商住、商务、居住、会展等业态,其中,以商务楼宇为载体的商务经济又成为其主要组成部分;以旅馆业为主的车站客流经济虽占据一定比例,但规模并不突出,车站的客流经济拉动效应并不显著,不过以高星级酒店为主则是其显著区别于广州站关联地区的特点。

(3)在空间形态上,由于新城市轴线和城市干道的轴向导向作用,地区逐步形成以城市轴线为核心、与"门户型商务核"相适应的垂直向高强度的空间形态。

(4)在交通体系上,从以步行、公交为支撑的单向平面枢纽体系走向以轨道交通与高快速路网为支撑的双向立体枢纽体系。

4.5.2 内在机制

广州东站关联地区的空间演化,从产业、空间的层面上看,主要是商务经济实现跨越式发展并逐步走向高潮的过程;内在机制上则体现为典型的"政府力主导 + 市场力跟进"的合作开发模式。

1. 政府的规划引领是形成"政府主导 + 市场跟进"合作开发模式的首要因素

天河新区的规划建设在动态发展中适时灵活调整发展策略和目标,定位适度超前,通过强有力的规划实施,准确地把握了市场需求,引导了市场的跟进,取得了规划建设的成功。

(1)1985 ~ 1995年,围绕体育中心周边的天河新区正处于走向天河新城市中心区的培育和起步阶段,"天河新区"作为"天河新城市中心区"的规划定位初步确立,并提出新城市轴线的构思。早在1959年,广州第十版城市总体规划方案就依据城市主要向东发展的总体思想,提出在天河机场旧址建设一个全市性体育活动中心和园林化住宅区;一直到1984年,由国务院通过的广州第十四版总体规划方案在"组团式"的城市空间发展模式基础上，提出在旧城组团之外，将天河、黄埔组团确定为城市向东拓展的两个新组团，并在旧城边缘依托"六运会"体育场馆和广州东站建设一个可容纳十万多人居住的新区。于是，为了适应城市对外开放的形势和迎接第六届全运会的召开，以此为主要内容展开了天河地区的总体规划和建设。天河新区的规划（图 4-22）采用了城市综合开发的理念，旨在依托体育中心和广州东站的建设进行全面配套，形成广州市新的城市副中心，推进广州东进的发展。天河新区用地规划分三个圈层：以天河体育中心为核心，内环是文化娱乐区、旅游服务区和商业贸易区，分别布置在东、西、南三面，外圈是居住区和综合发展区，广州东站、体育中心和南端的商贸中心组成一条贯穿南北的新城市轴线。●

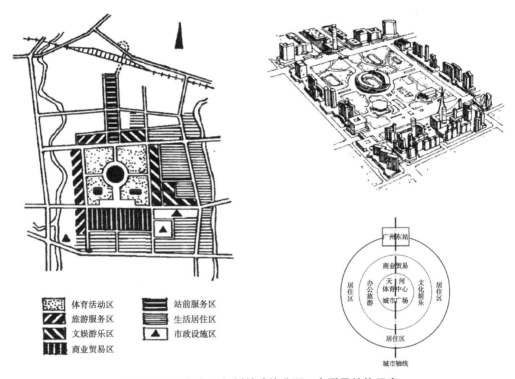

图 4-22　天河新区规划的功能分区、鸟瞰及结构示意
（资料来源：方仁林 . 广州天河地区规划构思 [J]. 城市规划，1986，68（2）：159-174）

　　进入 20 世纪 90 年代后，广州城市经济迅速发展，连续多年以两位数的速度增长，同时，1992 年邓小平同志南巡，肯定了广东先行一步的成果，也进一步明确了改革开放的发展道路，这都进一步增强了地方政府发挥自主性，发展经济、建设城市的信心和动力。1992 年，时任广州市市长提出广州要充分发挥中心城市的作用，建设

● 郭炎 . 广州城市中心区演进与开发体制研究 [D]. 广州：中山大学硕士论文，2008：47-82.
　 方仁林 . 广州天河地区规划构思 [J]. 城市规划，1986，68（2）：159-174.

现代化国际大都市，建设三大中心（金融中心、信息与旅游中心、商贸中心），高标准、大规模发展第三产业。针对广州"现代化国际化大都市"的定位，1991～1992年编制的广州城市总体规划进一步确定了城市发展方向和广州"双中心＋组团"的结构（旧城中心与天河新城市中心，白云区北翼大组团、黄浦区东翼大组团），天河新城市中心区的功能主要确定为商业、金融、行政、外交和居住功能。而且，此时广州市政府也准备建设地铁1号线及提出建设珠江新城（主要目的之一是通过土地收益支持地铁建设）。❶

（2）1996～2000年，是"天河新城市中心区"快速发展并基本形成的阶段，新城市轴线不断优化并逐步实施。

在此期间，当广州东站新站房、中信广场相继建成，地铁1号线也即将通达广州东站时，考虑到此时新区建设发展过快、功能复杂、项目环境之间缺乏整体协调，使得天河新区的北部门户地区未能体现应有的环境品质和城市形象。1997年，广州市城市规划局委托广州市城市规划设计所开展"广州火车东站至天河体育中心重点地段城市设计"（图4-23）。城市设计方案以中心绿化广场设计、交通规划和步行系统设计为重点。在中心绿化广场设计中，取消和迁移了原规划在中心地区的两组酒店建筑，形成大型绿化中心广场，有效优化了地区用地结构，并突出了中信广场的标志性建筑景观效果。同时，对广州东站地区周边道路进行分级分区使用功能组织，并提出二层步行系统设计方案。在迎接2001年第九届全运会的系列环境整治工程（"一年一小变、三年一中变"综合环境整治）中，该城市设计由广州城建开发公司展开建设、实施，并被命名为"天河飘绢"，列入"新羊城八景"。❷

由此，随着天河新城市中心区的快速发展与建设，新城市轴线也基本成形，为瘦狗岭—广州东站—中信广场—宏城广场。广州东站因而正式成为新城市轴线的起点。

（3）2001年至今，是天河新城市中心区稳定、成熟发展的阶段，城市新轴线继续拓展与延伸。

城市发展的新格局、新阶段下天河新城市中心区进入稳定、成熟的发展时期。

2000年广州的行政区划调整带来城市市区空间的扩容：由"老八区"的1443km²增加到"十区"的3718.5km²。行政区划调整改变了广州城市发展长期局限于"云山珠水"空间格局的状况，为广州赢得了在更大范围内进行产业空间布局、城市发展骨架建设（基础设施）及城市空间结构优化、调整的历史机遇。2001年广州城市发展战略研究提出了广州要采取跨越式发展，通过"南拓、北优、东进、西联"的城市空间战略来"拉开结构、建设新区、保护旧城"，进而将广州打造为高效、繁荣、文明的国际性区域中心城市及适宜创业与居住的山水型生态城市。由于战略的调整，广州经济实现了

---

❶ 郭炎.广州城市中心区演进与开发体制研究[D].广州：中山大学硕士论文，2008：47-82.

❷ 资料来源：广州市国土资源和规划委员会。

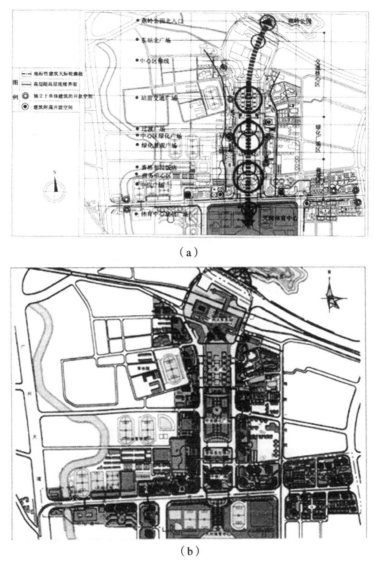

（a）

（b）

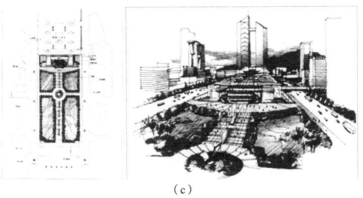

（c）

图 4-23　广州火车东站至天河体育中心重点地段城市设计

（a）空间结构分析；（b）建筑环境布局总平面；（c）中心绿化广场意向设计

（资料来源：广州市国土资源和规划委员会）

历史性的大发展，城市经济总量（GDP）几乎隔几年翻一番，由 2001 年的 2841.65 亿元增长到 2014 年的 16000 亿元，在国内城市排名中长期保持第三的位置（图 4-24）。

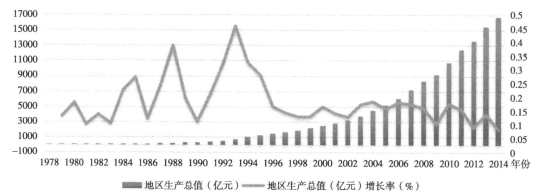

图 4-24　1978 ～ 2014 年广州市地区生产总值与增长率
（资料来源：笔者根据广州市历年统计年鉴资料整理）

在广州新的城市发展战略下，天河城市中心区的变化主要有：①规划提出以珠江新城和天河城市中心区的建设拉动城市中心向东拓展，同时天河城市中心区也成为城市南拓与东进的交汇点，由此其中心区位将更为突出。②作为建设"国际性区域中心城市"的战略举措，广州提出在 21 世纪建设一个完整的城市中央商务区（GCBD21）。2002 年《广州市新城市中轴线规划设计研究》确定 GCBD21 由北向南贯穿天河城市中心区和珠江新城，全长达到 12km。当然，在 GCBD21 的建设中，政府更主力推动珠江新城商务设施的建设，其与天河城市中心区的商务功能亦形成一定的竞争。③ 2004 年，天河城市中心区与珠江新城共同打造"双环"结构商贸组团，规划通过地下步行和商业空间将二者连为一体，推动商圈整合，形成合力并提升能级。④随着战略规划实施的推进，尤其是基础设施的建设，使天河城市中心区的辐射范围进一步扩大，城市经济的发展、产业的升级也进一步增强了对城市中心区商务功能的需求，此外，天河城市中心区作为广州的形象代言人，进一步增强了对国际、国内商务活动的吸引力，而 2001 年中国加入 WTO 也为广州商业贸易和商务活动的增加带来了新的机遇，包括国外直接投资增长、各种外资服务业机构入驻，高消费的外商及商务人士入驻又增强了对高档次消费的需求；这些都构成了天河城市中心区进入稳定、成熟发展的基本背景和有利条件。❶

贯穿 GCBD21 的城市新轴线在 2010 年亚运会前夕正式形成，为瘦狗岭—广州东站—中信广场—宏城广场—珠江新城—电视塔，与城市旧轴线共同组成"双轴"结构，

❶ 郭炎.广州城市中心区演进与开发体制研究 [D].广州：中山大学硕士论文，2008：47-82.
林树森，戴逢，施红平，等.规划广州 [M].北京：中国建筑工业出版社，2006：101-133.

并与珠江"横轴"一起托起新广州的城市骨架。

珠江新城—海心沙段的新城市轴线在 2010 年亚运会前夕建成并投入使用,成为展现广州国际化大都市城市形象的城市中心地区(图 4-25)。2010 年以来,广州新城市轴线南段地区的规划设计与实施工作又在逐步推进中,新城市轴线将继续向南延伸。

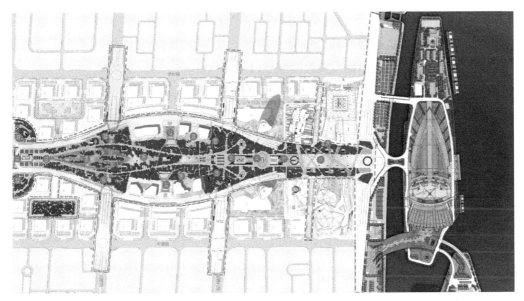

图 4-25 珠江新城—海心沙段的新城市轴线实施方案平面
(资料来源:广州市国土资源和规划委员会)

综上所述,政府的规划引领是天河新城市中心区建设取得成功的首要因素。作为天河新城市中心区重要组成部分的广州东站关联地区(及广州东站地区),也正是在其引领下实现了跨越式发展并走向高潮。

2. 城市建设开发公司的开发体制是形成"政府+市场"合作开发模式的关键手段和体制保障

天河城市中心区在开发前,政府便委托广州城建开发公司全权负责该地区的开发,实行"统一规划、统一征地、统一配套、分期建设",并进行市场化运作。在开发过程中,政府与公司经营层多渠道地保障城建开发公司有一定的利润,同时城建开发公司也积极引进第三方市场利益主体进行开发,保证了天河城市中心区开发过程中的资金链和连续性。

在政策规定赋予城建开发公司的义务与职责方面:

(1)义务上,首先,政府拥有对该地块进行规划设计以及后期调整的权利,城建开发公司则拥有执行规划并按照规划实施的义务;其次,在 5.2km^2 的规划范围内,按常住人口 15 万人的规模,自行筹资进行市政设施配套和公用设施建设,在 2.95km^2 用地范围内,除进行市政设施和公用设施的配套外,还需进行土地的征用拆迁和三通一平等基础开发；市政配套设施建设完成后，以实物的形式移交市政管理部门，并将配套的费用摊入后期所收取的土地开发费中。

（2）权利上，首先是对2.95km²用地进行全面综合开发的土地使用权利，其次是对地块内负责配套建设的市政设施、公用设施向各项目建设单位收取综合配套费和土地综合开发费，另外还包括对规划与设计方案预审的权利和公司独立发展的控制权。

（3）城建开发公司可以直接出资进行开发建设（如市长大厦和人都会广场项目），也可以和第三方市场主体合作或合资开发建设（如与新加坡房地产公司合作开发名雅苑居住楼盘、与粤海集团合资开发天河城项目）。

天河城市中心区开发中采取由城建开发公司进行全面综合开发的体制，改变了在改革开放前期与早期城市建设中政府单一出资形成政府与第三方市场主体或政府与城市建设施工方的"两主体、一阶段"开发体制，转为"三主体、二阶段"的以城市经营手段引入市场进行城市开发建设的体制：城建开发公司归口建委的局单位管理并接受其监督，在市委、市政府和各部门进行授权的基础上，出台政策规定公司应该承担的责任和享有的权利，并辅以"收费和方案预审后开具证明"这一手段保证城建开发公司的权利，进而由各部门协调配合共同为天河城市中心区开发作出贡献（图4-26～图4-28）。

广州运用城建开发公司进行开发的体制模式推动了天河城市中心区的成功建设，它产生于我国改革开放初期国家各项制度建设仍处于探索之中（如城市投融资体制、土地使用制度、城镇住房制度、财政体制等），以及当时的城市发展现实（如资金短缺和国际性因素影响较小等）的背景之下。有研究指出其具有以下主要内涵和意义：

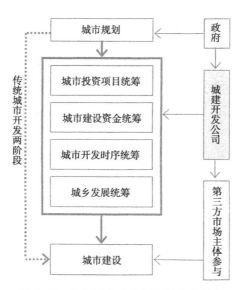

图 4-26　天河城市中心区开发主体转变

（资料来源：郭炎 . 广州城市中心区演进与开发体制研究 [D]. 广州：中山大学硕士论文，2008：101）

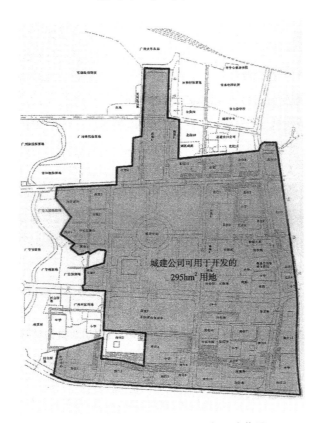

图 4-27　城建开发公司可开发用地范围

（资料来源：郭炎．广州城市中心区演进与开发体制研究 [D]．广州：中山大学硕士论文，2008：49）

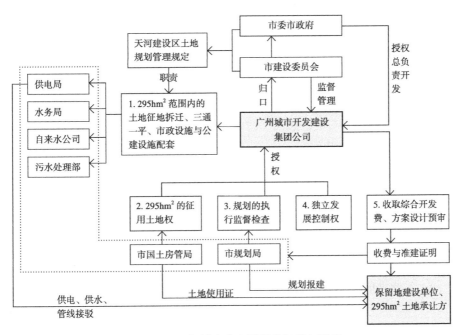

图 4-28　天河城市中心区开发权责与职能

（资料来源：郭炎．广州城市中心区演进与开发体制研究 [D]．广州：中山大学硕士论文，2008：102）

①成立专门的开发公司可以保证城市新区开发建设与经营中的连贯性和持续性；②城建开发公司塑造了城市建设的融资主体，有力地保障了城市开发建设中的资金链。**❶**

总的来说，城市建设开发公司的开发体制是广州市第一次城市建设投融资体制改革，是一次重要的制度创新；是在改革开放及市场经济前期，尤其是在土地市场尚未形成的情况下，由城建开发公司作为主要的开发主体，积极引入市场力量，统一、全面综合开发；这是大规模的天河新区开发得以成功的关键因素，也是构建"政府+市场"合作开发模式的关键手段和体制保障。

3. 重大项目的实施是带动商务经济集聚与发展的关键因素

中信广场是广州的标志性超高层建筑之一，总建筑面积 29 万 m²，高 391m，由一幢 80 层的写字楼和两幢 38 层的酒店式公寓组成，是集写字楼、公寓、商场、会所于一体的综合性物业，也是世界上最高的钢筋混凝土大楼。

中信广场作为"政府主导+市场跟进"合作开发的成功典范主要体现在：

（1）成功的引资。"由于广州东站客流量较小，带动力不够，政府一直希望把东站这一带做起来。"**❷** 1993 年，广州市政府成功引进香港熊谷蚬壳公司为主体的联合投资方开发、建设中天广场（当时名称）。该公司在内地城市主要开发、建设和运营地标性的超高层项目，具有非常强大的实力和丰富的经验，如在内地的同类项目包括深圳地王广场（1996 年建成）、北京京广中心（1997 年建成）等，均是所在城市的标志性大厦并取得很好的运营效果。中信广场于 1993 年动工，1997 年建成，1999 年投入使用。

（2）项目选址与规划调整。中信广场选址于新城市轴线天河北路节点北侧的地块。该地块在 1992 年之前的天河地区规划中是商贸中心的用地功能，高度为 5 层。为此，政府论证后调整其用地功能为综合性超高层物业，以满足中信广场建设的要求以及打造新城市轴线的意图。在 1997 年开展的《广州火车东站至天河体育中心重点地段城市设计》中，取消和迁移了原规划在中心地区的两组酒店建筑（香格里拉酒店），形成大型绿化中心广场，优化了地区用地结构，特别是突出了中信广场的标志性建筑景观效果，并形成"城市大门"的城市意向（图 4-23）。

（3）标志性项目的带动作用。中信广场依靠其一流的管理（软件）、设施与环境（硬件），在珠江新城西塔出现之前一直是广州顶级的写字楼，形象简洁大气，标志性突出，并且实行国际化的销售、招商和运营（在香港预售，"外资公司持有产权的很多，肯定超过 50%"，其中也包括香港的公司与业主**❸**），因此受到市场的追捧，尤其是外资和港资企业。

这一波发展的结果是中信广场引领了天河北 CBD 的形成（天河城市中心区核心功能之一）。在此之前很长时间以来，天河体育中心周边地区发展一直比较缓慢，当时

---

❶ 郭炎. 广州城市中心区演进与开发体制研究 [D]. 广州：中山大学硕士论文，2008：111-113.
❷ 据笔者对熊谷蚬壳公司经理的访谈，2014 年 11 月.
❸ 据笔者对熊谷蚬壳公司经理的访谈，2014 年 11 月.

主要的建设包括天河体育中心东面的广州酒家（1994 年建成）、广东外经贸大厦（1994年建成），西面的天河大厦（1987 年建成）、购书中心（1994 年建成）（图 4-4）。中信广场的建设、落成、使用也引领了天河体育中心周边地区的发展，如中信广场西面的市长大厦和大都会广场（1996 年建成）、广州国际贸易中心（1998 年建成），天河体育中心东面的南方证券大厦（2000 年建成）、金利来大厦（1998 年建成）、广州电信大厦（1998 年建成），天河体育中心南面的天河城（1996 年建成）、宏城广场（1997 年建成），天河体育中心西面的高盛大厦（1998 年建成）、城建大厦（1998 年建成）。这一大批办公楼、商业购物中心在近 5 年的周期内落成，正是天河城市中心区快速形成的阶段（图 4-6）。天河北 CBD 作为广州新的商务区也初步确立（图 4-29）。

从入驻企业来看，中信广场仍然是广州标志性的商务中心之一。截至 2014 年 10 月31 日的资料，入驻公司共 344 个，主要包括外资、港澳及内资企业三大类型（表 4-1）。

外资企业或机构方面，主要是跨国企业或世界 500 强企业的总部及分支机构。代表性企业如：①日化，安利（中国）日用品有限公司；②科技，英特尔（中国）有限公司、中国惠普有限公司；③金融保险，恒生银行（中国）有限公司广州分行、花旗银行

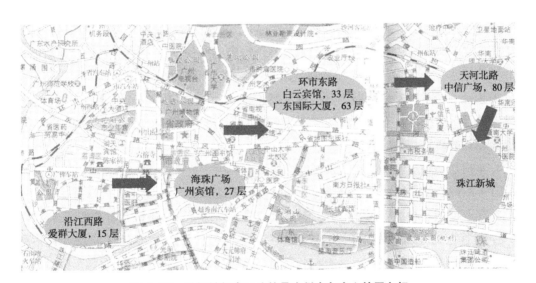

图 4-29　地标性超高层建筑是广州商务中心的风向标
（资料来源：戴德梁行 . 广州 office 市场分析 . 内部报告，2010）

中信广场入驻企业统计分析　　　　　　　　　　　　　　表 4-1

公司类型	公司数量（个）	占比	办公空间（单元）	占比
外资	85	27.51%	217	35.34%
港澳	11	3.56%	23.5	3.83%
内资	213	68.93%	373.5	60.83%
总量	309	100%	614	100%

资料来源：笔者根据中信广场物业管理公司登记资料分析，截至 2014 年 10 月 31 日。

（中国）广州分行、东京海上日动火灾保险（中国）有限公司广东分公司；④石化，卡塔尔石油化工有限公司广州代表处；⑤领事馆，乌克兰驻广州总领事馆、马来西亚驻广州总领事馆、新加坡驻广州总领事馆；⑥航空，韩国大韩航空公司广州办事处、土耳其航空公司广州办事处；⑦医药，曼秀雷敦（中国）药业有限公司广州分公司等。

港澳企业或机构较少，代表性的如戴德梁行及香港驻粤经济贸易办事处。

内资企业及机构方面，以中小企业为主，行业类型非常多元化。大企业主要包括中信银行广州分行、中信地产广州投资有限公司、中信信托有限责任公司、中国进出口银行广东省分行、中国软件与技术服务股份有限公司广州分公司等。

从中信广场迁往珠江新城或别处的典型企业和机构主要包括：①外资企业或机构方面，BP石油、微软公司、思科软件、朗讯科技、德意志银行、友邦保险、安联保险、意大利领事馆、芬兰领事馆、瑞典领事馆等；②内资企业或机构方面，四川石化、韶钢等。❶也就是说，在珠江新城发展起来以后，中信广场仍然具有很强的市场号召力。它对广州东站关联地区商务经济的发展、集聚发挥了关键的引领作用。

综合以上三个小节的分析可以看到，广州东站关联地区获得跨越式发展的根本动力是政府对天河新区发展的战略引领和综合投入。站区作为新区的一个组成部分，是在2000年左右天河新城市中心区快速形成之后才逐步发展起来的，彼时，站区呈现的是中信广场与广州东站双极突变的结构；站区商务经济发展的主要动力是天河新城市中心区快速形成下商务楼宇群的基础集聚效应、中信广场的提升带动效应、广州东站的辅助推动效应；从要素格局上看，有新城市轴线的配置、引领，及中信广场（地标性重大项目）的选址、带动，它们与广州东站（重大交通基础设施、交通区位的改变）是量级相近的要素和效应。

4. 车站是推动地区商务经济发展的"加速器"

（1）广州东站在穗港深客运通道上的强劲竞争优势

在客运市场方面，广深铁路与广深高速公路之间曾经上演了非常有趣的竞合故事。

广东省在交通部、港商的支持下，率先于1993年12月28日建成设计速度为120km/h的全封闭、全立交、双向6车道的高速公路，使广州到深圳的汽车运输时间从4h缩短为2h左右。广深高速公路投产后，广深铁路正处于准高速建设阶段，大量的既有线施工影响了在速度上本已处于劣势的列车正常运行速度，使高速公路的速度优势更显突出。加之旅客对快捷的要求随着市场经济的发展日益强烈，造成了大量传统的铁路客流流向高速公路和航空。由此，广深铁路传统的市场主导地位受到严重冲击，客流量出现大幅度下滑。旅客发送量从最高峰1993年的2828.1万人次逐年减少到1996年的1746.5万人次，降幅达38.2%。广九直通车旅客发送量从最高峰1992年的129.8万人次逐年减少到1997年的72.2万人次，降幅达44.34%。

---

❶ 据笔者对中信广场保利物业管理公司经理的访谈，2014年11月。

　　时速 160km 的广深准高速铁路于 1994 年底建成。广深铁路提高速度、加大密度、同时通过价格策略、提高服务质量、提高冷门车次上座率，走出了 3 年来持续下滑的低谷。

　　至 2001 年 10 月 21 日，全路第四次大提速以后，广深线城际旅客列车公交化的客运新模式（即借鉴城市公交运输方式，采用"高密度、高速度、小编组"的运输组织模式，实现广州—深圳间快速、方便的旅客输送）基本形成。广深间开行旅客列车 101 对，其中准高速以上列车 62 对。据统计，广深城际旅客列车实施公交化以后，客流增加了 2.1%，增幅不大（说明公交化并没有扩大广深铁路的吸引区域和人群范围），但高速客流却从 120.30 万人次激增到了 248.03 万人次，增幅达 106.2%；而普速车客流却从 155.90 万人次锐减到 33.95 万人次，减幅为 78.2%，日均减少 5476 人次。即广深城际旅客列车公交化后，乘坐高速车旅客所占比重大幅上升，从公交化前的 43.6% 上升到 88%，而普速车旅客则从 56.4% 减少到 12%。也就是说，广深城际旅客基本上选择高速列车，成功地实现了客流的转移。❶

　　反观广深高速公路客运，在 2001 年 5 月前因有流花地区的锦汉车站，客源还可与广深铁路客运平分秋色。自 2001 年 5 月 18 日锦汉汽车客运站被撤销后，能与广深铁路客运抗衡的桥头堡消失，在锦汉车站发班的 100 多台广深线客车被分散到省汽车站、广园客运站、越秀南客运站、芳村站、海珠站发班，发班密度最大的省汽车站、广园客运站也不过是 15～20min 一班。时至 2006 年 6 月，广深高速公路实际在运行的高速豪华直达客车从 1997 年的 178 台减少到 129 台，平均实载率从 2001 年的 58% 下降到 43%。❷

　　广深属于运距在 100km 与 200km 之间的客运市场类型，总体上，两者之间运行时间差异开始显现，轨道交通服务半径明显扩大。在其优势服务区范围内，道路客运所占份额明显减少，优势区外道路客运仍有一定发展空间。

　　根据广深铁路股份有限公司的《2005 年业绩报告》和广州、深圳交通局 2005 年统计资料显示，在竞争激烈的广深客运市场，广深快速铁路凭借其安全、舒适、快捷、优质的服务表现出强劲的竞争力，市场占有率达 57%；高速公路直达客运虽面临其强力竞争，仍保有 40% 的市场份额。但是，在与轨道交通站点近距离竞争中，高速公路直达客运所占的份额大幅减少：罗湖火车站发送的广深线客运量占 92.17%，而罗湖汽车站仅占 7.83%。因此，在轨道交通优势服务区范围内，轨道交通对道路客运的冲击是毋庸置疑的，而且是十分巨大的。❸

　　综上所述，广州东站在穗港深客运通道上依靠其列车的高密度公交化运行模式、

❶　邹毅峰，罗荣武．广深城际旅客列车公交化客流变动情况分析 [J]．铁道运输与经济，2002，24（9）：23-24．
❷　李明生．铁路城际客运市场开发及列车规划研究 [M]．北京：中国铁道出版社，2010：331-333．
❸　广州市交委客运处．浅谈高速铁路、城际轨道交通对广州道路客运行业的影响及应对措施 [Z]．广州：广州市交委，2011．

乘坐舒适度及便利性等因素而长期保持着强劲的竞争优势，尤其在枢纽之间点到点的客运市场上其表现极为突出，整体上与高速公路之间形成了相对平衡的竞合关系。

（2）广州东站"链接"的"香港因素"是地区商务经济加速发展的重要动力

广州东站借由其在穗港深客运通道上当仁不让的主要参与者角色，搭建起穗港深之间的强力"链接"，从而在地区商务经济的集聚、发展过程中发挥了重要的加速助推作用，整体上成为"政府力主导＋市场力跟进"合作发展模式的"加速器"。

从调查分析来看，广州东站对地区商务经济发展最突出的影响正是因其"链接"香港带来的"香港因素"的体现。

这背后的原因首先要归结于香港对广州以及珠三角地区的重要影响。客观地讲，没有香港就没有珠江三角洲地区 30 多年的大繁荣。但是香港又不仅是珠江三角洲地区的中心城市，20 世纪 90 年代它是中国唯一的国际航运中心，是 FDI 的主要通道。也正是借助中国内地 30 多年的快速发展，香港地区通过服务内地得以成为可以和东京、新加坡叫板世界金融中心的全球城市。中国内地成为香港的经济腹地，珠江三角洲则成为香港的工业郊区……2000 年以前，珠江三角洲工业化的产业服务——资本市场、生产技术、市场信息、产品设计、市场营销……全部需求都指向香港。2000 年以后，中国内地的城市化尾随工业化的成功而至，广州、深圳的房地产业高度繁荣，而这两个城市随后选择的"再工业化"和创新城市建设也因为区域产业生态系统的形成而获成功。得益于香港"一国两制"和国内市场经济改革的深化，产业服务业开始在广深两市大规模汇聚，实现了对香港生产性服务业的部分替代。[1] 可以说，天河城市中心区（包括广州东站关联地区）商务经济的发展正是这个过程的直接体现，"香港因素"在其中扮演了重要角色。

1）"通过香港快速连接世界"是地区相关企业选址的关键因素之一。

香港作为全球化城市，依托其国际金融中心（资本市场）、国际航运中心（香港机场的国际航线极其丰富，"经港飞"至今仍然是广州市民商务、旅游出行的重要选择）、国际化的生产性服务业及发达的资讯等一直是广州及其他珠三角城市连接世界的重要窗口。这也是广州东站关联地区相关企业选址的关键影响因素之一，研究亦通过深入访谈对相关企业的选址行为进行了求证。

大企业案例：宝洁中国总部

宝洁公司是世界上最大的日用消费品公司之一，在全球大约 70 个国家和地区开展业务。1988 年，宝洁公司在广州成立了在中国的第一家合资企业——广州宝洁有限公司，从此开始了其中国业务发展的历程。宝洁大中华区总部位于广州，目前在广州、北京、上海、成都、天津、东莞及南平等地设有多家分公司及工厂。

30 多年来，宝洁在中国的业务取得了飞速的发展，其品牌优势明显。飘柔、舒肤

---

❶ 袁奇峰 . 国家中心城市、全球城市与珠三角城镇群规划之惑 [J]. 北京规划建设，2017（1）.

佳、玉兰油、帮宝适、汰渍及吉列等品牌在各自的产品领域内都处于领先的市场地位。中国也是宝洁全球业务增长速度最快的区域市场之一。目前，宝洁大中华区的销售量和销售额已位居宝洁全球区域市场中的第二位。

宝洁中国总部在广州市内的办公地址经过数次搬迁，从最初位于环市东路的粤海大厦到以太广场—中泰国际广场—珠江新城高德置地广场（访谈时尚处于计划中，现已迁往该址）。

选择中泰国际广场的主要原因是：功能需求方面，虽然也有香港公司，但与总部的业务联系并不多，主要是在资金筹措、了解日化用品的时尚风向方面经常需要与香港联系，而且与深圳的业务联系几乎没有；交通方式上，来往香港主要还是通过广九线直通车；空间需求方面（目前总部有 2000 人），地区的商务氛围、楼宇品质与宝洁公司的品牌形象也比较匹配（并不需要追逐地标）；另外，选择这个地点还比较关注交通的便利（城市内员工上下班可以地铁站点直达）、租金优惠、商务谈判（取得比较弹性的合同）等因素。❶

中小企业案例

第一个案例，笔者采集到一个比较特殊的企业——某仿首饰贸易公司，办公地址在广州东站综合楼三层广州点对点商务中心（面向中小企业的一站式办公创业基地）。该公司主要从事仿首饰的生产、销售、跟单、开发，为大品牌（奢侈品）代工是其主要业务来源。公司合作的工厂在深圳龙岗某工业区，订单客户主要是欧洲的品牌，商务会议主要在香港。其代工产品面向全球销售，通过香港发往欧洲仓库再发往全球各地。因此，该公司的业务重心正是在广州—深圳—香港的通道内，对广深、广九动车的需求极为密切。在业务出行频率上，每周平均 1 ~ 2 次来往深圳，当天往返或停留 1 ~ 2 天。❷

第二个案例是耀腾展览有限公司，办公地址在广州东站综合楼四层。该公司主要从事艺术品收藏、交易的第三方中介服务，并且在上海等多地有分公司。公司业务的重心也是广州—深圳—东莞—香港的珠江东岸富豪聚集地带。为了方便全国以及世界各地的客户往来公司，东站周边地区便捷连接机场、内环路、广园路、地铁 1 号和 3 号线、东站客运站（家在珠海）、广深、广九动车的综合优势是选址的主要原因。此外，周边地区的综合配套（如酒店、商业服务等）、形象也比较优越。❸

第三个案例是广州浪博国际货运代理有限公司，办公地址在广州东站综合楼四层。该公司从事国际货运代理业务，主要面向国外。物流方式上一般走海运或空运，海运主要通过深圳、南沙、黄埔等港口，空运则通过广州、香港机场。该地点主要是公司全业务的办公、管理部分，即物流业链条中的商务服务环节。选址上的主要优势是交

❶ 据笔者对宝洁公司高管红女士的访谈整理，2014 年 11 月。
❷ 据笔者对某仿首饰贸易公司经理赵小姐（该地点办公员工共 3 ~ 4 人）的访谈整理，2014 年 11 月。
❸ 据笔者对耀腾展览有限公司卢总经理的访谈整理，2014 年 11 月。

通便利、客户往来方便，因为在业务上进行洽谈，面对面的交流非常重要。客户比较全方位，国外、中国香港、内地包括广州都有。❶

由此可见，人、货物、信息、资金通过香港快速连通世界是相关企业在地区选址的重要因素。

2）香港资金是地区空间开发的重要资金来源。

香港资金在地区空间开发中所占的比重非常突出。

地区第一家酒店景星酒店（1994 年）就是香港公司与林和村组成股份公司合作开发的；随后是以香港熊谷蚬壳公司为主的联合体投资、开发的中信广场（1997 年）、耀中广场（2012 年）、东方宝泰（地下购物餐饮中心，2013 年，业态几度转变，批发市场—吉之岛—东方宝泰）、峻林项目（2015 年，即林和村旧改项目）。广州东站上盖规划建设的两栋超高层塔楼也是香港投资（后来因为各种原因没有实施）。总的来看，香港资金对地区发展举足轻重，作用非常突出，基本上以大项目、重点项目为主，而且占据了城市轴线上的黄金区位（图 4-30）。❷

此外，香港企业是地区入驻企业的重要组成部分，尤其是早期中信广场、景星酒店办公楼的企业中港资企业较多❸，典型企业如戴德梁行（1993 年进入广州，1997 年迁入中信广场至今）。在这个过程中，公司的业务特点发生了很大变化。早期业务市场主轴在广州—深圳—香港，业务出行依赖广深、广九铁路客运功能；随着业务的拓展、变化，市场也逐步扩展到全国，而中信广场的分公司功能也从负责华中、华西、华南的总部转变为目前主要负责华中、华南地区的总部。业务出行方面则比较多元化，乘坐高铁或飞机较多。❹香港小业主亦是地区物业销售的重要业主群体，典型的如中信广场（在香港预售）、耀中广场、保利中汇大厦、新鸿基峻林等项目均有香港客商、企业或居民购买产权物业。❺

总的来说，与香港（深圳）的"一站式"出行链接，使得广州东站周边地区成为广州和香港（深圳）相互链接的一个重要枢纽，由此也成为地区商务经济发展的重要因素；而"广州东站＋中信广场"的要素格局更是对地区发展具有决定性意义。❻

5. 动力机制模型

总体上，广州东站关联地区空间演化的动力机制体现为"车站加速助推＋政府力主导＋市场力跟进"下的合作开发模式（图 4-31）。

---

❶ 据笔者对广州浪博国际货运代理有限公司李总经理的访谈整理，2014 年 11 月。
❷ 据笔者对林和村书记的访谈整理，2014 年 11 月。
❸ 据笔者对景星酒店总经理的访谈整理，2014 年 11 月。
❹ 据笔者对戴德梁行资深员工邓先生的访谈整理，2014 年 11 月。
❺ 有关以上两方面情况的数据采集较困难，有待完善、补充。
❻ 一定程度上，天河体育中心也是不容忽视的重要影响因素。

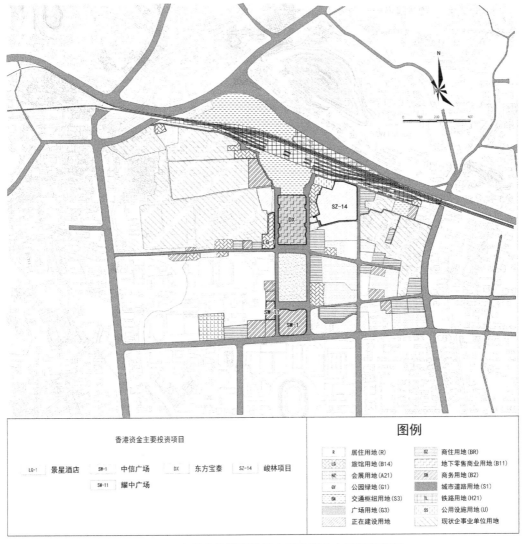

图 4-30　广州东站关联地区内香港资金主要投资项目
（资料来源：笔者根据访谈自绘）

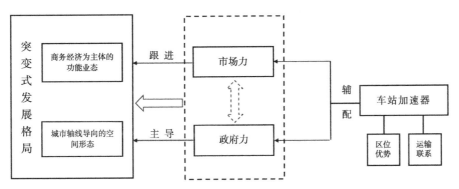

图 4-31　广州东站关联地区空间演化的动力机制

4.5.3　车站与地区商务服务业之运输联系的问卷及访谈调研

基于"流动空间理论"的研究视角,开展了地区商务服务业企业相关的客流运输情况调研。❶

2014 年 10 ~ 11 月,对广州东站关联地区的商务服务业企业进行了调研,以问卷调研形式为主,发放并回收有效问卷共计 197 份,调研范围涵盖了广州东站地区的中信、中泰、国贸、富力天河等 9 座办公楼。

抽样调查的结果显示,多数企业的主要业务范围为面向全国,其所占比例达到了60%,部分企业主要业务范围为广东省与港澳以及泛珠江三角洲地区,分别占比 18%与 15%,只有少量企业主要业务范围仅局限于广州、深圳、东莞、香港,其占比仅为7%。由于广州东站主要承担广州、深圳、东莞、香港等地之间的交通联系,可以看出少部分企业是由于其业务范围与东站息息相关而将企业地址定于东站地区,但多数企业定址东站与其业务范围并无直接联系。

1. 业务出差

主要业务出差目的地方面,从全国范围来看,从广州出差到深圳的企业数量最多,其次为上海和香港、北京,将这 4 个城市作为出差主要目的地的企业数量均超过 50个,明显高出其他城市许多。其次则为珠海、佛山、东莞等珠三角城市以及成都、长沙、杭州 3 个省会城市。将其余城市作为出差目的地的企业数量都很少,不超过 10 个,且城市多为东南沿海城市。所有的城市中,珠江三角洲地区的城市以及港澳占据了将近一半的数量,而其中又以深圳、香港数量最多。珠三角及港澳以外的城市中,北京、上海为主要目的地,二者之和占到了城市总量将近一半。其次为东南沿海地区与西南地区,西北、东北地区城市数量最少(图 4-32)。

主要业务出差出发站点方面,业务出差从广州出发的交通站点中,广州南站位居第一,占32%,白云机场紧随其后,占28%。其中,从广州南站出发的多为到往北京、上海、长沙、成都等地,从白云机场出发多为到往北京、上海、杭州、天津及海外等。可以明显看出,长途出差的基本都选择从南站出发乘高铁或从白云机场出发乘飞机,在高铁更加方便的长沙、成都等地则选择高铁的数量更多,而长三角地区及更加远途或高铁并未开通的地方则选择乘飞机的数量更多。其次,选择从广州东站出发的数量最多,达到了24%,其出差目的地多为深圳、香港、东莞等城市。选择自驾的数量次之,为7%,自驾目的地多为珠三角内城市,以佛山、东莞居多。选择从火车站与汽车站出发的分别占8%与1%,出行目的地多为深圳。没有选择从客运港出发的。出差的站点选择基本与业务出差目的地吻合,排名靠前的目的地城市为深圳、上海、北京、香港、佛山、

---

❶ 根据本章 4.3.2 基于邮政编码分区单元的企业数据分析的结果可知,IT 及信息科技服务业也是地区优势服务业,并共同表现为商务经济的形态。

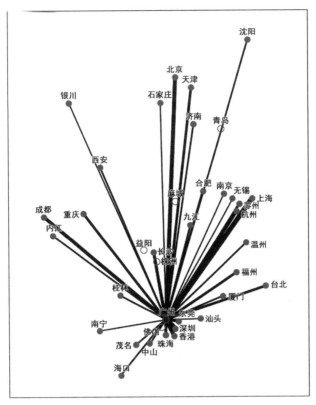

图4-32　公司业务出差目的地城市

（资料来源：笔者根据调研分析）

东莞、珠海、成都、长沙，其中，北京、上海以及外省省会城市的出行多以从南站与机场出发为主，而珠三角及港澳城市则多为从广州东站出发或自驾车（图4-34）。

2.客户来访

来访客户主要来源地方面，从客户来源地的城市统计来看，来自深圳的客户数量最多，达到107个，远远高于其他城市；其次为上海、珠海、佛山和香港，均超过40个；再次为北京、东莞、成都、长沙和杭州，均超过10个；其余来源地数量均不超过10个，且多为珠三角地区城市或外省省会城市。从所占比例来看，来自珠三角及港澳地区的客户数量占据绝对优势，达到了总数量的60%，其他地区仅占40%。来自珠三角地区及港澳的客户，以深圳、珠海、佛山及香港为主；其他地区则以北京、上海、成都为主；除此之外，东南沿海地区客户较多，其余城市来访客户数量均较少（图4-33）。

客户来访主要到达站点方面，来访客户到达广州的交通站点中，广州东站位居第一，达到了样本总数的35%，其到访客户主要来自深圳、珠海、香港等城市。其次为到达白云机场最多，占样本总数的28%，其来访城市主要是距离广州较远的城市，如北京、上海、杭州等城市。第三为到达广州南站的客户，占总数的19%，主要来自相对较近的外省城市，如长沙、成都等。自驾车与到达广州站的客户数量相仿，分别占9%与7%，大多来自珠

163

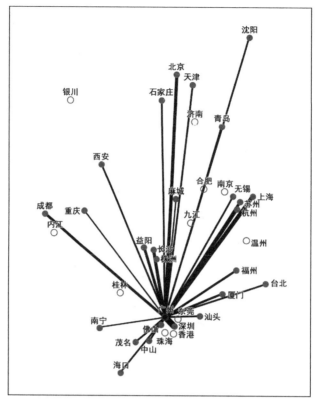

图 4-33　公司来访客户的来源地城市
（资料来源：笔者根据调研分析）

三角内的城市，如深圳、佛山、珠海、东莞等。到达汽车站的客户最少，仅占2%，均为来自广州附近城市，如佛山、江门。问卷统计中并未发现到达客运港的客户（图4-34）。

3. 公司内部联系

公司总部、分支城市方面，从问卷调研中统计的公司内部空间结构来看，企业总部所在的城市中，广州最多，达到99家；其次为北京、海外城市、上海、香港，分别为29、19、18和15家；其他城市均较少，不超过10家，且以京津冀地区以及长三角城市群和珠三角城市群的城市为主。其中，有63%的企业总部位于珠三角及港澳地区，37%位于其他地区。企业分支所在城市中，上海、广州和北京最多，分别为36、31、30家；其次为深圳，达到24家；其他城市均较少，不超过20家。其中，仅有39%的分支机构位于珠三角和港澳地区，其他地区占61%。珠三角地区中，以广州最多，占37%；其次为深圳和香港，分别为29%和18%；其余城市均不超过10%。

公司内部出差来往广州的主要站点方面，企业内部出差的交通站点统计中，以白云机场与广州南站为主，分别占37%与35%。其主要来往城市均为距广州较远的城市，如北京、上海、杭州及国外的一些城市等。从广州东站出发的数量位居第三，占18%，来往城市以深圳、香港为主。长途汽车站和自驾车分别占6%与3%，其目的地多为珠三角地区内的城市，如东莞、佛山等地。广州火车站数量最少，仅占1%。同样，并未发现从客运港出差的企业（图4-34）。

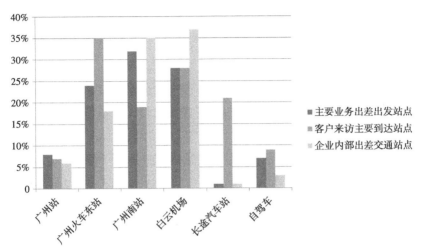

图4-34　公司三种出行交通方式
（资料来源：笔者根据调研分析）

各类交通站点的所占比例基本与公司类型相对应，企业总部与分支机构均为外地的，则内部出差所选择交通站点多为白云机场或广州南站；而均在珠三角及港澳地区的，则多为从广州东站、长途汽车站出发或自驾车；二者均有的公司，则视不同出差地选择相应的交通方式。可以看出，还是有不少企业的空间结构完全位于珠三角及港澳地区，其内部出差交通也多为选择从广州东站出发，对广州东站的使用频率较高，在其企业的选址中靠近广州东站应为重要的影响要素。

4. 分析与总结

本次调研主要探究广州东站与其周边的商务服务业企业集聚之间的关系。从对广州东站的交通性依赖程度来看，无论是业务出差、客户来访还是内部往来，广州东站都占据相当重要的位置，其使用所占比例分别达到24%、35%和18%，尤其是业务范围主要在珠三角及港澳地区的企业，对于广州东站的依赖程度非常高。可以看出，广州东站以其连通东莞、深圳、香港的重要交通枢纽功能，吸引了大量主要业务在此的企业。但是，随着企业业务的发展，以及北京、上海两大国际性城市的地位日益提高与香港投资的减少，更多企业业务范围都逐渐走向全国，其业务联系所选择的站点也多为白云机场与广州南站，对于广州东站的依赖程度已逐渐降低。

分析结果显示，商务服务业企业的"客流"与车站的关联性主要体现为"在地性"和"中继性"两种属性与过程，而且主要体现出由"在地性"向"中继性"演变的特点。这也说明，由于交通方式的多元化，以及交通运输市场竞争形势的变化，广州东站对于支撑地区商务经济发展的交通优势在减弱，从车站效应在地化的角度来看，其节点效应在减弱，通道效应呈增强的趋势。

4.6 本章小结

本章在界定广州东站关联地区空间范围的基础上，实证分析了广州东站关联地区空间演化的过程、特征及其内在机制。

（1）在用地发展上，关联地区在从城乡接合部的低度开发状态发展为新城市中心区核心高度饱和状态的过程中，开发用地总量持续增长，主要以现状周边企事业单位及村用地的更新为主。

关联地区总体上保持单向发展的格局，这是铁路线路分割、车站广场单向布局等因素制约、影响的结果；新城市轴线导向及沿城市干道的"轴向布局"也构成了关联地区用地发展的主要特征；总体上，关联地区最终的空间尺度大致上包含在以车站为圆心、1200 m为半径的半圆形区域内，参照 3 个发展区的"圈层结构模型"，这大致上是属于前两个圈层加总的区域；经过比较可以看出，广州东站关联地区的圈层结构特征不明显，但是步行尺度仍然具有重要影响。这对"圈层结构理论"也具有丰富和补充的意义。

分析结果也表明，车站是影响、带动关联地区用地发展的辅配因素。

（2）在功能、业态方面，地区主导功能业态直接跨入以车站诱导经济为主体是其重要特点；其业态类型较多元化，以商务楼宇为载体的商务经济又成为其主体；以旅馆业为主的车站客流经济虽占据一定比例，但规模并不突出，车站的客流经济拉动效应并不显著，不过以高星级酒店为主则是其显著区别于广州站关联地区的特点。

（3）在空间形态上，由于新城市轴线和城市干道的轴向导向作用，地区逐步形成以城市轴线为核心、与"门户型商务核"相适应的垂直向高强度的空间形态。

（4）交通体系上，主要是从以步行、公交为支撑的单向平面枢纽体系走向以轨道交通与高快速路网为支撑的双向立体枢纽体系。

（5）广州东站关联地区的空间演化体现为一种在车站影响下主要由政府战略（天河新城市中心区）推动而形成的"突变式"发展格局，也主要是商务经济实现跨越式发展并逐步走向高潮的过程。

内在机制上则体现为典型的"政府力主导＋市场力跟进"的合作开发模式。其中，政府对于天河城市中心区发展的规划引领是首要因素；城市建设开发公司的开发体制是形成这种模式的关键手段和体制保障；重大项目（中信广场）的实施成为带动商务经济集聚与发展的关键因素；广州东站借由其在穗港深客运通道上强劲的竞争优势，搭建起穗港深之间的强力"链接"，由此带来的"香港因素"（又主要体现在香港作为全球化的窗口、香港资金、香港企业、香港小业主等具体的载体和要素上）在地区商务经济集聚、发展过程中发挥了重要的加速助推作用，从而车站成为地区发展的"加速器"。

另外，我们必须看到，"广州东站＋中信广场"的要素格局对地区发展具有决定性意义。

第5章 广州南站新城空间开发的现状及其发展建议

5.1 导言

广州南站是自 2000 年广州行政区划调整以来,城市"南拓"发展战略贯彻实施的重要组成部分。在区域社会、经济一体化发展(涵盖泛珠三角地区、珠三角地区、广佛都市圈等多个层面)的新时期、新阶段下,广州南站作为城市区域化发展的关键节点,是具有战略性意义的空间区位。而广州南站新城尚待开发的丰厚的"处女地"空间资源(规划核心区 4.51km²,影响区 36.16km²)将孕育出什么样的新产业、新空间?这既是现实世界中政府、市场、社会各方博弈、互动的对象和目标,也是理论研究中的热点话题,是高铁时代下中国高铁客站地区空间开发的典型案例。

本章所针对的"广州南站新城"——因车站建成至今近 6 ~ 7 年的时间,它所引发的空间发展尚不稳定,并具有较大的可塑性和可能性,而且紧邻广州南站的周边地区空间开发进展较缓慢,故研究主要是分析现状问题和对未来空间开发的探讨。从概念上进行辨析的话,本章涉及三个概念和对象:①"广州南站地区"主要是依据经典理论按距车站的步行范围来划定;②"广州南站关联地区"即与广州南站运输功能关联性密切的地区;③"广州南站新城"则是现有相关规划所定义的边界范围,后两者是本书的主要研究对象。很显然,"广州南站地区"包含于"广州南站新城","广州南站关联地区"亦不同于"广州南站新城",并具有未来发展的不确定性。在政府工作及相关规划行文中采用"*广州南站地区*"的名称实际上指的就是"*广州南站新城*",而"*广州南站商务区*"又主要是指"*广州南站新城*"的核心区,与"*广州南站地区*"也有区别。

5.2 广州南站新城空间开发现状

2004 年,广州南站动工兴建,与之相配套的交通、市政等基础设施建设同步启动。2007 年,广州市土地开发中心启动*南站地区*土地储备工作。2009 年,广州市番禺区成立*广州南站地区*管委会和石壁街道办事处,实施"一套班子、两块牌子",负责属地范围内的城市管理、社会事务管理以及广州南站旅客服务工作。2010 年初,武广高铁专线投入运营，南站客流量迅速增长，广州市委、市政府随之提出开发建设*南站商务区*的设想。2011 年 1 月，广州市委九届十次全会首次明确提出推进*南站商务区*建设，之后市"十二五"规划将*南站商务区*和中新知识城、南沙新区一并列为广州市重点发展区域。2011 年 7 月，*广州南站地区控制性详细规划*获批，市土地开发中心开始公开出让土地，9 月计划推出第一批 9 宗地块，但恰逢市场低迷，直至 2012 年 3 月才完成 8 宗地块出让（其中 7 宗以底价成交）。此后，开发建设基本停滞。直至 2015 年 6 月，经省政府研究，省发改委批复同意泛珠合作论坛暨经贸洽谈会及泛珠合作示范区永久落户广州南站商务区。2016 年 9 月，*南站核心区外围地区控规修编*通过 2016 年度广州城市规划委员会主任委员会第三次会议审议，待政府颁布实施。

从规划上看，政府对广州南站新城的发展寄予了很高的期望，以打造"城市副中心"和"区域经济中心"为目标（图 5-1、表 5-1）。不过，从现状上看，广州南站新城的开发仍然处于蓄势待发的状态（图 5-2、表 5-2）。

2005 年　　　2011 年　　　2013 年

图 5-1 广州南站新城 2005 年、2011 年及 2013 年三版控规方案（见书后彩图）
（资料来源：广州市国土资源和规划委员会）

广州南站新城三版控规方案的比较　　　　　　　　表 5-1

	2005 版	2011 版	2013 版
发展定位	区域枢纽，以交通枢纽为中心功能的生态型城市组团，高端服务业集聚中心	华南地区综合客运交通枢纽，以商务、商贸为主导功能的现代服务业集聚区	华南商贸中心，面向珠三角、辐射南中国的现代化综合新城

续表

	2005 版	2011 版	2013 版
用地规模	35.70km²	36.16km²	36.16km²
建设总量	—	2149.32 万 m²	2716.77 万 m²
居住人口	5 ~ 6 万人，就业人口 12 万人	18.7 万人，就业人口 26.8 万人	17.52 万人，就业人口 33.54 万人

资料来源：笔者根据广州南站新城三版控规方案的资料分析整理。

广州南站新城现状主要开发项目情况 表 5-2

项目编号	项目名称	开发商	总用地面积（m²）	总建筑面积（m²）	主要功能	开发进展
01	臻尚苑	尚泰地产	5417	64304	商业、住宅、公寓	已建成
02	奥园越时代大厦（一期）	广州奥园商业发展有限公司	4596	49245	商业、办公、公寓	已建成
03	发现广场	发现地产	—	—	—	在建
04	奥园越时代大厦（二期）	广州奥园商业发展有限公司	16719	180000	公寓、商业	已建成
05	路福联合广场	路福地产	5000	63000	商业、办公	已建成
06	—	耀中地产	—	—	—	在建
07	广州南行车公寓					已建成
08	敏捷时空壹号	敏捷地产	13240	72786	商业、公寓	已建成
09	发现广场	发现地产	—	—	—	在建
10	发现广场	发现地产	—	—	—	在建
11	万科世博汇二期	万科集团	288000	1340000	公寓、酒店、办公、商业、会展	在建
12	万科世博汇石四商务中心					已建成
13	万科世博汇一期					在建
14	广州南站地下空间	广州城投集团	180000	270000	交通、文化、休闲、商业	已建成
15	广州南车城市轨道装配有限公司	广州南车城市轨道装配有限公司	270000	—	工厂	已建成
16	雄峰城	雄峰集团	226640	404597	商业、公寓	已建成

资料来源：笔者根据现场调研及百度信息检索整理。

　　无独有偶，在新时期中国高速铁路建设带动铁路复兴的背景下，高铁客站地区的开发、建设成为热点话题，高铁新城的开发模式也成为一个普遍现象，高铁客站成为城市发展的战略性"工具"，同时也体现出高铁新城在规划上功能同质化、高定位、高等级，以及高铁新城开发财政投入巨大的压力、进展较缓慢等共同的问题。

　　对于单个地区的发展而言，高铁带来的交通区位改变只是一个方面，当地的发展还依靠资源禀赋、产业结构及发展水平，此外科技研发能力和资金等要素也会影响其

169

图 5-2 广州南站新城主要的相关建设项目分布及现状
（资料来源：笔者根据现状情况整理）

发展。高铁能放大一个地区的发展优势，同时也能放大其劣势，使得中小城市的人口、资金等要素更迅速地向更有优势的大城市集聚。❶

在这样的背景下，广州南站新城未来走向何方？在审慎看好的同时，面对高铁客站地区空间开发新课题的挑战，我们仍然需要回到车站地区如何发展等基本问题中去，如它的功能与空间特征、发展过程及其形成机制如何，再如，车站在其中扮演了怎样的角色和作用等。对于这些基本问题的认识，对指导我们今天的实践具有重要的现实意义和理论价值。

从这个意义上来说，广州"两站"关联地区案例（广州站、广州东站）的历史经验可以给予宝贵的借鉴意义，其分别具有超过 40 年、30 年的发展历程，地区开发基本完成并保持稳定，地区功能特色鲜明，已成为广州中心城区重要的功能组成部分之一。因此，下文将基于这样的背景对广州三大铁路客站地区（新城）进行纵、横向对比分析，回归到车站与周边地区相互关系的基本理论命题，并以此为未来相关的理论与实践提供有益的参考和建议。

5.3　广州"两站"关联地区案例总结

1. 功能业态

（1）在功能业态的构成上，广州"两站"关联地区均由车站客流经济、车站诱导经济及车站附属经济三大部分组成。

（2）车站客流经济主要包括旅馆业、交通运输业以及站场旅客商业服务业。广州站关联地区的车站客流经济非常突出，在"一站时代"还是地区的主导业态，至今依然具有较高的集聚水平；而广州东站关联地区的车站客流经济并不突出。此外，在旅馆业的业态方面，广州站关联地区多为低星级和无星酒店，广州东站关联地区则主要是高星级酒店，究其原因，广州站的客流多为中下收入阶层，以广州站作为中转来往于珠三角地区（广东省）之间为主，并且旅馆和周边相关业态如商贸批发业、省和市长途汽车客运站等也具有较密切的关系；而广州东站的客流多为广莞深港之间的城际旅客，以中上收入阶层为主，体现出到站快速疏散的出行特点，并且高星级酒店和站区周边的天河北商务区也具有密切关系。

（3）车站诱导经济的构成则差异明显，而且均成为"两站"关联地区的主体业态。广州站关联地区主要为商贸批发业，广州东站关联地区主要为商务服务业与计算机及科技服务业（体现为商务经济）。这是在长期的发展过程中逐步形成的，主要影响因素包括城市总体发展格局、地区的区位特点、车站的功能类型、政府的引导以及偶然性因素等。

---

❶　李伯牙，郭婧 . 高铁新城调查：趋势还是陷阱？[N]. 21 世纪经济报道，2015-11-21.

（4）车站附属经济则主要是配套设置的结果。在这方面，广州站关联地区的相对规模要大于广州东站关联地区的规模。

（5）从"两站"关联地区整体的发展进程来看，车站客流经济对于地区发展的带动力有限，车站诱导经济是当然的主角。

从主导业态上来看，"两站"关联地区的车站诱导经济体现出与车站功能类型相互匹配的特点。究其本质，要归因于铁路线路两端的城市在功能上的互补性❶，正是这种互补性带来了特定行业的机会：①通过京广线（广州站），广州的商贸批发业辐射全国；②广深、广九铁路（广州东站）则将全球化的窗口香港以及它的高端服务业、资金、国际化人才等和广州的商务经济连接起来。因此，正是特定行业经由"两站"的"链接"深深地契入特定的区域性经济体系，成为其产业（价值）链条中的重要一环，从而形成了"两站"关联地区独特的经济和空间现象，正所谓"偶然中有必然"。

从以上结论来看，广州"两站"关联地区案例就现有理论和研究所指出的车站地区较模式化的功能业态为我们提供了相对深化的认知与理解。

2. 空间格局

空间范围方面，本书划定的广州站关联地区主要是以车站为中心、1000～1200m为半径的区域；广州东站关联地区大致上是以车站为圆心、1200m为半径的半圆形区域（因铁路线及快速路的分割呈单向格局）；总体上看，它们均在大约步行15min左右的范围内（图3-18、图4-15）。

从圈层结构模型来看，这相当于其3个圈层中前2个圈层加总的范围，也就是说，在这一点上，两者是基本一致的；在一定程度上也进一步证明，在步行范围内确实是车站影响非常突出的区域，而这一点具有重要意义。

空间格局方面：

（1）广州站关联地区呈现为"内核+轴带生长"的格局，递降的圈层分布不明显；其中，以站前广场为核心规划、建设与车站相配套的公共服务设施（尤其是交通设施）塑造了其稳定的"内核"，其空间范围大致是以车站为圆心、500m为半径的区域。

（2）广州东站关联地区则呈现为"城市轴线+干道"的轴向布局，同样，递降的圈层分布也不明显；立体化的车站综合体成为其核心（大致是以车站为核心的200m范围）。

比照圈层结构模型来看：①其高强度开发的内圈层（第一圈层）在"两站"关联地区案例中发生了变异——广州站关联地区表现为以站前广场为核心、步行连接的综

---

❶ 王缉宪，林辰辉.高速铁路对城市空间演变的影响：基于中国特征的分析思路[J].国际城市规划，2011，26（1）：16-23.文中谈到了类似的城市之间的"互补性"，作者指出："对本城市产生重要影响的外部因素，主要来自那些利用高铁当日来回互动的人群，而这些人流动的基础是两地的差异及互补性，它们包括：两地的产业差异、两地的产业内部相关性、两地产业人员素质的互补性、两地在工资水平上的差异、两地在物业租金上的差异、两地总体居住环境的差异。"

合交通站场区域，广州东站关联地区则表现为立体化的车站综合体，而这正是在此两个时期铁路站场规划、建设的典型模式，具有鲜明的中国特色和时代印记；②整体上，"圈层结构不明显"作为广州"两站"关联地区案例的实证结果是对圈层结构模型主要观点的丰富与补充。

3. 发展机制

广州站关联地区主导业态（商贸批发业，又主要以服装批发业为例）的发展进程显示出鲜明的"市场力主导下的自然生长模式"：

（1）改革开放以来，继承"千年商都"底蕴之广州城市商贸批发业的蓬勃发展与强劲增长构成其根本动力与优厚的土壤。服装批发业从高第街—观绿路时装街—西湖路灯光夜市—流花服装市场群等的历史流变轨迹正反映出其背后深厚的历史基因和城市印记。而且流花地区服装批发业亦是珠三角地区（广东，乃至全国）经济体系中的一个子系统，是整个产业链、价值链中的重要一环。

（2）广州站因其优越的交通区位优势吸引了商贸批发业的集聚。由港货"走私"开启了地区批发业态的萌芽，并且车站是地区龙头项目白马商场获得全国性影响力的关键因素，其后商圈一步步发展、壮大并走向成熟，其发展进程为路边摊—马路市场—室内批发市场—流花商圈—国际采购中心。如今，地区的服装批发业在内贸上已辐射全国，外贸上则远达欧美、中东、非洲等全球市场，正是在规模经济、集聚经济的机制下，产业实现了自我集聚、发展与升级。

（3）市场主体的创新精神亦是地区服装批发业能够在激烈的市场竞争中生存并实现超越的关键因素。

（4）市场经济下的竞租机制推动了地区不同业态之间的相互更替，从而实现了土地与空间资源的价值发现及其高效利用。

（5）广交会作为重大会展公共设施发挥了重要的助推作用。

（6）政府以及其他互补因素也发挥了一定的积极作用。

广州东站是因其作为天河新区规划、建设的重要因素而诞生的。广州东站关联地区主导业态（商务经济，又主要以商务服务业为主）的发展进程显示出"政府力主导＋市场力跟进"的合作发展模式。

（1）政府的规划引领是地区发展的首要因素。

（2）城市建设开发公司的开发体制是政府主导的重要手段和体制保障。

（3）重大项目的实施（中信广场）在地区商务经济发展、集聚中发挥了关键性的引领作用。

如果我们来审视圈层结构模型的话，其理论假设与前提则主要是基于理想化的理性经济人、完全竞争的市场等市场机制为根本动力的环境，其分级递降的圈层形态的本质就是基于市场力作用的结果——因为时间、距离实质上代表的就是交通成本，时间、距离加大，成本增加，车站效应减弱——可以看到，分级递降的圈层形态正是基于市场力发挥主导作用的结果。

广州"两站"关联地区的案例则说明,在现实环境下,市场力依然是根本因素之一(如步行范围仍然具有重要意义,其本质亦是交通成本的体现)。因此,车站地区的规划、建设必须尊重市场规律;与此同时,现实中的市场因素表现也更为复杂;除此之外,我们也必须看到,政府力等其他因素也可能是影响车站地区发展、形成的关键力量。

此外,结合"两站"关联地区的经验,在地区发展中布局、培育重大公共设施、重大项目具有重要意义,甚至可以影响和决定地区发展的方向。如"广州站+广交会""广州东站+中信广场"的要素格局对该地区的发展均具有决定性意义。

4. 车站的角色与作用

车站的驱动力从根本上来源于其铁路客运(及附属货运)功能在特定运输市场(线路所在的通道)中的竞争优势:

(1)广州站拥有至今为止都是最完善的通达全国的铁路网络优势,"一站时代"下(大致在2000年以前)更是广州中心城区唯一的铁路客站,彼时公路运输尚不发达,铁路是中长途陆路运输的主干,而广州站凭借其辐射全国的铁路客运网络及其附属行包运输功能,具有无可争议的垄断性竞争优势。同时,因为多种交通设施在其周边地区的集聚,从而形成了广州规模最大的综合交通枢纽。

(2)广州东站则主要是在穗港深客运通道上依靠其列车的高密度公交化运行模式、乘坐舒适度及便利性等因素而长期保持着强劲的竞争优势,整体上与高速公路之间形成了相对平衡的竞合关系,不过在枢纽之间点—点的客运运输市场上其表现极为突出。

长期以来,广州站垄断性的功能和交通区位优势(至今依然非常突出)使其成为地区商贸批发业生长、集聚的关键"触媒"和条件,并在地区由市场机制推动下的自然生长过程中扮演着"引擎"的角色;而广州东站借由其在穗港深客运通道上当仁不让的主要参与者角色,搭建起穗港(深)之间的强力"链接",由此带来的"香港因素"(又主要体现在香港作为全球化的窗口、香港资金、香港企业、香港小业主等具体的载体和要素上)在地区商务经济集聚、发展过程中发挥了重要的加速助推作用,从而车站成为地区发展的"加速器"。

此外,基于"流动空间理论"的研究视角,本书开展了"两站"关联地区主要功能业态相关的客、货运输情况调查。结果显示,"流"与车站的关联性主要体现为"在地性"和"中继性"两种属性与过程。总体上,广州站关联地区批发业的"客、货流"长期保持着非常突出的在地性特征,至今在"客流"方面虽有减弱也依然有较明显的体现,而"货流"方面则主要体现为中继性的特点;广州东站关联地区商务服务业则主要是在其"客流"方面体现出由在地性向中继性演变的特点。

广州"两站"关联地区关于车站的角色与作用的分析结果也是对相关理论与研究的丰富与补充,如触媒理论、圈层结构理论——尤其如果我们仔细考察圈层结构理论的话,"车站必然是站区发展的主导因素"以及"车站基本体现为唯一影响因素"似乎也是其潜在的预设前提。

5. 小结

总体上看，广州"两站"关联地区案例在功能业态、空间格局、发展机制及车站的角色与作用等方面都体现出鲜明的特点，主要包括：车站诱导经济是地区的主要功能业态；地区的圈层结构不明显；对于地区的发展，车站可能是主导性的"引擎"，也可能是辅配性的"加速器"。

5.4　广州南站新城与广州"两站"关联地区的差异及其挑战

1. 城市发展阶段的差异——城市发展动能减缓的挑战

在城市发展阶段方面，"两站"关联地区案例主要处于改革开放以来城市快速发展的历史阶段，尤其是自 20 世纪 90 年代以来，20 年来广州实现了高速、稳定的增长，而广州南站新城面对的是城市近年宏观经济下行、增速放缓、经济发展进入"新常态"的中高速增长新阶段。

在功能业态方面，广州商贸批发业及商务经济快速发展所积累的增量空间需求是"两站"关联地区发展、形成的根本动力；而在城市发展进入"新常态"的新时期下，城市是否仍然具有足够的发展动能并形成相应的增量空间需求也将是影响、制约广州南站新城发展的根本因素。并且，广州南站新城也只是吸引、容纳城市增量功能的十几个发展平台中的一个——"2012 年广州新一轮城市总体规划提出'1 个都会区、2 个新城区（南沙滨海新城、萝岗山水新城）、3 个副中心（花都副中心、增城副中心、从化副中心）'的'1+2+3'城市结构，2013 年广州市提出建设 9 个新城（广州国际金融城、海珠生态城、天河智慧城、广州国际健康产业城、广州空港经济区、*广州南站商务区*、广州国际创新城、花地生态城、黄埔临港商务区），形成了建设'2+3+9'一共 14 个战略平台，让全市各区城市建设全面开花。据统计，实际上由各区大力推进的重大发展平台多达 16 个，至 2020 年前新增规划建设用地 308.32km²。其公布的规划人口总计约为 240 万人，相当于广州 2013 年末常住人口 1292.68 万人的 18.57%。"❶因此，城市发展动能的减缓以及城市发展平台的分散将使广州南站新城的发展面临艰巨的挑战。

2. "站城关系"的差异——"高铁造城"的新课题

空间区位、空间规模的差异决定了广州南站新城与"两站"关联地区案例在"站城关系"及发展模式上的根本区别：①"两站"关联地区案例在区位上是"站在城中"（也是一个相对的概念，在快速发展背景下车站很快就被城市包围），规模上也是功能片区的尺度，整体上形成"站城融合"（"站城一体"）的发展模式；②广州南站新城因

---

❶　袁奇峰.广州的战略性失误由谁买单.中国城市中心微信公众号.2015-09-07.

区位偏远，属于"站城分离"，规模上则完全是新城尺度，整体上形成"高铁新城"的发展模式，由此也带来了"高铁造城"的新课题——新城需要足够的产业和人口支撑，以及相应的配套公共服务设施和基础设施。

由此带来的问题是：①产业和人口的集聚有其自身发育、成长的规律和轨迹，仅仅依托高铁客站的交通区位优势是否能够顺利启动并"催熟"这个进程？②新城公共服务设施和基础设施建设需要巨大的公共财政投入，而短期内其配套不足会迟滞和影响产业和人口的聚集，但政府正是希望通过新城的开发而获取土地财政收入，这就形成"蛋生鸡"和"鸡生蛋"的矛盾；③此外，新城开发还受到其他多种因素（如房地产市场状况、各级政府的不同诉求等）的影响，各种因素错综复杂。这样看来，"高铁造城"的课题将愈趋难解。

3. 轨道交通网络接驳的差异——高铁效应扩散及其带来的空间区位竞争

王昊等（2009）指出，高速铁路带来的时空压缩现象将引起大城市内部结构的重组，在高铁时代到来之前，对于出行的旅客而言，到达火车站标志着长途旅行的开始。在当时的交通条件下，长途旅行漫长而辛苦，比较而言，城市内部的行程就显得短暂而轻松。但是，高速铁路的出现，彻底颠覆了上述这种基于时间感受的"内外"之别。例如，京津城际高铁开通后，城市之间的旅行时间稳定安全地缩短成了 0.5h，而从高铁站到达目的地这一段市内交通，反而变成了未知数，在城市规模过大过散的背景下甚至可能长达 2h。这样的对比与反差，将使乘客更加难以忍受城市内部交通效率低下的状况。因此，随着高速铁路的开通，欧洲国家及日本等已经开始了内部结构的重新组织，城市轨道网络与高速铁路枢纽的衔接，使城市逐渐建立了新的"轴—辐"（hub-and-spoke）式交通结构，沿着与高铁枢纽相连的城市轨道站点形成了新的节点中心，进一步促进了大城市多中心结构的形成（图 5-3）。❶

轨道交通网络与广州南站的组合正具有将这种现象、趋势转化为现实的潜力（广州"两站"关联地区案例基本上是在轨道交通网络形成前主体已形成）。直接通过广州南站的轨道交通线路主要是：①高铁方面包括京广、贵广、南广、广深港等客运专线；②城际铁路方面包括广珠城际（建成）、广佛环城际（在建）、佛莞城际（待建）等；③城市轨道交通方面包括广州地铁 2 号线（建成）、广州地铁 7 号线（建成）、广州地铁 20 号和 22 号线（待建）、佛山地铁 2 号线（建成）、南海新交通（在建）等（图 5-4）。

在时空压缩的机制下，沿这些轨道交通线路或与之换乘的其他轨道交通线路的部分站点地区将有可能成为承接高铁效应的目标区域，而这在本质上就是遵循关联性所形成的广州南站关联地区的组成部分之一，于是，由沿轨道交通线路的"链式走廊"与现状规划中广州南站新城的局部将共同构成广州南站关联地区的"点轴式"空间格局（图 5-5）。这也正是广州南站对城市、区域空间结构影响的突出体现之一。

❶ 王昊，龙慧. 试论高速铁路网建设对城镇群空间结构的影响 [J]. 城市规划，2009，33（4）：41-44.

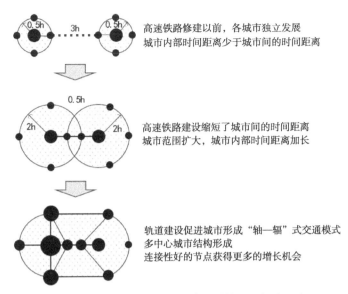

图 5-3 高速铁路引起的城镇群结构重组概念示意

（资料来源：王昊，龙慧 . 试论高速铁路网建设对城镇群空间结构的影响 [J]. 城市规划，2009，33（4）：43）

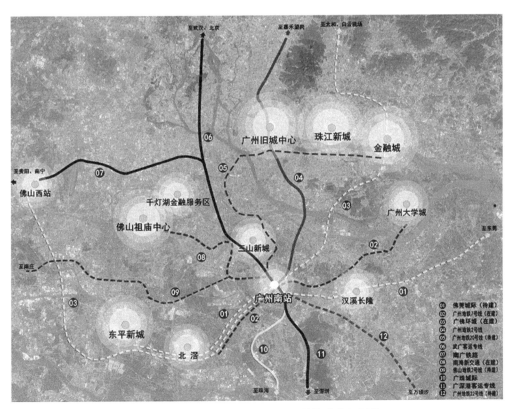

图 5-4 广州南站的空间区位及其轨道交通网络

（资料来源：笔者依据百度地图分析）

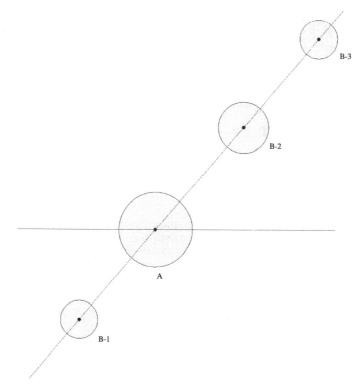

图 5-5   轨道交通网络支撑下广州南站关联地区的空间模型："链式走廊＋南站新城局部"

也就是说，其他与广州南站具有高连接度的功能节点地区，由于轨道交通网络的形成，都有机会承接高铁效应，高铁效应并不一定必然主要体现在广州南站的近域范围内，如广州汉溪长隆地区、大学城、金融城、南海千灯湖金融服务区、三山新城、佛山东平新城、顺德北滘新城等将显著具有这种发展潜力。这其实揭示了轨道交通网络时代下广州南站关联地区将突破原有广州站关联地区和广州东站关联地区的概念与模式，并将发展为一种新的空间范型——沿轨道网络的节点型离散化发展。由此，广州南站新城与相关功能节点地区的空间区位竞争也将无可避免。

从现实案例来看，2017 年 2 月，佛山市科技创新团队——以国家"千人计划"专家刘云辉教授为领头人的香港中文大学未来机器人项目团队进驻三山。团队核心成员表示，除了产业配套外，优质的载体和交通也成为其落户三山的重要原因。由于团队核心成员都来自深圳、香港等地，科技团队之所以三个月"情定"三山，距离广州南站的区位优势也是选择的重要因素——与广州南站的直线距离不到 4km，从三山驱车10min 到达广州南站，48min 可直达香港西九龙，45min 可以直达珠海拱北口岸，实现1h 的粤港澳生活圈。❶ 这可以理解为，在市场机制下，广州南站关联地区沿轨道轴离散化发展的趋势已经显现。

---

❶   微信公众号"南海发布". 666！香港教授要在南海这里搞事情！他看上了……. 2017-03-10.

4. 动力机制的差异——尊重市场规律是根本

在发展的动力机制上，相比于广州站关联地区市场主导下的自然生长模式及广州东站关联地区的"政府主导+市场跟进"的合作开发模式，广州南站新城呈现出明显的差异：一方面是对于公共财政、土地、配套政策等资源掌控更为强势的政府；另一方面是"弱反应"下的市场观望情绪浓厚，两者形成了"强政府+弱市场"的动力格局，其根本原因是政府意志与市场的判断之间难以同步。而广州南站新城位于广佛中心城区边缘的区位现实、其配套设施和建设的先天不足、产业与人口集聚尚需培育以及宏观经济下行的背景因素等是造成市场观望情绪的主要原因。

考虑到"两站"关联地区均经历了 30 ~ 40 年的发展，以及作为广州 CBD 的珠江新城（6.4km² 的规模）用了近 20 年时间培育才接近成熟的事实，因此，首先对于广州南站新城的发展周期一定要有清醒、理性的认识，不能急于求成；其次，在影响广州南站新城发展的因素中政府引导固然重要，市场的跟进却始终是地区发育、成熟的决定性因素，故在开发过程中对于市场规律的认知与依循方是根本之策——必须尊重市场规律，在市场还不成熟的时候，就需要多培育、多等待，做好基础工作，以迎接市场引爆点的到来。

当然，对于广州南站新城而言，政府强大的牵引动力仍然具有关键性作用与意义，充分体现在如合理制定开发策略、进行土地开发、开展招商引资、引入重大项目、实施优惠政策及完善配套的公共服务设施和基础设施等方面。

而技术力方面如轨道交通、移动通信及互联网等新技术的升级换代对新产业、新空间生成的影响也非常关键，尤其是轨道交通网络的迅速发展直接催生了车站关联地区，形成新的空间模式。

广州南站新城空间开发的动力也将主要表现为政府力、市场力及技术力的共同作用（图 5-6）。而社会力缺位也会是一个突出的现象：于涛（2012）等指出社会公众参与不足，在政府巨大公共投入的溢出作用下，市场趋于逐利目的在高铁新城的建设过程中迅速与政府结成"城市增长联盟"，进行土地开发和设施建设，形成新城开发的主体力量，并不断提升新城聚集人口、产业和资本的能力。但其本质上还属于"强政府+弱市场"主导下的郊区化，社会公众的诉求缺乏合理反馈的渠道与制度保障，从而造成了高铁新城规划建设主体的角色缺位，并直接影响高铁新城发展决策的科学性与客观性。❶

此外，结合"两站"关联地区的经验，在地区发展中布局、培育重大公共设施、重大项目具有重要意义。如"广州站+广交会"及"广州东站+中信广场"的要素格局均对地区发展体现出决定性的作用。因此，广州南站新城开发处于建议中的大型专

---

❶　于涛，陈昭，朱鹏宇. 高铁驱动中国城市郊区化的特征与机制研究——以京沪高铁为例 [J]. 地理科学，2012，32（9）：1041-1046.

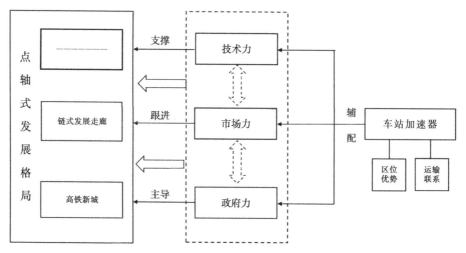

图 5-6　广州南站新城空间开发的动力机制

业足球场[1]、医疗中心等重大文体设施及项目，或将为其发展开拓崭新的局面。

5. 铁路运输优势的差异——车站驱动力的挑战

广州站长期以来在铁路客运上占据垄断性竞争优势（主要是在"一站时代"下，即大致在 2000 年以前），并且拥有至今为止相对最完善的通达全国的铁路网络，而广州东站则在穗港深客运通道上拥有强劲的竞争优势，尤其在枢纽之间点—点的客运运输市场上表现极为突出。

相比之下，高铁一般在 300 ~ 800km 范围内拥有最强的竞争优势，但广州南站的高铁客运在其主要通道（武广、贵广、南广、广深港）内的可替代性亦比较明显，因为交通方式在今天已经高度多元化，飞机、普铁、长途汽车、小汽车等都已发展到一个全新的阶段和水平。诚如肖金成所言："铁路是从无到有，当然效应就非常大了，现在高铁会有一定的拉动作用，但只是替代效应，没有高铁还有飞机、高速公路、铁路。高铁提升了速度，交通更加便捷只是一个程度的问题，所以效应就不会像以前铁路那么大。另外，高铁目前只有客运没有货运。"[2]

相关研究表明，我国高速铁路的运营带来了三个显著的效果：第一，高速铁路开通刺激了沿线城市的经济增长，使相关通道客货运输需求的增速发生显著变化，刺激或加快了运输需求的增长速度；第二，高速铁路的开通改善了相关通道内的交通结构，单耗大的道路与民航运输占比有所下降，能力大、排放低的铁路运输占比显著增加；

---

[1] "广州南站要建专业足球场的消息传了两年多，2016 年 8 月 24 日正式写进规划。广州市第十四届人大常委会第 55 次会议通过了《广州市公共体育设施及体育产业功能区布局专项规划》（以下简称《规划》），《规划》中明确写入了广州南站足球赛事产业功能区，并说明要积极承办国内外重大足球赛事，带动经纪代理、培训服务、电视转播、票务代理等相关产业发展。未来广州南站附近将打造成国际足球中心。"广州南站咨询服务微信公众号 . 2016-08-27.

[2] 肖金成 . 高铁新城对大城市有利，中小城市不应盲目投入 [N]. 21 世纪经济报道，2015-11-21.

第三，高速铁路客流的大部分来自相关通道内的诱发客流，来自民航、公路及小汽车的客流仅占小部分。以 2009 年 12 月 26 日开通、全长 1069km 的武广高铁为例，该线覆盖武汉、咸宁、长沙、岳阳、株洲、衡阳、郴州、广州、韶关等 9 个城市。统计资料表明，武广高铁开通前，9 个城市人均 GDP 平均年增长率为 10%；高铁开通后，GDP 增长率增长至 12.2%。武广客运通道客运量年增长率由未开通前的 8.8% 增长至 47.3%。进一步分析表明，武广高铁客流的 78.6% 为新生客流及长途大巴、小汽车的转移客流；民航转移客流占高铁客流的 3.8%，普速铁路转移客流占高铁客流的 17.6%。由此可见，我国高铁客运量构成以诱发运量为主，其他交通方式转移运量为辅。❶

由于广州南站区位距城市中心较远，如果以城市中心某地址为起（止）点，则该趟出行的在途时间（不同城市高铁客站之间）与途外时间（高铁客站与起、止点之间）之总和相比于其他交通方式的优势将进一步缩小。

此外，随着新一轮广州铁路枢纽总图调整工作的完成（图 5-7），广州站地区改造工程（引入高铁）及广州白云站改造工程（即原棠溪站）等也已正式展开，在高铁"进城"的背景下，未来高铁客运分流对广州南站新城的发展将会是一个重要影响因素。

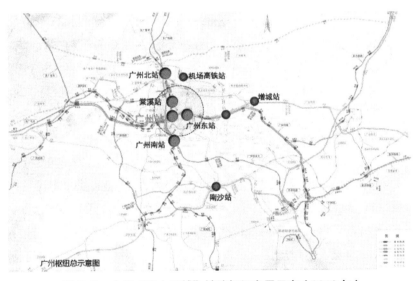

图 5-7　广州"五主四辅"铁路枢纽布局示意（2016 年）
（资料来源：广州市国土资源和规划委员会）

以上构成了在运输市场上广州南站参与竞合的主要挑战。综合来看，在交通方式多元化的当下，广州南站也将主要作为"加速器"的角色推动地区的发展。

6. 小结

通过上述分析可以看到，广州南站新城因为其规模、尺度的突破，已经不同于车

---

❶　毛保华. 以国家战略为指引推动我国铁路网络的升级换代. "轨道世界"微信公众号. 2016-07-25.

站关联地区或车站地区的概念，"高铁造城"的新课题尤其凸显出其与广州"两站"关联地区的差异，而这一点同样也超越了圈层结构模型的概念与内涵；可以说，广州南站新城的实践开启了关于"车站与其周边地区相互关系"的新范式与新挑战。

5.5　广州南站新城空间开发的主要策略

1. 着眼于区域经济"链接"的功能定位

首先，毫无疑问，广州南站新城占据着战略性的空间区位，其发展策略的重点就在于充分捕捉高铁以及广州南站在区域经济整合与发展中的作用与机遇，从而成为区域经济网络的重要功能节点。武广、贵广、南广、广深港高铁及广珠城际等通道两端城市与广州（佛山）之间在产业、功能上的互补性，一定是广州南站新城产业、功能发展的根本动因。

其次，基于自身经济发展水平与区域特征，广州南站新城在目前的总体定位应该是中继型的区域经济集聚中心。所谓中继型经济集聚中心指的是依托于更高层次的经济中心，充分利用其经济辐射力实现自身的机构、人员与资金集聚，同时承接其业务功能的区域经济中心。具体来看，中继型经济集聚中心的含义包括四个方面：①功能中继，即承接更高层次经济中心部分经济功能的转移，如交易机构、后台管理机构的落户；②资金中继，即成为更高层次经济中心资金流入和流出的一个中转站和集散地；③客户中继，即成为更高层次经济中心客户的落脚点和暂居地；④信息中继，即成为更高层次经济中心产品创新、需求与交易机会等信息交流与扩展的区域平台。❶

再次，要积极培育主导业态，尽可能选择处于产业链前端的业态类型，如可以在产业规划中编制重点支持产业目录，并注重通过招商选资保障其顺利落地；尤其要注意处理好可能会面对的土地出让短期收益与产业长期培育的平衡；具体业态类型上可以重点考虑与广州具有区域性辐射优势相关的功能，如商贸、会展、医疗、教育、文体、科技研发等。

此外，广州南站新城较偏远的区位决定了其有大量功能是服务于周边城市组团、城市居民的，以及为未来本地居住人口的配套居住、公共服务功能，而这将构成其基础性功能业态的重要组成部分。

再次，基于车站地区"流"的中继性特点，作为综合交通枢纽，广州南站新城仍然是城市中交通最便捷、通达性最强的空间节点之一，对于货运亦是如此。鉴于广州南站新城的规模及其区位特点，本书认为在此地区适当发展物流相关的功能具有一定的合理性，一方面可以充分利用车站周边地区的交通区位优势，另一方面物流功能也可以给予相关的产业、功能业态重要的互补、支撑作用，如商业、商贸等，从而增强广州南站新城吸引各种产业、功能的竞争力，结果将有利于扩大其产业、功能的多样性，

---

❶　中国社会科学院金融研究所.广州南站商务区产业发展研究[R].北京：中国社会科学院金融研究所，2013.

形成有利于产业培育、集聚的良好生态。

2. 灵活的分期空间发展策略

基于城市发展动能减缓、广州南站新城的超大规模与尺度以及市场培育的刚性周期等因素，灵活的分期空间发展策略成为必然。

初期首先应抓好基础设施与公共服务设施的建设与完善，如交通设施的"无缝换乘"与衔接，改善地区与主城区、城市中心及周边珠三角城市之间的道路和轨道交通网络；同时，为旅客提供必要的、高品质的商业等服务设施（如正在推进的北广场地下空间工程）；此时亦可依托客流优势优先发展专业会展与旅游休闲产业（先导性产业），为地区产业和人口的集聚奠定一定的基础。空间上，地区会呈现以高铁客站为核心向外扩散的特点。

中期应以抓好重大要素（主要包括重大项目、重大公共设施、重大节事等，如讨论中的大型专业足球场、医疗中心等）为重点和突破口，发挥其对地区发展导向作用巨大的特点，以期进一步推动主导业态的形成和加速产业与人口的集聚——重大要素对广州南站新城实现"突变式"的发展意义重大，这也是广州"两站"关联地区案例的直接经验。在这个过程中，也要注意动态评估，从而及时、合理地调整开发策略。空间上，广州南站新城会呈现"多中心"带动下的相对均衡的发展格局。

后期则在主导业态基本形成的基础上，不断完善相关的功能链条，促进功能的多元化发展，通过"产、城、人"的融合发展来推动产业与人口的集聚走向成熟，并不断提质升效，从而促进地区发展稳步走上新的台阶，空间上则将走向全面的提升与均衡。

3. "政府+市场+社会"多方合作开发机制的构建

针对广州南站新城开发现状的"强政府+弱市场"动力格局，首先，应着重加强对市场规律的把握，以市场开发机制为本，并引导市场的发育和成长：①可以加强市场对地区发展的引导，如积极引入高铁客站区域型商业化开发和运营模式，找准方向，借助企业能够准确把握市场需求的优势，诱发更多更有效率的出行，提高高铁对城市发展的带动作用，建立差异化的高铁服务圈❶；②由于地区在开发过程中涉及铁路部门、城市政府部门、私人开发商、城市居民等多个主体，面临着土地、建设、市场、法律、政策等多重风险，建立一个有效的合作机制能够统筹各方利益，整合相关要素，规避潜在风险，因此，可以考虑针对特定项目在公共和私人机构之间围绕空间开发构建紧密的发展关系（PPP，Public-private Partnership），并结合具体情况进行机制创新。例如，欧洲里尔站在 PPP 基础上构建了以负责政策的莫鲁瓦（Mauroy）、负责市场的巴罗托（Baïetto）以及技术顾问库哈斯（Koolhaas）在内的政策—市场—技术三方合作机制。阿姆斯特丹南站则以国家核心项目（National Key Project）的发展模式整合国家政府和地方政府，并结合私人开发商共同构建公共—私人开发平台。❷

❶　杨策，吴成龙，刘冬洋. 日本东海道新干线对我国高铁发展的启示 [J]. 规划师，2016（12）：136-141.
❷　殷铭，汤晋，段进. 站点地区开发与城市空间的协同发展 [J]. 国际城市规划，2013，（3）：70-77.

针对社会力缺位的现状还应特别强调要加强公众参与——由于社会公众的诉求缺乏合理反馈的渠道与制度保障，从而造成了高铁新城规划建设主体的角色缺位，并直接影响到高铁新城发展决策的科学性与客观性。❶

在政府的作用及其体制机制上，一方面要发挥其对于地区整体发展方向的引导以及在配置战略性资源（如引入重大要素、施行优惠政策等）中的关键性作用，同时也要不断进行体制机制的完善与创新，如相关研究指出，应：①加快构建主体明确、权责匹配的管理运行体制机制，按照集中开发的思路，加快组建*南站商务区管委会*，全面负责土地收储、招商引资、规划建设、企业服务等工作；②探索实施"管委会 + 开发公司"的开发模式，成立*南站商务区*土地开发中心和开发投资公司，推动*南站商务区*开发真正实现"政府主导、市场化运作"等。❷

在政府政策方面，相关研究也提出建议：①将南沙新区政策覆盖*南站商务区*，具体包括支持*商务区*设立免税购物商店，享受离境退税等政策，对符合条件的企业减免所得税，支持在*商务区*开展商事登记制度改革试点，建设粤港澳口岸通关合作示范区等；②下放管理权限与改革考核制度；③设立封闭运行的专项开发基金；④争取土地管理政策支持等。❸

在开发实施方面，应特别注意两个问题：①推进站场用地与周边土地的一体化开发，以充分发挥高铁站场高可达性的优势，推进土地、空间资源的集约、高效利用；②车站地区站场及其综合交通体系建设方面存在着大量的"条块分割"现象，应加强统筹、相互对接，以保障各种交通设施和交通方式之间"无缝衔接、高效运转"。

4. 车站驱动力的最大化

有效应对广州南站在运输市场上的主要挑战，增强其竞争优势是最大化车站驱动力的根本策略，主要可以从以下方面着手：

（1）继续争取挖掘和提升车站运力，包括更多的车次以及更好的网络连接度。

（2）针对特定通道采取相应的运营、竞合策略，如在可能情况下加大列车开行密度、加强营销、提供票价优惠等来提高高铁运输的市场竞争力。

（3）完善车站与其他交通方式的无缝换乘与衔接，尤其是与珠三角城际轨道交通网络❹和城市轨道交通网络的衔接，将有效地提升高铁全程出行的效率，从而增强其

---

❶ 于涛，陈昭，朱鹏宇. 高铁驱动中国城市郊区化的特征与机制研究——以京沪高铁为例 [J]. 地理科学，2012，32（9）：1041-1046.

❷ 中共广州市番禺区委. 中共广州市番禺区委关于广州南站商务区开发建设有关情况的报告 [Z]. 番委〔2015〕9 号文件，2015.

❸ 中国社会科学院金融研究所. 广州南站商务区产业发展研究 [R]. 北京：中国社会科学院金融研究所，2013.

❹ "珠三角城际轨道交通是广东省正在逐步实施的城际轨道交通系统，将以广州为中心，衔接包括香港和澳门在内的珠江三角洲地区。根据相关规划，到 2020 年，广东省将在珠三角地区建设 16 条、线路总长 1430km 的城际轨道线路网，形成以广州为中心，连通区域内地级市和主要城镇的呈'三环八射'状分布的轨道交通网络，成为区域内快速公交走廊，提速珠三角地区经济一体化发展。""广州南站咨询服务"微信公众号 .2016-08-27.

竞争力，同时也有利于各种交通方式之间的联运（还可以通过联票制等加以鼓励），从而扩大高铁客运的市场占有率。

（4）在与车站相衔接的城市轨道交通线路上推行"铁路快捷化"，以进一步缩短途外时间，从而提升高铁全程出行效率。如日本东京京王电铁为了应对各种各样的需求，运行着 5 种不同速度的列车，最慢的"各站停车"和最快的"特急"相比较，在 33 个站点均停车的"各站停车"所需时间为 1 小时 27 分，而仅在居住人口较多、客流量较大的主要 8 个站点停车的"特急"仅需 39min。也就是说，并非只能依靠提高列车自身的速度，而是也可以通过减少停站车站来提高输送速度。❶

（5）充分利用高铁物流的机会，以加强高铁在客、货运输市场上的综合竞争力。如今高铁快递已广泛开展，高铁货运动车组也已下线，未来这方面可能会存在一定的发展空间，尤其可以提供开展物流与供应链服务业的机会。

必须看到，广州南站新城"双快衔接"（快速路、高速路及快速轨道交通）的"大交通"体系为新城的开发构筑了坚实的基础（图 5-8）。

图 5-8　广州南站新城的交通体系
（资料来源：笔者依据 2013 年版控规图分析）

❶　西村友作.不要把生命浪费在挤车上 | Time is money 呼唤轨道快线 . "轨道世界"微信号 . 2016-07-23.

5.6 广州南站新城的愿景展望

基于其战略性的空间区位及充足的发展空间，"广州南站新城"的未来无疑非常光明，并且仍然具有很大的想象空间。

在预期性愿景上，广州南站新城将以其依托高铁作为华南地区门户及综合交通枢纽的基础性功能，支撑地区大力发展中继型的特色专业化服务功能，如商贸、会展、旅游休闲、医疗、文体娱乐、科技研发等，通过"产、城、人"的融合发展，最终成为一座面向珠三角、辐射南中国的现代化综合新城。

如果从理想愿景的角度，本书认为，广州南站新城最大的发展空间在于其作为"区域整合者"的角色和潜力。从东京都市圈的国际经验来看，在其多中心空间格局方面，主中心与次中心的距离大致在30km左右（图5-9）。从借鉴的意义上来看，在距广佛都市圈主中心（珠江新城—琶洲—员村地区）20km左右的范围内，亦极有可能培育一个次中心。因此，广州南站新城正有极大的机会成为整合、带动其发展的"增长极"，通过驱动近域范围内各城市组团空间、功能的整合，共同打造"广佛超级城市"的次中心。这也许可以成为"广佛一体化"持续推进中的重要议题（图5-10）。

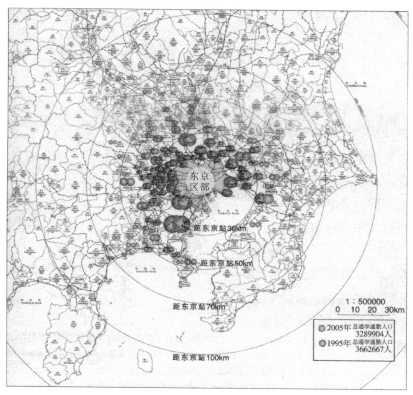

图5-9 2005年外围至东京区部通勤通学人口分布情况

（资料来源：刘龙胜，杜建华，张道海.轨道上的世界——东京都市圈城市和交通研究 [M].

北京：人民交通出版社，2014：109）

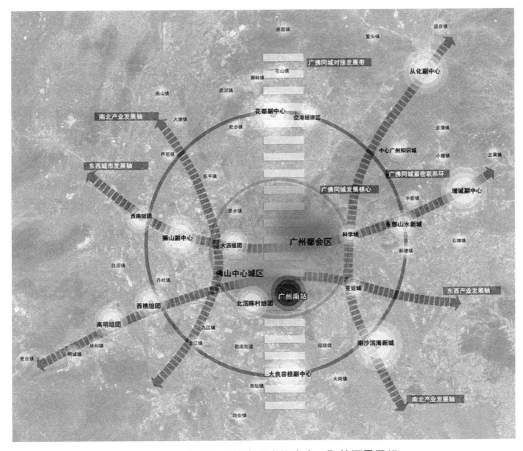

图 5-10　广州南站整合"广佛次中心"的愿景展望
（资料来源：笔者基于广佛同城城镇空间结构规划的分析，该规划资料来源于广州市国土资源和规划委员会）

这一点与相关研究建议"将荔湾区的芳村、番禺南站新城和南海东部桂城、大沥划定为'广佛同城合作试验区'，为广佛超级城市探路"❶的设想有不谋而合之处。

5.7　本章小结

本章首先区分了三个概念和对象，即：①"广州南站地区"主要是依据经典理论按距车站的步行范围来划定；②"广州南站关联地区"是与广州南站运输功能关联性密切的地区；③"广州南站新城"则是现有相关规划所定义的边界之范围。很显然，"广州南站地区"包含于"广州南站新城"，"广州南站关联地区"又不同于"广州南站新城"。

然后，从规划上看，政府对广州南站新城的发展寄予了很高的期望，以打造"城市副中心"和"区域经济中心"为目标，不过，从现状上看，广州南站新城的开发仍然处于蓄势待发的状态。

---

❶　莫璇．两会最强音：袁奇峰为打造广佛"超级城市"支招 [N]．佛山日报，2017-01-12.

　　接着，研究总结了广州"两站"关联地区发展的主要经验，比较了二者与广州南站新城的差异，并由此分析广州南站新城开发所面对的诸多挑战或新课题，如城市发展动能减缓、"高铁造城"、高铁效应扩散及其带来的空间区位竞争、市场与政府意志不同步，以及车站驱动力下降等。正是广州南站新城因为其规模、尺度的突破，已经不同于"车站关联地区"或"车站地区"的概念，"造城"的新课题尤其凸显出其与广州"两站"关联地区的差异，而这一点同样也超越了圈层结构模型的概念与内涵；可以说，广州南站新城的实践开启了关于"车站与其周边地区相互关系"的新范式与新挑战。

　　在这里面，研究还分析了轨道交通网络时代下"广州南站关联地区"亦将突破原有广州"两站"关联地区的概念与模式，并呈现为沿轨道网络的节点型离散化发展的新的空间范型，从现实情况来看，这种趋势已经显现。

　　于是，研究分析了广州南站新城空间开发的主要策略。主要包括：着眼于区域经济"链接"打造中继型经济集聚中心、灵活的分期空间发展策略、抓好重大要素的带动作用、构建"政府＋市场＋社会"多方合作开发机制以及增强车站的驱动力等。

　　最后，研究认为广州南站新城最大的发展空间在于其作为"区域整合者"的角色和潜力。据此提出广州南站新城有极大的机会通过驱动近域范围内各城市组团空间、功能的整合，共同打造"广佛超级城市"的次中心，这也许可以成为"广佛一体化"持续推进中的重要议题。

第6章 广州"三站"地区空间发展模式的解析与镜鉴

6.1 导言

本书通过考察广州"三站"与城市的互动演变关系以及广州"三站"地区空间发展的格局、过程与机制，从而完成了一个基于典型个案城市背景下的研究。然而，基于广州"三站"地区案例的研究结论，我们又能否从中上升或抽离出一些共同的，甚或具有一般性意义的特征与规律呢？这正是本章的努力及其主要目的。

6.2 模式比较：广州"三站"地区作为案例

如何认识广州"三站"地区的空间发展模式？

综合客站的区位与功能类型、客站地区的产业特色及其发展机制来看，广州"三站"地区演绎了三种空间发展模式：广州站地区演绎了一个"市场主导下旧城普铁客站地区商贸批发业的自然生长模式"，广州东站地区则体现为"政府主导下新城市中心穗港城际铁路客站地区商务功能的空间开发模式"，广州南站新城目前还处在"强政府驱动下城市边缘高铁新城区域中继辐射型服务业的空间开发模式"的形成进程中，它们也构成了特大城市特大铁路客运枢纽周边地区在不同时代、不同发展阶段下形成的三个典型案例。

而从"站城"关系、空间规模（片区或新城）来看，它们又代表了两种发展范型——"车站地区"和"高铁新城"：广州"两站"地区是"车站地区"的典型案例；广州南站则开启了"高铁新城"的新范型；除此之外，在这种特大型铁路客站枢纽周边地区是否存在"车站枢纽综合体"的发展范型（可能会因为一些特殊原因，如周边缺少发展用地，或面临各种发展的制约等障碍，使得其空间发展仅限于站场范围）则还需要具体的实证案例。如果与部分国内同类高铁客站地区案例进行比较的话，"高铁新城"范型可见之于武汉站、上海虹桥枢纽等，"车站地区"范型可见之于广州新塘枢纽地区、广州北站地区等。

6.3 模式内核：车站地区的构成与发展机制

广州"两站"地区是典型的"车站地区"案例，广州南站开启的"高铁造城"虽已超出了"车站地区"的范畴，然而，内嵌的广州南站地区依然是其核心问题，因此，它们共同的内核都是一个关于车站地区的构成与发展的问题。而广州"两站"地区历经数十载孕育、积淀形成了共同点突出、差异性亦明显的两种发展模式，它们的经验对于车站地区的一般性讨论尤其具有很好的借鉴意义。

在本书的开始我们就提出了基本理论命题，即车站对车站地区产生何种作用与影响，其本质是车站对车站地区的产业集聚产生何种影响。而这又体现为：车站地区产业集聚的构成与特征如何，它们是怎么形成的，其发展的外部条件、动力及其机制如何，车站在其中扮演什么角色等一系列的问题链条，以下我们就针对车站地区构成与发展的这些基本问题展开讨论。

在车站地区发展的外部条件上，广州"三站"地区共享了相同的城市发展背景和脉络，从"一站时代"至今，广州总体上均处在持续增长的通道上，20世纪90年代后更是进入快速发展阶段，拥有强劲的城市发展活力，城市经济总量和城市综合竞争力持续走强并不断创出新高，这也是广州"三站"地区取得良好发展的基本背景和关键支撑，对于已经发展成熟的广州"两站"地区，其主导产业的形成也打上了鲜明的不同城市发展阶段下的历史印记。与此同时，车站所连接的广大内地城市（广州站）及穗港深走廊沿线城镇（广州东站）在此期间也几乎同步处在发展的黄金时期，正是铁路线路两端的城市、区域拥有强劲的经济活力并且具有良好的互补性才凸显了车站的区位价值并诱导了车站地区的产业集聚。因此，车站所链接的城市与区域的持续发展构成了车站地区发展的重要外部环境，这一点也是在比较和理解国内外不同城市的车站地区案例时特别要注意的背景因素。

车站地区的主导产业主要由车站诱导经济构成，车站客流经济、车站附属经济均难以成为地区功能业态的主体，这是广州"两站"地区的实证结论。广州"两站"地区的主导产业分别形成了商贸批发业、商务经济的业态类型，它们构成了区域性经济体系的有机组成部分，是城市（广州）在区域经济协作中功能分工的体现，属于城市基础职能的范畴；从功能特点来看，它们均属于生产性服务业的类型，人与人面对面的交往是其功能运行中不可或缺的重要因素，而铁路客站及其形成的综合交通枢纽在中长途客运运输、可达性上的优越性也正是主导产业对其产生区位黏性的关键因素。

在车站地区的发展机制上，从广州"两站"地区主导产业空间集聚的历程来看，其早期萌芽肇始于市场的发育或规划的引导，前者步入渐进式的自然生长，而后者则带来突变式的跃迁；中期主导产业发展壮大并走向成熟是最关键的阶段，其主要影响因素包括产业龙头企业（或项目）的成长与带动、产业的自我集聚（规模经济、集聚经济）、产业各市场主体的创新及主导产业与地区内其他现状产业之间的区位竞租等市场机制因素；后期受技术、商业、宏观经济及城市发展等因素的影响，主导产业将逐步转型、升级以适应新的市场竞争，广州"两站"地区目前基本上就处在这个阶段（广州站地区的商贸批发业虽仍持续集聚发展体现出较强的活力，但也日益承受着土地成本、城市交通、公共管治等渐趋高企、严苛的压力，行业的转型升级和发展将会是长期的焦点议题；广州东站地区的商务经济亦面临着城市新商务中心的冲击、硬件设施与环境的落后等一系列问题，如何巩固和提升成为艰巨的课题）；远期主导产业在其他新的机会产业的区位竞争下也许不可避免会逐步式微、更替而进入新一轮的循环。

在车站的角色与作用上，其基本要素包括区位优势、运输联系及其搭建的区域经济"链接"：车站的铁路客运功能是基础；依托车站优越的交通区位吸引和诱导各种社会、经济活动在车站地区进行配置与集聚，这是车站发挥作用和影响的微观动力机理；而车站建构的区域经济"链接"是车站赖以影响地区产业集聚发展的根本原因，广州"两站"地区主导业态的形成，正是由在通道内具有突出竞争优势的铁路客（货）运将铁路线路两端在功能上具有互补性的城市"链接"起来的结果，它们给两端的城市的特定行业带来了机会。具体地说，车站早期主要是吸引、诱导广州"两站"地区主导产业的萌芽和生长，中期则推动和加速地区主导产业集聚并走向壮大、成熟，后期随着交通方式的多元化发展，地区主导产业对车站铁路客运的依赖性虽会降低但仍保持相当程度的重要性。总体上说，研究论证了车站在广州"两站"地区的发展历程中分别扮演着主导引擎和辅配加速器的角色，而且，随着交通方式的多元化发展，车站"流"的"在地性"呈减弱的趋势，而"流"的"中继性"却呈增强的趋势，即车站将更多地发挥其作为综合交通枢纽的优势。此外，如果从车站和市场及政府作用力的关系上来看，作为交通基础设施的车站既可能体现为市场力的组成要素，亦可以成为政府力的组成要素。

基于以上广州车站地区案例和经验的讨论，本书提出一个"增长激励下的'车站催化'型空间发展动力模型"作为对车站地区构成与发展机制的概括和总结（图6-1）：城市与区域的持续发展是车站地区空间发展的正向外部激励；主导产业萌芽、成熟、转型、更替的演变进程是政府规划引导和市场发育、竞争综合作用的结果，中后期则以市场机制为主；车站的诱导、加速效应也是融合在这个作用机制中而得以体现。

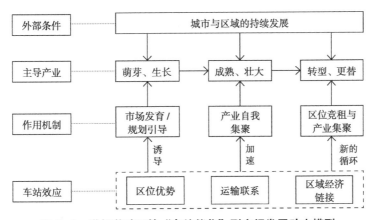

图6-1　增长激励下的"车站催化"型空间发展动力模型

6.4 模式溯源：车站选址与车站规划思想

车站的选址、规划理念是车站与城市互动关系演绎以及车站地区发展的起点和源头。车站选址定义了初始的"站城"关系，然后在车站规划思想的指引下配置、确立了车站地区的发展格局，它们一起持续、深刻地影响着"站—城"在空间、功能等维度上的互动演变，而后者最终形塑了车站地区的发展轨迹和发展模式。

广州"三站"的选址及其规划思想对于中华人民共和国成立以来中国特大城市铁路客站的案例亦具有突出的典型性与代表性：①广州站符合中华人民共和国成立后我国特大城市铁路客站在选址、规划上的几个主要特点，如集中式设置一个将各方向铁路干线相互衔接和交汇的客站以方便管理和使用，客站选址位于大城市中心区边缘，线路以"通过式"为主，铁路客站以平面布局组织站前广场，以及在广场周边配置长途汽车客运站、邮政电信设施、酒店等，营造城市门户形象；②在 20 世纪 90 年代以来第二铁路客站的建设案例中，广州东站相较同时期其他客站案例在选址上率先提出与城市新区发展相配合的方面具有一定的先见性和独特性，其对穗港通道的连接以及引领新城市轴线的形成即是助力天河新区发展的主要体现，并且和多数第二客站一样也采用了（广场）立体式布局的模式；③新时期以来，随着高速客运专线、城际铁路的建设，多客站模式被普遍采用以适应特大城市规模与铁路运行的需求，广州南站也正如多数新建铁路客站一样，区位距现城市中心较远。这一方面是为了降低铁路线路穿越主城区的拆迁成本，另一方面可以迎合城市空间扩张的战略需求，围绕新建高铁客站普遍开启打造"高铁新城""城市副中心"等宏伟的规划蓝图。

广州"三站"选址及规划思想的演变反映了在中国城市化背景下不同发展阶段对于车站功能和角色的认识在不断变化，主要是车站从以功能性为主的交通设施演变为城市发展"工具"的属性在不断增强。一方面，车站的功能逐步从铁路运输的终端向城市综合交通枢纽转变，而车站功能的综合化决定了车站与城市的相互关系日趋紧密，故其角色演变具有一定的内在原因；另一方面，在演变的背后体现出深刻的社会、经济及制度因素的影响，主要是在进入市场经济初期（20 世纪 80～90 年代）以后，车站（如广州东站）开始被政府作为带动城市新区发展的配套设施来考虑，而在市场经济步入成熟（20 世纪 90 年代后期至今）、城市进入快速发展阶段以来，依靠土地财政推动城市规模快速扩张成为城市发展和城市经营的普遍模式，因此，高速铁路的建设提供了一个新的机会，结果是大规模（动辄几十平方千米）、高等级、高标准的高铁新城在全国范围内又引领了一波新的开发热潮。

然而在今天，交通方式的多元化使得高铁客运的可替代性亦比较明显，因此，理性看待高铁客站的作用对我们的规划和建设具有重要意义。基于中国的国情条件、城市发展特点及高铁发展模式，思考高铁客站建设与城市发展更好地相互结合仍然是重要课题。

6.5 模式镜鉴：对高铁客站地区开发、建设的启示

广州"三站"地区空间发展模式的解析，尤其是关于车站地区构成与发展机制的总结，主要回答的就是地区的产业如何构成以及主导产业是如何发育、生长并逐步走向成熟的，针对现实案例中高铁客站地区开发总体上重物质建设、轻产业培育，或产业发展上重一次性招商引资、轻长期持续有序发展等现状问题具有一定的借鉴意义。

首先，要理解和识别高铁客站地区发展的外部环境和条件，根据不同区域、城市的背景条件及"站城"关系的特点研判其总体发展方向，以更好地在整体格局上统筹、把握其发展思路和策略。

其次，对于客站地区的各种产业应有清晰、差异化的规划和引导，可能成为车站诱导经济主体的产业要作为主导产业重点引入、培育，对其成长的长期性要有一定的预期；车站客流经济（即旅客服务业）也会是地区产业发展的重要组成部分，受客站直接影响，见效快但难成为主体；车站附属经济也会是地区产业丰富、多元化发展的有益补充。

再次，客站地区最根本的问题是主导产业能否实现良好的集聚发展？即能否从早期的发育、生长阶段达到一定的规模效应，从而突破瓶颈，顺利迈入成熟阶段以实现产业自我集聚发展；在这个过程中，可以通过大力支持相关重点企业（或项目）、积极搭建合作平台以推动相关企业的抱团发展、鼓励市场主体的创新和公平竞争等各方面经济、制度措施，来促进产业规模经济、集聚经济的实现。

又次，充分发挥客站带动效应最基础性的工作，就是其高效、便捷运输功能的实现以及相关交通及配套设施建设的完善。此外，客站与地区重大要素（如重大公共设施、重大项目、重大事件等）的"协同"作用一定要给予充分的重视，当然也离不开相关管理、建设、运营体制的协调、统筹。

最后，在空间形态方面，广州"两站"地区案例表明，圈层结构在站区体现的并不明显，不过步行尺度具有重要影响；在车站带动下，站区的关联产业最初沿主干道路以"点轴"结构辐射，并逐步连片发展成"块状"集聚，最终空间范围大致以1200m为半径；这对高铁客站地区空间范围的划分（如采用1200～1500m等步行尺度为半径）、空间形态的组织（综合运用"轴带"和"分区"的方法）等也可以提供参考。

6.6 本章小结

本章首先对广州"三站"地区的空间发展模式从个案和范型角度进行了比较；然后对其共同内核"车站地区的构成与发展机制"进行深入解析，如"车站地区"发展

的外部条件、产业构成、发展机制及"车站的角色与作用",在此基础上总结、构建了"增长激励下的'车站催化'型空间发展动力模型";接着探讨了车站选址和车站规划思想对车站地区发展既本源又深远的影响;最后就高铁客站地区的开发、建设提出了可供借鉴的经验。

结　语

1.本书主要结论

本书主要做了四个方面的工作：

（1）以历史演变为线索,完成了一个个案城市背景下广州"三站"地区案例的研究,分析其"站城"的互动演变、车站对城市空间结构的影响、车站地区的空间发展模式和发展机制及其相互比较；

（2）提出并回应了一个基本理论命题"车站在车站地区中的作用与角色"，尤其是通过广州"两站"地区案例实证分析了车站分别扮演着"主导引擎"和"辅配加速器"的角色，它们在地区主导产业空间集聚从萌芽、发育到壮大、成熟的生长过程中分别扮演着诱导和加速的作用，这也是对"车站与车站地区相互关系"一个有趣的解析和探索；

（3）在广州"三站"地区案例的基础上,解析其案例经验背后共同的内核问题,即"车站地区的构成与发展机制"。其基本要素包括车站地区发展的外部条件、主导产业构成、发展机制及车站的效应，由此总结并构建了"增长激励下的'车站催化'型空间发展动力模型"；

（4）以上研究特别有赖于本书对于"车站关联地区"研究视角的引入，相关分析结果也证明了"车站关联地区"概念具有较好的适用性。从"车站地区"走向"车站关联地区"最大的意义，正在于以"功能关联性"为主的视角超越了以距离为主要表征的"邻近性"视角，成为考察车站与其周边地区相互关系的有益补充。

2.研究的不足与对未来研究的展望

研究尚有待深入和改进的方面，包括：

（1）本书界定"车站关联地区"的方法主要是以现场访谈、调研并结合历史资料如地形图、相关文献等辨别地区土地利用功能的变化,在此基础上界定出与车站运输联系密切的用地功能与业态；此外，亦借鉴"流动空间"理论对车站与地区主导性功能业态之间的客（货）运输联系进行了问卷和访谈调研，结果也揭示了它们与车站的运输联系表现为"在地性"与"中继性"这两种属性或过程。

但是，"车站关联地区"的界定仍然需要更准确的测度方法，比如：①在识别地区土地利用功能方面可以将"功能渗透"的因素纳入进来。如在广州站地区范围内的城中村、部分居住区中混杂着一定规模的、碎片化的关联性业态，如家庭旅馆、批发业从业者的廉租住房、仓储等生活、生产空间。当然，纳入此因素将极大地增加研究和工作的难度，这也是本书限于工作条件没有纳入的原因。②引入关于"流"的某种指标进行测度可能是更为本质的方法，其中就包含对"流"的"在地性"和"中继性"的分析如何引入定量分析工具的话题。

（2）如何在"车站关联地区"研究视角下更有效地进行系统的理论建构还有待深入思考与探索。

（3）研究在一些关键数据的准确性上还有待改进。如分析车站关联地区功能业态时采用了两种来源或口径的数据，它们本身在对象上并不完全匹配。

（4）鉴于研究的条件和难度，本书主要针对的车站地区案例相对局限于广州。研究可以继续扩展到更多的案例城市、更多类型的车站地区，有助于更深入地认识和检验。

总体上说，本书的研究还是一个初步的研究，有很多需要改进、深化的方面。从未来的研究方面来看，在中国高铁网络、城际铁路、城市轨道交通等各种类型轨道交通建设大规模开展并逐步完善的背景下，针对车站地区的相关研究仍将有很大的空间可以探讨、挖掘。而且，对于"车站"和"城市"相互关系的研究，本书着重在中微观层面（主要是车站地区）做出了一定的探讨，还有待在中宏观层面（城市和区域层面）不断推进，以求研究更为丰富、立体、全面。

附录一 广州市流花地区批发商选址问卷调查

1 您商铺的基本情况

老板来自：_____ 市　有无自家工厂 A 有 B 无 （代）工厂位于：_____ 市

2 请您对在火车站地区批发市场开店时以下因素的重要程度做出判断：

2.1　位置因素

2.1.1　广州是全国贸易中心	A.一般　B.重要　C.很重要
2.1.2　火车站批发市场地区靠近广州市中心	A.一般　B.重要　C.很重要
2.1.3　该商场在火车站批发市场地区的位置较理想	A.一般　B.重要　C.很重要
2.1.4　该商场租金较合适	A.一般　B.重要　C.很重要

2.2　地区因素

2.2.1　火车站批发市场地区影响力大，面向全国	A.一般　B.重要　C.很重要
2.2.2　火车站批发市场地区的配套设施完善	A.一般　B.重要　C.很重要
2.2.3　火车站批发市场地区的市场定位较适合	A.一般　B.重要　C.很重要

2.3　交通因素

2.3.1　靠近火车站	A.一般　B.重要　C.很重要
2.3.2　靠近省、市汽车站	A.一般　B.重要　C.很重要
2.3.3　靠近地铁站枢纽	A.一般　B.重要　C.很重要
2.3.4　可以快速驶入环城路和机场高速	A.一般　B.重要　C.很重要

2.4　环境因素

2.4.1　火车站批发市场地区社会治安状况	A.一般　B.重要　C.很重要
2.4.2　该商场自身的室内环境状况	A.一般　B.重要　C.很重要
2.4.3　该商场管理规范状况	A.一般　B.重要　C.很重要

3. 您商铺的物流概况

3.1 由广州发往（物流数量前三位的城市）：	主要的物流方式：A. 铁路 B. 公路 C. 航空 D. 水运
3.2 由外地发往（物流数量前三位的城市）：	主要的物流方式：A. 铁路 B. 公路 C. 航空 D. 水运

附录二 广州市流花地区批发市场采购商调查问卷

1.对象的性别	A.男　　B.女
2.您的年龄	A.18岁以下　B.18~35岁　C.36~45岁　D.46~60岁　E.60岁以上
3.您所在的城市	____
4.您平均每年来流花地区批发市场采购的频率	A.1次　B.2次　C.3次　D.4次　E.大于4次
5.您此次来流花地区批发市场采购的货品	A.服装　B.鞋　C.钟表　D.皮具　E.其他
6.您此次到达广州的交通站点	A.广州火车站　B.广州南站　C.广州东站　D.白云机场　E.汽车站　F.客运港　G.自驾车

附录三 广州市东站地区公司办公选址及业务联系问卷调查

1. **贵公司的主要业务范围**
A. 广州—东莞—深圳—香港　　　B. 广东省—港澳　　　C. 泛珠三角地区　　　D. 面向全国

2. **请您对在东站地区选址时以下因素的重要程度做出判断**

2.1　**区位因素**

2.1.1　广州是中国四大一线城市之一	A. 一般　B. 重要　C. 很重要
2.1.2　东站地区靠近天河新城市中心	A. 一般　B. 重要　C. 很重要
2.1.3　该地区已有较成熟的相关产业聚集	A. 一般　B. 重要　C. 很重要
2.1.4　该办公室租金较合适	A. 一般　B. 重要　C. 很重要

2.2　**交通因素**

2.2.1　靠近东站	A. 一般　B. 重要　C. 很重要
2.2.2　地铁网络发达（位于地铁1、3号线换乘枢纽）	A. 一般　B. 重要　C. 很重要
2.2.3　方便去机场	A. 一般　B. 重要　C. 很重要
2.2.4　道路交通便利（可快速驶入城市主干道、快速路）	A. 一般　B. 重要　C. 很重要

2.3　**环境因素**

2.3.1　地区近东站城市门户，标识性较好	A. 一般　B. 重要　C. 很重要
2.3.2　地区位于天河CBD，整体形象好	A. 一般　B. 重要　C. 很重要
2.3.3　周边商业配套较完善	A. 一般　B. 重要　C. 很重要
2.3.4　办公楼软硬件良好	A. 一般　B. 重要　C. 很重要

3. **贵公司业务联系问题**

3.1　**主要业务出差目的地**（前三位城市）	联系频率（每月次数）	相应从广州出发的交通站点 A. 广州火车站　B. 广州东站　C. 广州南站　D. 白云机场　E. 长途汽车站　F. 自驾车　G. 轮船
3.2　**来访客户主要来源地**（前三位城市）	联系频率（每月次数）	相应到达广州的交通站点 A. 广州火车站　B. 广州东站　C. 广州南站　D. 白云机场　E. 长途汽车站　F. 自驾车　G. 轮船
3.3　**贵公司内部空间结构**（主要的）	联系频率（每月次数）	相应来往广州的主要交通站点 A. 广州火车站　B. 广州东站　C. 广州南站　D. 白云机场　E. 长途汽车站　F. 自驾车　G. 轮船
总部所在城市		
分支机构城市1		
分支机构城市2		
性质	广州东站公司	

参考文献

一、中文著作

[1] 林晓言，等 . 高速铁路与经济社会发展新格局 [M]. 北京：社会科学文献出版社，2015.

[2] 林树森 . 广州城记 [M]. 广州：广东人民出版社，2013.

[3] 郑明远，王睦 . 铁路城镇综合体：理论体系与行动框架 [M]. 北京：中国铁道出版社，2015.

[4] 广州城市规划发展回顾编撰委员会 . 广州城市规划发展回顾（1949-2005）（上卷）[M]. 广州：广州城市规划发展回顾编撰委员会，2005.

[5] 广州城市规划发展回顾编撰委员会 . 广州城市规划发展回顾（1949-2005）（下卷）[M]. 广州：广州城市规划发展回顾编撰委员会，2005.

[6] 广州交通邮电志编撰委员会 . 广州交通邮电志 [M]. 广州：广东人民出版社，1993.

[7] 程九洲 . 白马传奇：一个服装品牌孵化器的二十年 1993-2013[M]. 广州：广东人民出版社，2012.

[8] 林树森，戴逢，施红平，等 . 规划广州 [M]. 北京：中国建筑工业出版社，2006.

[9] 李明生 . 铁路城际客运市场开发及列车规划研究 [M]. 北京：中国铁道出版社，2010.

[10] 刘龙胜，杜建华，张道海 . 轨道上的世界——东京都市圈城市和交通研究 [M]. 北京：人民交通出版社，2014.

[11] 郑健，沈中伟，蔡申夫 . 中国当代铁路客站设计理论探索 [M]. 北京：人民交通出版社，2009.

[12] 张文忠 . 经济区位论 [M]. 北京：科学出版社，2000.

[13] 管楚度 . 交通区位论及其应用 [M]. 北京：人民交通出版社，2000.

二、外文著作

[14] BERTOLINI L，SPIT T. Cities on Rails：The Redevelopment of Railway Station Areas [M]. London：Routledge，1998.

[15] Bakker H M J. Stationslocaties：Geschikt Voor Winkles?[M]. Amsterdam：MBO，1994.

三、期刊论文

[16] 张小星 . 有轨交通转变下的广州火车站地区城市形态发展 [J]. 华南理工大学学报（自然科学版），2002，30（10）：24-28，37.

[17] 曹小曙，张凯，马林兵，等 . 火车站地区建设用地功能组合及空间结构——以广州站和广州东

站为例 [J]. 地理研究, 2007, 26 (6): 1265-1273.

[18] 林辰辉, 马璇. 中国高铁枢纽站区开发的功能类型与模式 [J]. 城市交通, 2012, 10 (5): 41-49.

[19] 王兰. 高速铁路对城市空间影响的研究框架及实证 [J]. 规划师, 2011, 27 (7): 13-19.

[20] 于涛, 陈昭, 朱鹏宇. 高铁驱动中国城市郊区化的特征与机制研究——以京沪高铁为例 [J]. 地理科学, 2012, 32 (9): 1041-1046.

[21] 杨策, 吴成龙, 刘冬洋. 日本东海道新干线对我国高铁发展的启示 [J]. 规划师, 2016, (12): 136-141.

[22] 应春生, 濮东璐. 杭州城站地区城市设计 [J]. 新建筑, 1999, (1): 44-46.

[23] 段进. 国家大型基础设施建设与城市空间发展应对——以高铁与城际综合交通枢纽为例 [J]. 城市规划学刊, 2009, (1): 33-37.

[24] 李艳红, 谢海红, 周浪雅. 铁路客运专线中心站与城市交通集散能力匹配关系的研究 [J]. 交通科技. 2006, 216 (3): 76-79.

[25] 石忆邵, 郭惠宁. 上海南站对住宅价格影响的时空效应分析 [J]. 地理学报, 2009, 64 (2): 167-176.

[26] 陈白磊. 杭州市铁路枢纽与城市发展关系研究 [J]. 城市轨道交通研究, 2008, (6): 35-38.

[27] 游细斌, 魏清泉, 苏建忠. 重大项目对区域经济空间的影响——以广州市钟村镇新火车客站建设为例 [J]. 热带地理, 2007, 27 (14): 360-363, 368.

[28] 杨东峰, 孙娜. 大连高铁站建设对周边地区发展的跨尺度、多要素影响探析 [J]. 城市规划学刊, 2014, (5): 86-91.

[29] 侯雪, 张文新, 吕国玮, 等. 高铁综合交通枢纽对周边区域影响研究——以北京南站为例 [J]. 城市发展研究, 2012, 19 (1): 41-46.

[30] 殷铭, 汤晋, 段进. 站点地区开发与城市空间的协同发展 [J]. 国际城市规划, 2013, (3): 70-77.

[31] 杜彩军, 董宝田. 铁路枢纽城市运输与经济发展互动研究 [J]. 综合运输, 2006, (8-9): 105-108.

[32] 周建喜. 广州南站规划设计 [J]. 铁道标准设计, 2011, (8): 126-130.

[33] 郝之颖. 高速铁路站场地区空间规划 [J]. 城市交通, 2008, 6 (5): 48-52.

[34] 王丽, 曹有挥, 刘可文, 等. 高铁站区产业空间分布及集聚特征——以沪宁城际高铁南京站为例 [J]. 地理科学, 2012, (3): 301-307.

[35] 谢涤湘, 魏清泉. 广州大都市批发市场空间分布研究 [J]. 热带地理, 2008, 28 (1): 47-51.

[36] 温锋华, 许学强. 广州商务办公空间发展及其与城市空间的耦合研究 [J]. 人文地理, 2011, 118 (2): 37-43.

[37] 方仁林. 广州天河地区规划构思 [J]. 城市规划, 1986, 68 (2): 159-174.

[38] 邹毅峰, 罗荣武. 广深城际旅客列车公交化客流变动情况分析 [J]. 铁道运输与经济, 2002, 24 (9): 23-24.

[39] 袁奇峰. 国家中心城市、全球城市与珠三角城镇群规划之惑 [J]. 北京规划建设, 2017, (1).

[40] 王缉宪, 林辰辉. 高速铁路对城市空间演变的影响: 基于中国特征的分析思路 [J]. 国际城市规划, 2011, 26 (1): 16-23.

[41] 王昊，龙慧 . 试论高速铁路网建设对城镇群空间结构的影响 [J]. 城市规划，2009，33（4）：41-44.

[42] 丁琪琳，荣朝和 . 交通区位思想评介及交通区位论的新进展 [J]. 综合运输，2006（5）.

[43] 荣朝和 . 重视基于交通运输资源的运输经济分析 [J]. 北京交通大学学报（社会科学版），2006,（4）.

[44] DEBREZION G，WILLIGERS J. The Effect of Railway Stations on Office Space Rent Levels：The Implications of HGL South in Station Amsterdam South Axis[C]//Bruinsma F，Pels E，Priemus H，Rietveld P，Wee BV. Railway Development：Impacts on Urban Dynamics. Heidelberg，German：Physica-Verlag, 2008：264-293.

[45] CERVERO R，DUNCAN M. Transit's Value-Added Effects：Light and Commuter Rail Services and Commercial Land Values [J]. Transportation Research Record，2002,（5）.

[46] Peter W G，Newman and Jeffrey R Kenworthy.The land Use-transport Connection[J].Land Use Policy，1996,（13）：1-22.

[47] BERTOLINI L. Nodes and Places：Complexities of Railway Station Redevelopment[J]. European Planning Studies, 1996, 4（3）: 331-345.

[48] Kwang Sik Kim. High-speed Rail Developments and Spatial Restructuring：A Case Study of The Capital Region in South Korea[C]. Cities, 2000, 17（4）: 254.

[49] CERVERO R，LANDIS J. Twenty Years of the Bay Area Rapid Transit System：Land Use and Development Impacts[J]. Transportation Research Part a -Policy and Practice，1997,（4）：309-333.

[50] POLZIN S E.Transportation/ Land Use Relationship：Public Transit's Impact on Land Use[J] . Journal of Urban Planning and Development-Asce，1999,（4）：135-151.

[51] Hess，Baldwin D，Maria T Almeida. Impact of Proximity to Light Rail Rapid Transit on Station-area Property Values in Buffalo，New York[J]. Urban Studies，2007,（44）：1041.

[52] Ryan，Sherry. Property Values and Transportation Facilities：Finding the Transportation -Land Use Connection[J]. Journal of Planning Literature，1999,（13）：412.

[53] Immergluck，Dan. Large Redevelopment Initiatives，Housing Values and Gentrification：The Case of the Atlanta Belt line[J]. Urban Studies，2009,（46）：1723.

[54] Peek G J，Hagen M. Creating Synergy in and around Stations：Three Strategies for Adding Value[J]. Transportation Research Record，2002（1793）：1-6.

四、学位论文

[55] 毛菲 . 基于协同学理论的大型铁路客站周边片区用地规划研究 [D]. 成都：西南交通大学硕士论文，2013.

[56] 姜旭 . 长春火车站站北轴心地区城市形态塑造 [D]. 大连：大连理工大学硕士论文，2004.

[57] 杜恒 . 火车站枢纽地区路网结构研究 [D]. 北京：中国城市规划设计研究院，2008.

[58] 周雪洁 . 北京北站的空间演化及其与周边城市空间的关系研究 [D]. 北京：北京交通大学硕士论文，2012.

[59] 王慧云 . 基于土地发展权的高铁站区开发权利分配研究 [D]. 北京：北京交通大学硕士论文，2015.

[60] 潘裕娟 . 广州批发市场的物流空间格局及其形成机制研究 [D]. 广州：中山大学博士论文，2012.

[61] 郭炎 . 广州城市中心区演进与开发体制研究 [D]. 广州：中山大学硕士论文，2008.

[62] 张颖异 . 广州天河体育中心地区的城市形态研究 [D]. 广州：华南理工大学硕士论文，2011.

[63] 周菲 . 天河商业中心区形成发展及机制研究 [D]. 广州：中山大学硕士论文，2006.

[64] Lai yung Kang.The Power of Flows and The Flows of Power：The Taipei Station District across Political Regimes.[D].PHD，The University of Pennsylvania，2002.

[65] Mortier M. Hollen en stilstaan bij het station; onderzoek naar de beleving van de omgeving van Rotterdam CS door reizigers en passanten[D]. Utrecht：University Utrecht, 1996.

[66] Schutz E. Stadtentwicklung durch Hochgeschwindigkeits-verkehr, Konzeptionelle und methodische Ansatze zum Umgang mit den Raumwirkungen des schienengebunden Personen-Hochgesch windigkeitsverkehr, Dissertation, Universitat Kaiserslautern. 1996.

五、研究报告

[67] 广州市交通规划研究所 . 广州铁路新客站交通衔接专项规划 [Z]. 广州：广州市交通规划研究所，2005.

[68] 中国社会科学院金融研究所 . 广州南站商务区产业发展研究 [R]. 北京：中国社会科学院金融研究所，2013.

[69] 广州市城市规划勘测设计研究院 . 广州流花火车站地区交通与土地利用调整规划 [R]. 广州：广州市城市规划勘测设计研究院，2000.

[70] 广州市商业局 . 广州市商业网点发展规划（2003-2012）[R] . 广州：广州市商业局，2010.

[71] 广州市越秀区人民政府 . 中国流花服装产业发展白皮书（2008）[Z]. 广州：广州市越秀区人民政府，2008.

[72] 广东省城乡规划设计研究院 . 珠三角全域规划——交通现状报告 [Z]. 广州：广东省城乡规划设计研究院，2014.

[73] 深圳市前瞻产业研究院 . 广州流花商圈服装专业市场转型升级研究报告 [R]. 深圳：深圳市前瞻产业研究院，2016.

[74] 广州市交委客运处 . 浅谈高速铁路、城际轨道交通对广州道路客运行业的影响及应对措施 [Z]. 广州：广州市交委，2011.

[75] Debrezion G，Pels Eric，Rietveld Piet.The Impact of Rail Transport on Real Estate Prices：An Empirical Analysis of the Dutch Housing Market[R].Tinbergen Institute Discussion Paper，2006.

后 记

本书是笔者在 2017 年撰写的博士论文基础上进一步修改而成，在叙述上主要是基于当时的行文背景，对论文案例研究的总结部分做了较大幅度的修改。能够有机会不断沉淀、思考并有所改进也是一件幸事。

一路行来，首先要特别感谢导师田银生教授。田老师深厚的学术功底通过大量的研究和实践得以言传身教，这是我能够成长的关键原因；田老师开放、宽容的学术思想是我能够进行探索的重要因素和有力支持；田老师治学的严谨，从选题到研究深入到论文写作一直在推动和鞭策着我；田老师以其高屋建瓴的意见、对研究高度的把握帮助我及时明晰问题并调整思路和方法；田老师对学术问题的敏锐性尤其是我将一直汲取并努力的方向；在此要特别表示由衷的感谢。也要特别感谢师母——华南师范大学陶伟教授，感谢陶老师以高超的学术素养做出的表率以及对我诚挚的关怀。

同时，要感谢华南理工大学建筑学院袁奇峰教授对论文观点提炼、思路形成的重要帮助，给予论文极大的推动；感谢唐孝祥教授、陆琦教授、刘玉亭教授及广东工业大学蔡云楠教授对论文的评审并提出富有建设性意义的、切中问题本质的观点和建议；感谢硕士导师吴桂宁教授一如既往的大力支持，并奉献您的眼界和智慧帮助论述提升；感谢已故硕士导师王加强先生对于研究方向的一路指引；感谢王世福教授陪我一起辨析研究的方向和结构，远在美国还奉献了整篇的意见和建议；感谢肖大威教授、周剑云教授、孙一民教授对研究论点的高度和学术价值的提点；感谢邵松教授对研究方法、观点的重要指导及大力支持；感谢华南理工大学土木与交通学院俞礼军教授以精妙的学术造诣助我前进；感谢赵渺希教授毫无保留地出谋划策、贴近前沿之学术方法的借鉴及精湛的技术支持；感谢魏成教授醍醐灌顶的启发让我及时扭转了方向并给予了资源上的关键支持；感谢魏立华教授犀利的洞见助我冲出迷雾；感谢王成芳教授分享研究心得并提出宝贵建议；感谢梁海岫教授、李敏稚教授为我联系调研对象从而取得实证上的重要进展；感谢李昕老师为我答疑解惑；华南理工大学建筑学院各位优秀的老师、前辈和同事是研究能够在不断地建构和质疑中得以推进的重要动力源泉。

感谢华中科技大学李保峰教授、同济大学潘海啸教授、香港大学王缉宪教授、中山大学曹小曙教授、中山大学李郇教授、东南大学杨俊宴教授、武汉大学李志刚教授等众位名家宝贵的指点与建议。

感谢广州市城市更新局原副局长叶浩军对研究的宝贵建议以及在资料调研中的鼎力支持；感谢广东省建筑设计研究院副院长陈雄大师对调研、访谈工作给予的大力支持；感谢广州市从化区李名扬副区长、广州市科技创新委员会孙翔处长、广州市城市规划协会黄鼎曦副会长、广州市城市规划勘测设计研究院黄慧明总规划师与何冬华副总规划师、广州市花都区国土资源和规划局骆卫国总规划师、广州新中轴建设有限公司邓梓晖部长、广州交通规划研究院徐士伟所长、广东省机场集团王峥博士、东莞市城建规划设计院李硕副院长、珠海市规划设计研究院潘裕娟主任、佛山市国土规划局任建强博士等业界的精英一直以来在相关信息、前沿理论和实践动态、研究思路与方法上的交流和辩论，帮助我更好地理解规划和现实以及发展的趋势。

感谢在调研过程中给予重要支持的广州火车站朱海滨书记、广深铁路股份有限公司货运中心刘浩民监察员、广州红棉批发市场卜晓强总经理、广州白马大厦陈宝洪物业总经理、广州大顺发国际物流有限公司范立新总经理、智能裁缝樊友斌总经理等广州铁路集团和企业界的朋友，是你们帮助我深入事实并获得珍贵的第一手资料。

感谢博士同窗裴胜兴、陈海峰、蔡阳生、王平、刘晓伟等在学业和生活上的陪伴、讨论，与你们的相处让这段岁月充满记忆。感谢和众位师兄弟张东、吴运江、张健、李小云、郑剑艺、陈锦堂、刘锦、刘华彬、周颖、钟诗颖、魏志梁等在励吾楼一起度过的那些美好时刻。感谢研究生林雨琦为本书修改、绘制了大量精美的插图。

特别要感谢中国建筑工业出版社给予的宝贵机会以及吴宇江、孙书妍编辑和全体编辑组同仁尽心、严谨的工作让本书得以付梓。

感谢家人一以贯之的关怀和支持，你们永远是我坚强的后盾。

最后，要感谢广州这座城市。在这个"第二故乡"，自己从青涩的少年步入"不惑之年"，在与它相伴而行中也亲身经历和目睹着一座古老的城市在伟大的时代所发生的种种巨变。正是那背后的故事、力量、城市和世界的连接与拼图，导引着我从建筑学走向城市设计，又走向城市发展的领域。

囿于本人学识有限，书中的谬误在所难免，还望有识之士多多批评指正，也期待未来继续开展更丰富的相关研究。

张小星
2019 年岁末于华园

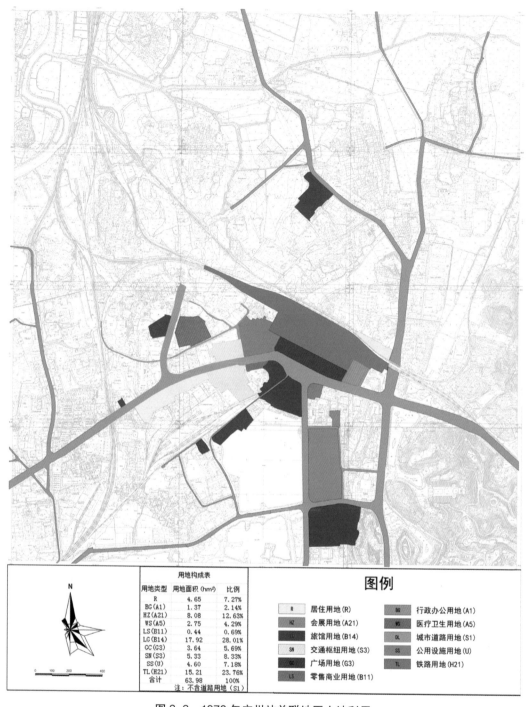

用地构成表

用地类型	用地面积(hm²)	比例
R	4.65	7.27%
BG(A1)	1.37	2.14%
HZ(A21)	8.08	12.63%
WS(A5)	2.75	4.29%
LS(B11)	0.44	0.69%
LC(B14)	17.92	28.01%
CC(G3)	3.64	5.69%
SN(S3)	5.33	8.33%
SS(U)	4.60	7.18%
TL(H21)	15.21	23.76%
合计	63.98	100%

注：不含道路用地（S1）

图例

R	居住用地(R)		BG	行政办公用地(A1)
HZ	会展用地(A21)		WS	医疗卫生用地(A5)
LC	旅馆用地(B14)		DL	城市道路用地(S1)
SN	交通枢纽用地(S3)		SS	公用设施用地(U)
GC	广场用地(G3)		TL	铁路用地(H21)
LS	零售商业用地(B11)			

图 3-2　1978 年广州站关联地区土地利用

（资料来源：笔者依据历史地形图自绘）

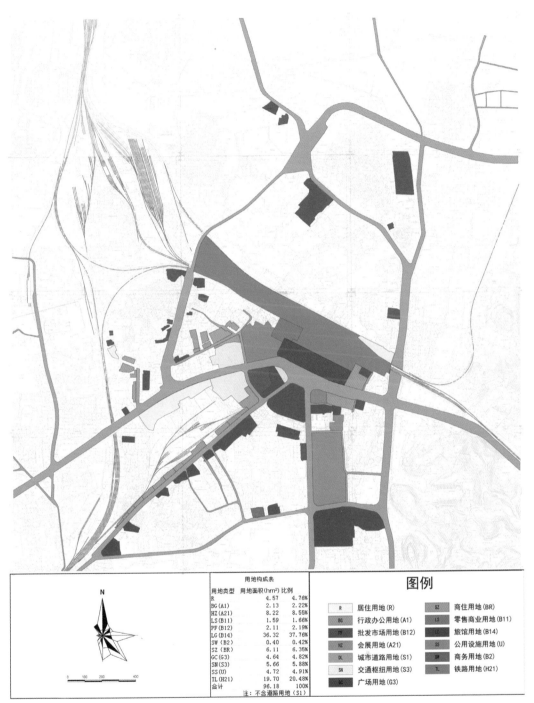

用地构成表

用地类型	用地面积(hm²)	比例
R	4.57	4.76%
BG (A1)	2.13	2.22%
HZ (A21)	8.22	8.55%
LS (B11)	1.59	1.66%
PF (B12)	2.11	2.19%
LG (B14)	36.32	37.76%
SW (B2)	0.40	0.42%
SZ (BR)	6.11	6.35%
GC (G3)	4.64	4.82%
SN (S3)	5.66	5.88%
SS (U)	4.72	4.91%
TL (H21)	19.70	20.48%
合计	96.18	100%

注:不含道路用地(S1)

图例

R	居住用地(R)	BZ	商住用地(BR)
BG	行政办公用地(A1)	LS	零售商业用地(B11)
PF	批发市场用地(B12)	LG	旅馆用地(B14)
HZ	会展用地(A21)	SS	公用设施用地(U)
DL	城市道路用地(S1)	SW	商务用地(B2)
SN	交通枢纽用地(S3)	TL	铁路用地(H21)
GC	广场用地(G3)		

图 3-6 1990 年广州站关联地区土地利用

(资料来源:笔者依据历史地形图自绘)

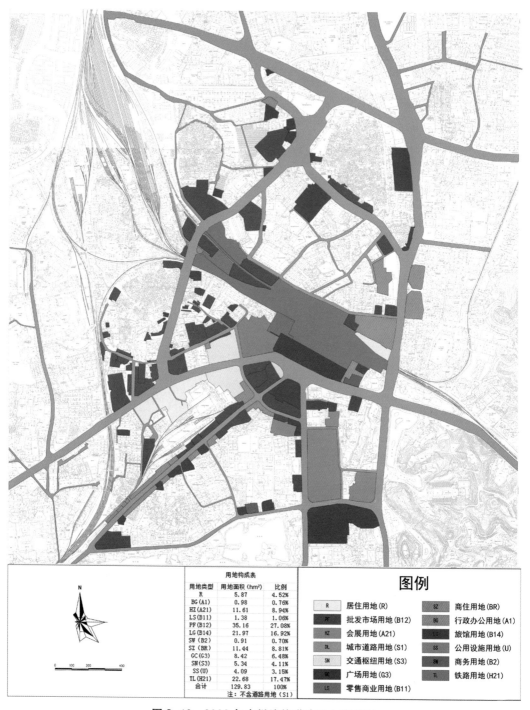

用地构成表		
用地类型	用地面积（hm²）	比例
R	5.87	4.52%
BG（A1）	0.98	0.76%
HZ（A21）	11.61	8.94%
LS（B11）	1.38	1.06%
PF（B12）	35.16	27.08%
LG（B14）	21.97	16.92%
SW（B2）	0.91	0.70%
SZ（BR）	11.44	8.81%
GC（G3）	8.42	6.48%
SN（S3）	5.34	4.11%
SS（U）	4.09	3.15%
TL（H21）	22.68	17.47%
合计	129.83	100%

注：不含道路用地（S1）

图例

R 居住用地（R）　　　SZ 商住用地（BR）

PF 批发市场用地（B12）　BG 行政办公用地（A1）

HZ 会展用地（A21）　　LG 旅馆用地（B14）

DL 城市道路用地（S1）　SS 公用设施用地（U）

SN 交通枢纽用地（S3）　SW 商务用地（B2）

GC 广场用地（G3）　　TL 铁路用地（H21）

LS 零售商业用地（B11）

图 3-10　2003 年广州站关联地区土地利用

（资料来源：笔者依据历史地形图自绘）

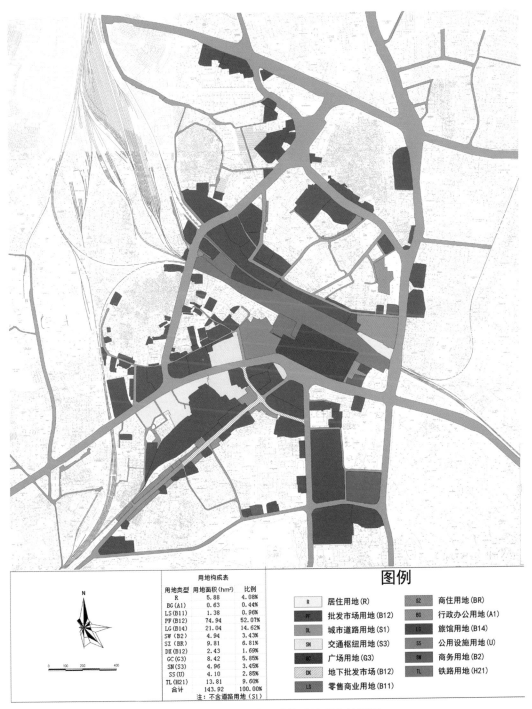

图例

用地构成表		
用地类型	用地面积(hm²)	比例
R	5.88	4.08%
BG (A1)	0.63	0.44%
LS (B11)	1.38	0.96%
PF (B12)	74.94	52.07%
LG (B14)	21.04	14.62%
SW (B2)	4.94	3.43%
SZ (BR)	9.81	6.81%
DX (B12)	2.43	1.69%
GC (G3)	8.42	5.85%
SN (S3)	4.96	3.45%
SS (U)	4.10	2.85%
TL (H21)	13.81	9.60%
合计	143.92	100.00%

注：不含道路用地（S1）

图例			
R	居住用地 (R)	SZ	商住用地 (BR)
PF	批发市场用地 (B12)	BG	行政办公用地 (A1)
DL	城市道路用地 (S1)	LG	旅馆用地 (B14)
SN	交通枢纽用地 (S3)	SS	公用设施用地 (U)
GC	广场用地 (G3)	SW	商务用地 (B2)
DX	地下批发市场 (B12)	TL	铁路用地 (H21)
LS	零售商业用地 (B11)		

0 100 200 400

图 3-14 2010 年广州站关联地区土地利用

（资料来源：笔者依据历史地形图自绘）

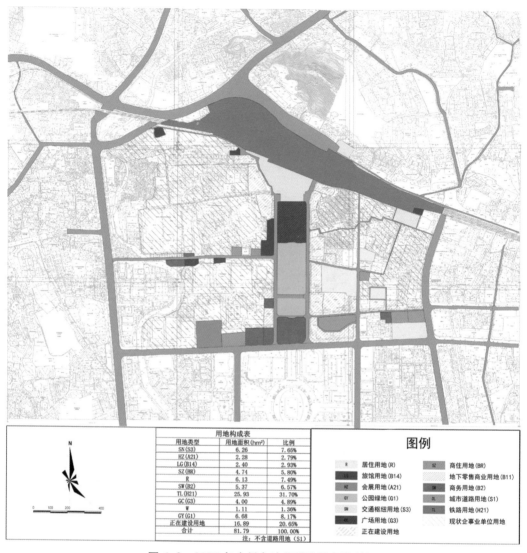

用地构成表		
用地类型	用地面积(hm²)	比例
SN(S3)	6.26	7.65%
HZ(A21)	2.28	2.79%
LG(B14)	2.40	2.93%
SZ(BR)	4.74	5.80%
R	6.13	7.49%
SW(B2)	5.37	6.57%
TL(H21)	25.93	31.70%
GC(G3)	4.00	4.89%
W	1.11	1.36%
GY(G1)	6.68	8.17%
正在建设用地	16.89	20.65%
合计	81.79	100.00%
注：不含道路用地（S1）		

图例

R 居住用地(R)　　SZ 商住用地(BR)
LG 旅馆用地(B14)　　地下零售商业用地(B11)
HZ 会展用地(A21)　　SW 商务用地(B2)
GY 公园绿地(G1)　　DL 城市道路用地(S1)
SN 交通枢纽用地(S3)　　TL 铁路用地(H21)
GC 广场用地(G3)　　现状企事业单位用地
正在建设用地

图 4-9　2003 年广州东站关联地区土地利用
（资料来源：笔者依据历史地形图分析）

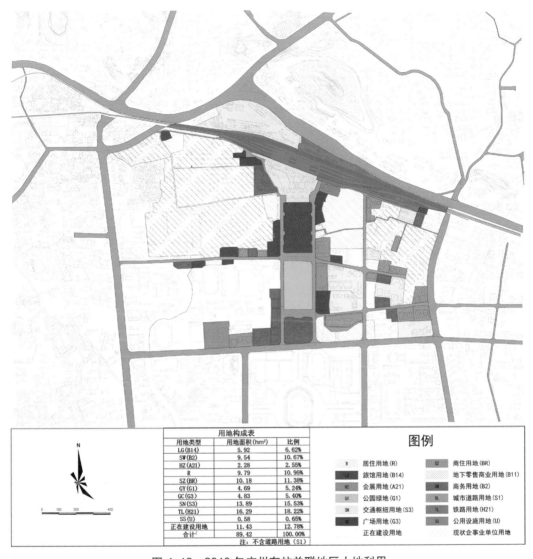

用地构成表		
用地类型	用地面积(hm²)	比例
LG (B14)	5.92	6.62%
SW (B2)	9.54	10.67%
HZ (A21)	2.28	2.55%
R	9.79	10.95%
SZ (BR)	10.18	11.38%
GY (G1)	4.69	5.24%
GC (G3)	4.83	5.40%
SN (S3)	13.89	15.53%
TL (H21)	16.29	18.22%
SS (U)	0.58	0.65%
正在建设用地	11.43	12.78%
合计	89.42	100.00%
注: 不含道路用地 (S1)		

图例

R	居住用地 (R)	SZ	商住用地 (BR)
LG	旅馆用地 (B14)		地下零售商业用地 (B11)
HZ	会展用地 (A21)	SW	商务用地 (B2)
GY	公园绿地 (G1)	DL	城市道路用地 (S1)
SN	交通枢纽用地 (S3)	TL	铁路用地 (H21)
GC	广场用地 (G3)	SS	公用设施用地 (U)
	正在建设用地		现状企事业单位用地

图 4-12　2010 年广州东站关联地区土地利用

（资料来源：笔者依据历史地形图自绘）

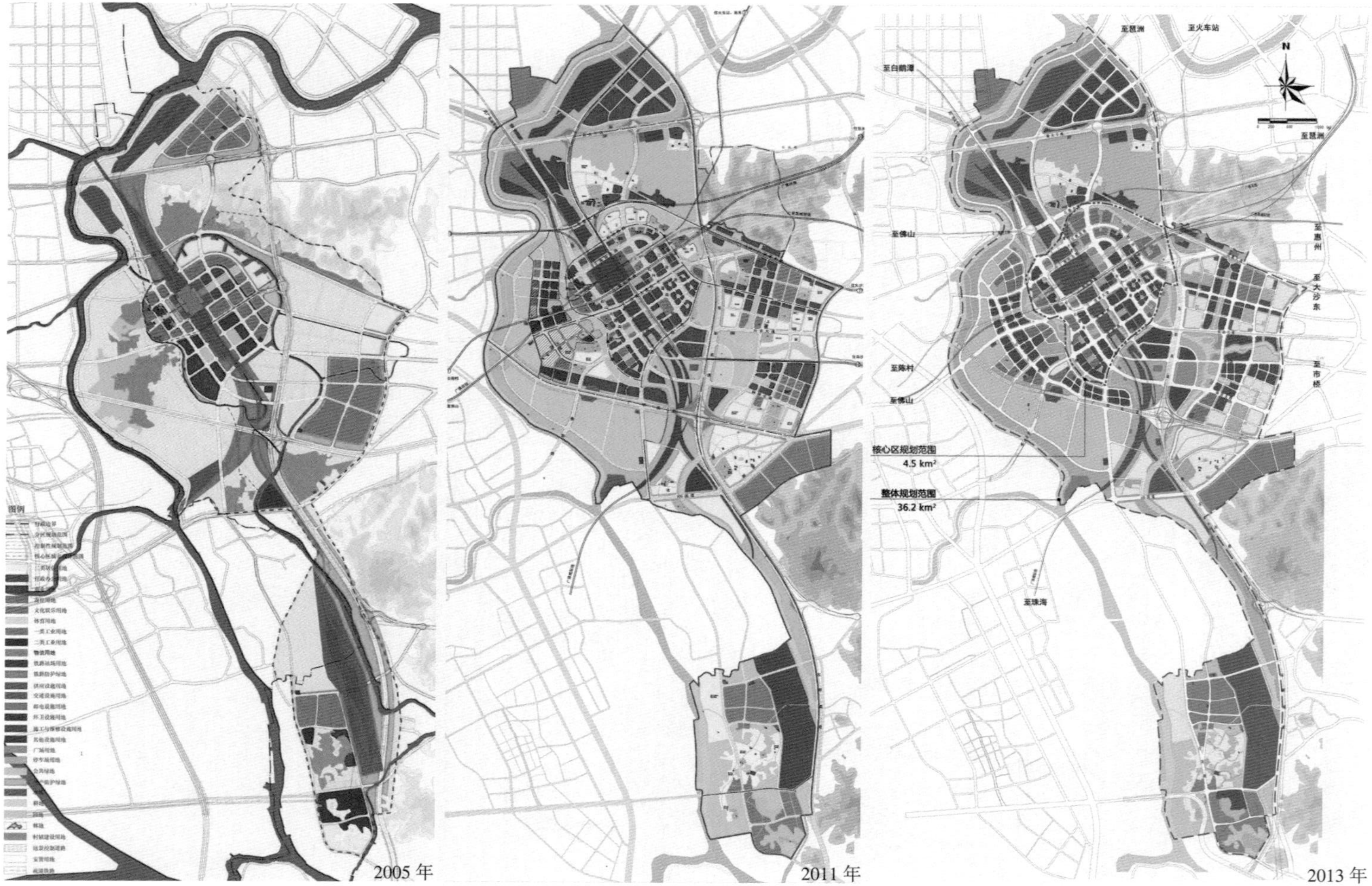

图 5-1　广州南站新城 2005 年、2011 年及 2013 年三版控规方案
（资料来源：广州市国土资源和规划委员会）

2013 年

2011 年

2005 年

核心区规划范围
4.5 km²
整体规划范围
36.2 km²